普通高等教育"十三五"规划教材

线性代数

孙绍权　李秀丽　主编

化学工业出版社

·北京·

全书共分为6章，内容主要包括行列式、矩阵、线性方程组与向量组的线性相关性、相似矩阵、二次型、线性空间与线性变换。

本书可作为普通高等学校工科、管理、财经及非数学类理科专业的教材，也可供工程技术人员或科技人员学习参考。

图书在版编目（CIP）数据

线性代数/孙绍权，李秀丽主编．—北京：化学工业出版社，2016.6（2023.2重印）
普通高等教育“十三五”规划教材
ISBN 978-7-122-27055-9

Ⅰ.①线…　Ⅱ.①孙…②李…　Ⅲ.①线性代数-高等学校-教材　Ⅳ.①O151.2

中国版本图书馆CIP数据核字（2016）第102393号

责任编辑：满悦芝　　文字编辑：荣世芳
责任校对：宋　夏　　装帧设计：韩　飞

出版发行：化学工业出版社（北京市东城区青年湖南街13号　邮政编码100011）
印　　装：三河市延风印装有限公司
710mm×1000mm　1/16　印张10½　字数204千字　2023年2月北京第1版第10次印刷

购书咨询：010-64518888　　售后服务：010-64518899
网　　址：http://www.cip.com.cn
凡购买本书，如有缺损质量问题，本社销售中心负责调换。

定　　价：21.00元

前　言

线性代数是高等院校非数学专业必修的一门重要基础课，它是从解线性方程组和讨论二次方程的图形等问题而发展起来的一门数学学科。线性代数介绍代数学中线性关系的经典理论，它的基本概念、理论和方法具有较强的逻辑性、抽象性。通过学习该课程使学生掌握线性代数的基本理论与基本方法，培养学生较强的运算能力、抽象思维能力、逻辑推理能力和归纳判断能力，培养学生运用所学知识去分析问题、建立数学模型以及利用计算机解决实际问题的能力和意识。

全书一共分为6章，包括行列式、矩阵、向量与线性方程组、相似矩阵、二次型和线性变换等内容。本教材具有以下特点：(1) 将线性代数的基本思想和方法融入各部分内容，做到科学性与通俗性相结合，在内容的处理上做到由具体到一般，由直观到抽象，由浅入深，循序渐进。(2) 在例题和习题的选配上着力使学生理解怎样用基本概念和基本方法解决实际问题，注意例题的示范性和多样性，以激发学生的学习兴趣，拓宽知识面。(3) 每章配备适量的习题，书后有习题提示和参考答案。

本书的第1章由江莉执笔，第2章由赵立宽执笔，第3章由陈宁执笔，第4章由孙绍权执笔，第5章由李秀丽执笔，第6章由陈利利执笔。全书由孙绍权和李秀丽审稿并定稿，单正垛、刘春香、胡玉丽和李菁对书稿进行了修改校对。

感谢隋树林院长、田保光和杨树国副院长在本书编写过程中给予的大力支持。同时，本书的出版得到了化学工业出版社的鼎力帮助，以及青岛科技大学教务处、数理学院各位领导和同事的关心和支持，在此一并深表感谢。

本书可作为普通高等学校工科、管理、财经及非数学类理科专业的教材，也可供工程技术人员或科技人员学习参考。

由于编者时间和水平有限，不妥之处在所难免，敬请读者批评指正。

编者

2016年4月于青岛科技大学

目　录

1 行 列 式

本章主要介绍行列式的定义、性质、计算方法及解线性方程组的克莱姆法则.

1.1 行列式的定义

1.1.1 二阶行列式和三阶行列式

行列式是由解线性方程组而引出的一个概念，因此先讨论二元和三元线性方程组的求解公式，由此给出二阶和三阶行列式的定义.

求解二元线性方程组 $\begin{cases} a_{11}x_1 + a_{12}x_2 = b_1 \\ a_{21}x_1 + a_{22}x_2 = b_2 \end{cases}$ (1)

用消元法解此线性方程组得到

$$\begin{aligned} (a_{11}a_{22} - a_{12}a_{21})x_1 = b_1a_{22} - a_{12}b_2 \\ (a_{11}a_{22} - a_{12}a_{21})x_2 = a_{11}b_2 - b_1a_{21} \end{aligned},$$

当 $a_{11}a_{22} - a_{12}a_{21} \neq 0$ 时，方程组（1）有唯一解

$$\begin{cases} x_1 = \dfrac{b_1a_{22} - b_2a_{12}}{a_{11}a_{22} - a_{12}a_{21}} \\ x_2 = \dfrac{a_{11}b_2 - a_{21}b_1}{a_{11}a_{22} - a_{12}a_{21}} \end{cases}. \tag{2}$$

可以看到，（2）式中的分子和分母都是四个数分两对相乘再相减而得。为了便于记忆，引入二阶行列式的概念.

将四个数排成两行两列，记

$$\begin{vmatrix} a_{11} & a_{12} \\ a_{21} & a_{22} \end{vmatrix} = a_{11}a_{22} - a_{12}a_{21} \tag{3}$$

称式（3）左边为二阶行列式，右边的式子为二阶行列式的展开式. 数 a_{ij} $(i=1,2;j=1,2)$ 称为这个行列式的元素或元. 元素 a_{ij} 的第一个下标 i 称为行标，表明该元素位于第 i 行；第二下标 j 称为列标，表明该元素位于第 j 列.

二阶行列式的定义可采用对角线法则来记忆。参见图 1.1，把 a_{11} 到 a_{22} 的实连线称为主对角线，a_{12} 到 a_{21} 的虚连线称为副对角线，于是二阶行列式便是主对角线上两个元素的乘积减去副对角线上两个元素的乘积所得的差.

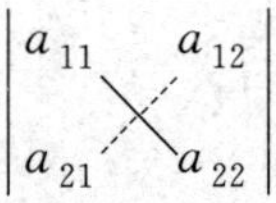

$$\begin{vmatrix} a_{11} & a_{12} \\ a_{21} & a_{22} \end{vmatrix}$$

图 1.1

由二阶行列式的定义，(2) 式中的分子也可用二阶行列式表示，即

$$b_1a_{22}-b_2a_{12}=\begin{vmatrix} b_1 & a_{12} \\ b_2 & a_{22} \end{vmatrix},\quad a_{11}b_2-a_{21}b_1=\begin{vmatrix} a_{11} & b_1 \\ a_{21} & b_2 \end{vmatrix}.$$

若记

$$D=\begin{vmatrix} a_{11} & a_{12} \\ a_{21} & a_{22} \end{vmatrix},\quad D_1=\begin{vmatrix} b_1 & a_{12} \\ b_2 & a_{22} \end{vmatrix},\quad D_2=\begin{vmatrix} a_{11} & b_1 \\ a_{21} & b_2 \end{vmatrix}.$$

那么 (2) 式可写成

$$x_1=\frac{D_1}{D}=\frac{\begin{vmatrix} b_1 & a_{12} \\ b_2 & a_{22} \end{vmatrix}}{\begin{vmatrix} a_{11} & a_{12} \\ a_{21} & a_{22} \end{vmatrix}},\quad x_2=\frac{D_2}{D}=\frac{\begin{vmatrix} a_{11} & b_1 \\ a_{21} & b_2 \end{vmatrix}}{\begin{vmatrix} a_{11} & a_{12} \\ a_{21} & a_{22} \end{vmatrix}}. \tag{4}$$

注意这里的 D 是由方程组 (1) 的系数所确定的二阶行列式，称为方程组 (1) 的系数行列式. D_1 是用常数项 b_1、b_2 替换 D 中第一列元素 a_{11}、a_{21} 所得的二阶行列式，D_2 是用常数项 b_1、b_2 替换 D 中第二列元素 a_{12}、a_{22} 所得的二阶行列式.

例 1 用行列式解线性方程组 $\begin{cases} x_1+2x_2=1 \\ 3x_1+5x_2=2 \end{cases}$.

解 由于 $D=\begin{vmatrix} 1 & 2 \\ 3 & 5 \end{vmatrix}=5-6=-1\neq 0$，$D_1=\begin{vmatrix} 1 & 2 \\ 2 & 5 \end{vmatrix}=1$，$D_2=\begin{vmatrix} 1 & 1 \\ 3 & 2 \end{vmatrix}=-1$. 因此

$$x_1=\frac{D_1}{D}=\frac{1}{-1}=-1,\quad x_2=\frac{D_2}{D}=\frac{-1}{-1}=1.$$

类似地，对于三元一次线性方程组

$$\begin{cases} a_{11}x_1+a_{12}x_2+a_{13}x_3=b_1 \\ a_{21}x_1+a_{22}x_2+a_{23}x_3=b_2 \\ a_{31}x_1+a_{32}x_2+a_{33}x_3=b_3 \end{cases} \tag{5}$$

利用消元法也可以得到它的求解公式，但要记住这个公式是很困难的，为了便于记忆，引入三阶行列式的概念.

将九个数排成三行三列，记

$$\begin{vmatrix} a_{11} & a_{12} & a_{13} \\ a_{21} & a_{22} & a_{23} \\ a_{31} & a_{32} & a_{33} \end{vmatrix} = a_{11}a_{22}a_{33} + a_{12}a_{23}a_{31} + a_{13}a_{21}a_{32} \tag{6}$$

$$- a_{13}a_{22}a_{31} - a_{12}a_{21}a_{33} - a_{11}a_{23}a_{32}.$$

称式（6）左边为三阶行列式，右边的式子为三阶行列式的展开式.

上述定义表明三阶行列式的展开式中共有 6 项，每项为不同行不同列的三个元素的乘积再冠以正负号，其规律遵循图 1.2 所示对角线法则：图中三条实线看做是平行于主对角线的连线，三条虚线看做是平行于副对角线的连线，实线上的三元素乘积冠正号，虚线上的三元素乘积冠负号.

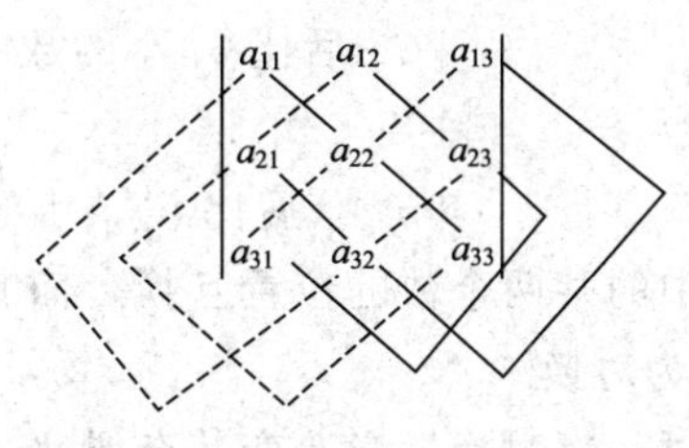

图 1.2

例 2 用对角线法则计算行列式 $D = \begin{vmatrix} 1 & -2 & 3 \\ -4 & 5 & -6 \\ 7 & -8 & 9 \end{vmatrix}$.

解

$$\begin{aligned} D &= 1\times5\times9 + (-2)\times(-6)\times7 + (-4)\times(-8)\times3 - \\ &\quad 1\times(-6)\times(-8) - (-2)\times(-4)\times9 - 3\times5\times7 \\ &= 45 + 84 + 96 - 48 - 72 - 105 = 0. \end{aligned}$$

若记

$$D = \begin{vmatrix} a_{11} & a_{12} & a_{13} \\ a_{21} & a_{22} & a_{23} \\ a_{31} & a_{32} & a_{33} \end{vmatrix}, \quad D_1 = \begin{vmatrix} b_1 & a_{12} & a_{13} \\ b_2 & a_{22} & a_{23} \\ b_3 & a_{32} & a_{33} \end{vmatrix}$$

$$D_2 = \begin{vmatrix} a_{11} & b_1 & a_{13} \\ a_{21} & b_2 & a_{23} \\ a_{31} & b_3 & a_{33} \end{vmatrix}, \quad D_3 = \begin{vmatrix} a_{11} & a_{12} & b_1 \\ a_{21} & a_{22} & b_2 \\ a_{31} & a_{32} & b_3 \end{vmatrix}.$$

则容易验证三元一次方程组（5）的解为

$$x_1 = \frac{D_1}{D},\ x_2 = \frac{D_2}{D},\ x_3 = \frac{D_3}{D} \quad (D \neq 0).$$

1.1.2 逆序数与对换

定义 1 由 $1,2,\cdots,n$ 按某种次序排成一排，称其为这 n 个数的一个全排列，简称排列. 如果这 n 个数按自然数次序由小到大进行排列，则称其为标准排列.

定义 2 在 n 个数 $1,2,\cdots,n$ 的一个全排列中，若某两个数的前后次序和标准排列不一致，则称这两个数构成一个逆序. 一个排列中逆序的总个数称为这个排列的逆序数，记为 τ.

逆序数为偶数的排列称为偶排列，逆序数为奇数的排列称为奇排列.

例 3 求排列 34152 的逆序数.

解 构成逆序的数对为 31，32，41，42，52，所以 $\tau(34152)=5$.

设 $i_1 i_2 \cdots i_n$ 是 $1,2,\cdots,n$ 的一个全排列，由上例可得出计算排列 $i_1 i_2 \cdots i_n$ 的逆序数的一个方法：

$$\begin{aligned}\tau(i_1 i_2 \cdots i_n) = & i_1 \text{ 后比 } i_1 \text{ 小的数的个数} \\ & + i_2 \text{ 后比 } i_2 \text{ 小的数的个数} \\ & + \cdots \\ & + i_{n-1} \text{ 后比 } i_{n-1} \text{ 小的数的个数}\end{aligned}$$

定义 3 将一个排列中的某两个数的位置互换，而其余的数不动，就得到另一个排列，这样的变换称为对换.

定理 1 任意排列经过一次对换后必改变其奇偶性.

例如，经过 1，3 两数对换，偶排列 15432 变成奇排列 35412.

1.1.3 n 阶行列式的定义

利用逆序数的概念，二阶和三阶行列式的定义可以写成

$$\begin{vmatrix} a_{11} & a_{12} \\ a_{21} & a_{22} \end{vmatrix} = \sum (-1)^{\tau} a_{1p_1} a_{2p_2}$$

其中，$p_1 p_2$ 是 1,2 的一个排列，τ 是该排列的逆序数，$\sum$ 表示对 1,2 的所有排列（共 2!个）求和.

$$\begin{vmatrix} a_{11} & a_{12} & a_{13} \\ a_{21} & a_{22} & a_{23} \\ a_{31} & a_{32} & a_{33} \end{vmatrix} = \sum (-1)^{\tau} a_{1p_1} a_{2p_2} a_{3p_3}$$

其中，$p_1 p_2 p_3$ 是 1,2,3 的一个排列，τ 是该排列的逆序数，$\sum$ 表示对 1,2,3 的所有排列（共 3!个）求和.

类似二阶和三阶行列式的定义，可以定义 n 阶行列式.

定义 4 设有 n^2 个数，排成 n 行 n 列，记

$$\begin{vmatrix} a_{11} & a_{12} & \cdots & a_{1n} \\ a_{21} & a_{22} & \cdots & a_{2n} \\ \vdots & \vdots & & \vdots \\ a_{n1} & a_{n2} & \cdots & a_{nn} \end{vmatrix} = \sum (-1)^{\tau} a_{1p_1} a_{2p_2} \cdots a_{np_n} \tag{7}$$

其中，$p_1p_2\cdots p_n$ 为自然数 $1,2,\cdots,n$ 的一个排列，τ 为这个排列的逆序数，$\sum$表示对 $1,2\cdots,n$ 的所有排列（共 $n!$ 个）求和. 称式（7）左边为 n 阶行列式，右边的式子为 n 阶行列式的展开式. 称 $a_{ij}(i=1,2,\cdots,n;j=1,2,\cdots,n)$ 为 n 阶行列式的元素，它位于行列式的第 i 行第 j 列.

n 阶行列式的展开式中共有 $n!$ 项，其中每一项都是位于不同行不同列的 n 个元素的乘积. n 阶行列式简记为 $\det(a_{ij})$ 或 $|\boldsymbol{a}_{ij}|$.

例 4 证明

（1）主对角线行列式 $\begin{vmatrix} a_{11} & & & \\ & a_{22} & & \\ & & \ddots & \\ & & & a_{nn} \end{vmatrix}=a_{11}a_{22}\cdots a_{nn}$；

（2）上三角形行列式 $\begin{vmatrix} a_{11} & a_{12} & \cdots & a_{1n} \\ & a_{22} & \cdots & a_{2n} \\ & & \ddots & \vdots \\ & & & a_{nn} \end{vmatrix}=a_{11}a_{22}\cdots a_{nn}$；

（3）下三角形行列式 $\begin{vmatrix} a_{11} & & & \\ a_{21} & a_{22} & & \\ \vdots & \vdots & \ddots & \\ a_{n1} & a_{n2} & \cdots & a_{nn} \end{vmatrix}=a_{11}a_{22}\cdots a_{nn}$；

（4）次对角线行列式 $\begin{vmatrix} & & & a_1 \\ & & a_2 & \\ & \iddots & & \\ a_n & & & \end{vmatrix}=(-1)^{\frac{n(n-1)}{2}}a_1a_2\cdots a_n$.

下面只证（2）、（4），（1）、（3）作为练习.

证明 （2）因为 D 中可能不为 0 的项只有一项 $(-1)^{\tau}a_{11}a_{22}\cdots a_{nn}$，此项符号 $(-1)^{\tau}=(-1)^0=1$，所以 $D=a_{11}a_{22}\cdots a_{nn}$.

（4）因为 D 中可能不为 0 的项只有一项，即 $(-1)^{\tau}a_1a_2\cdots a_n$，而 $\tau=0+1+2+\cdots+n-1=\dfrac{n(n-1)}{2}$，所以 $D=(-1)^{\frac{n(n-1)}{2}}a_1a_2\cdots a_n$.

在行列式的定义中，行列式展开式中每一项的 n 个元素的乘积是按行标的自然顺序排列的. 由于数的乘法是可交换的，因此这 n 个元素的乘积次序是可以任意排列的，比如说可以写成 $a_{i_1j_1}a_{i_2j_2}\cdots a_{i_nj_n}$，其中，$i_1i_2\cdots i_n$ 是行标的一个排列，$j_1j_2\cdots j_n$ 是列标的一个排列，下面我们来说明，该项前面所冠的符号为 $(-1)^{\tau(i_1i_2\cdots i_n)+\tau(j_1j_2\cdots j_n)}$.

事实上，交换 $a_{i_1j_1}a_{i_2j_2}\cdots a_{i_nj_n}$ 中任两个因子后，$\tau(i_1i_2\cdots i_n)$ 和 $\tau(j_1j_2\cdots j_n)$ 的奇偶性同时改变，从而 $\tau(i_1i_2\cdots i_n)+\tau(j_1j_2\cdots j_n)$ 的奇偶性不变. 由此可见，若经一系列因子的交换过程，将 $a_{i_1j_1}a_{i_2j_2}\cdots a_{i_nj_n}$ 变成 $a_{1l_1}a_{2l_2}\cdots a_{nl_n}$，应有

$$(-1)^{\tau(i_1i_2\cdots i_n)+\tau(j_1j_2\cdots j_n)}=(-1)^{\tau(12\cdots n)+\tau(l_1l_2\cdots l_n)}=(-1)^{\tau(l_1l_2\cdots l_n)},$$

特别的，当 $a_{1j_1}a_{2j_2}\cdots a_{nj_n}$ 经若干次因子交换变为 $a_{i_11}a_{i_22}\cdots a_{i_nn}$ 时，就有

$$(-1)^{\tau(12\cdots n)+\tau(j_1j_2\cdots j_n)}=(-1)^{\tau(i_1i_2\cdots i_n)+\tau(12\cdots n)},$$

即 $(-1)^{\tau(j_1j_2\cdots j_n)}=(-1)^{\tau(i_1i_2\cdots i_n)}$，于是，$n$ 阶行列式的定义又可写成

$$D=\begin{vmatrix} a_{11} & a_{12} & \cdots & a_{1n} \\ a_{21} & a_{22} & \cdots & a_{2n} \\ \vdots & \vdots & & \vdots \\ a_{n1} & a_{n2} & \cdots & a_{nn} \end{vmatrix}=\sum(-1)^{\tau}a_{i_11}a_{i_22}\cdots a_{i_nn}. \tag{8}$$

习题 1.1

1. 计算下列行列式

(1) $\begin{vmatrix} a & a^2 \\ b & b^2 \end{vmatrix}$；　(2) $\begin{vmatrix} -1 & 2 & 4 \\ 0 & 3 & 1 \\ -1 & 4 & 2 \end{vmatrix}$；　(3) $\begin{vmatrix} 1 & 1 & 1 \\ a & b & c \\ a^2 & b^2 & c^2 \end{vmatrix}$；

(4) $\begin{vmatrix} 0 & 0 & 0 & a \\ 0 & 0 & b & 0 \\ 0 & c & 0 & 0 \\ d & 0 & 0 & 0 \end{vmatrix}$.

2. 求下列各排列的逆序数.

(1) 32154；　(2) 54123；　(3) $n(n-1)\cdots 321$.

3. 求行列式 $D_4=\begin{vmatrix} 5x & 1 & 2 & 3 \\ x & x & 1 & 2 \\ 1 & 2 & x & 3 \\ x & 1 & 2 & 2x \end{vmatrix}$ 的展开式中包含 x^3 和 x^4 的项.

4. 写出四阶行列式 $\det(a_{ij})$ 所有含有 a_{23} 的项.

5. 用定义计算下列各行列式.

(1) $\begin{vmatrix} 0 & 2 & 0 & 0 \\ 0 & 0 & 1 & 0 \\ 3 & 0 & 0 & 0 \\ 0 & 0 & 0 & 4 \end{vmatrix}$；　(2) $\begin{vmatrix} 1 & 2 & 3 & 0 \\ 0 & 0 & 2 & 0 \\ 3 & 0 & 4 & 5 \\ 0 & 0 & 0 & 1 \end{vmatrix}$；　(3) $\begin{vmatrix} a & 0 & 0 & 0 \\ 0 & 0 & b & 0 \\ 0 & c & 0 & 0 \\ 0 & 0 & 0 & d \end{vmatrix}$.

1.2 行列式的性质

1.2.1 行列式的性质

行列式的计算是本章的重点内容，用行列式的定义计算行列式，只有对某些特殊的行列式才较为可行，比如上三角行列式. 对于一般的行列式，随着阶数 n 的增大，用定义来计算是极其复杂的. 本节将讨论行列式的性质，利用这些性质可大大简化行列式的计算.

设

$$D=\begin{vmatrix} a_{11} & a_{12} & \cdots & a_{1n} \\ a_{21} & a_{22} & \cdots & a_{2n} \\ \vdots & \vdots & & \vdots \\ a_{n1} & a_{n2} & \cdots & a_{nn} \end{vmatrix}，记 D^{\mathrm{T}}=\begin{vmatrix} a_{11} & a_{21} & \cdots & a_{n1} \\ a_{12} & a_{22} & \cdots & a_{n2} \\ \vdots & \vdots & & \vdots \\ a_{1n} & a_{2n} & \cdots & a_{nn} \end{vmatrix},$$

即 D^{T} 是由 D 行列位置互换后得到的，称 D^{T} 为 D 的转置行列式.

性质 1 行列式 D 与它的转置行列式 D^{T} 相等.

证明 记 $D^{\mathrm{T}}=\begin{vmatrix} b_{11} & b_{12} & \cdots & b_{1n} \\ b_{21} & b_{22} & \cdots & b_{2n} \\ \vdots & \vdots & & \vdots \\ b_{n1} & b_{n2} & \cdots & b_{nn} \end{vmatrix}$，即 $b_{ij}=a_{ji}(i,j=1,2\cdots n)$，

由行列式定义

$$D^{\mathrm{T}}=\sum(-1)^{\tau(i_1i_2\cdots i_n)}b_{1i_1}b_{2i_2}\cdots b_{ni_n}=\sum(-1)^{\tau(i_1i_2\cdots i_n)}a_{i_11}a_{i_22}\cdots a_{i_nn}=D.$$

此性质表明行列式中行与列的地位是对等的，因而以下对行成立的性质对列也成立.

性质 2 互换行列式的两行（列），行列式变号.

证明 设行列式

$$D_1=\begin{vmatrix} b_{11} & b_{12} & \cdots & b_{1n} \\ b_{21} & b_{22} & \cdots & b_{2n} \\ \vdots & \vdots & & \vdots \\ b_{n1} & b_{n2} & \cdots & b_{nn} \end{vmatrix}$$

是由行列式 $\det(a_{ij})$ 对换 i,j 两行得到，即当 $k\neq i,j$ 时，$b_{kp}=a_{kp}$； 当 $k=i,j$ 时，$b_{ip}=a_{jp}, b_{jp}=a_{ip}$，

$$\begin{aligned} D_1&=\sum(-1)^t b_{1p_1}\cdots b_{ip_i}\cdots b_{jp_j}\cdots b_{np_n} \\ &=\sum(-1)^t a_{1p_1}\cdots a_{jp_i}\cdots a_{ip_j}\cdots a_{np_n} \\ &=\sum(-1)^t a_{1p_1}\cdots a_{ip_i}\cdots a_{jp_j}\cdots a_{np_n}, \end{aligned}$$

其中，$1\cdots i\cdots j\cdots n$ 为自然排列，t 为排列 $p_1\cdots p_i\cdots p_j\cdots p_n$ 的逆序数.

设排列 $p_1\cdots p_j\cdots p_i\cdots p_n$ 的逆序数为 t_1，则 $(-1)^t=-(-1)^{t_1}$，故

$$D_1=-\sum(-1)^{t_1}a_{1p_1}\cdots a_{ip_j}\cdots a_{jp_i}\cdots a_{np_n}=-D.$$

以 r_i 表示行列式 D 的第 i 行，以 c_j 表示其第 j 列. 交换 D 的 i,j 两行记作 $r_i\leftrightarrow r_j$；交换 D 的 i,j 两列记作 $c_i\leftrightarrow c_j$.

推论 1 如果行列式有两行（列）完全相同，则此行列式等于零.

证明 两行互换后 $D=-D$，故 $D=0$.

性质 3 行列式的某一行（列）中所有的元素乘以同一数 k，等于用数 k 乘以此行列式. 即 $\begin{vmatrix} a_{11} & a_{12} & \cdots & a_{1n} \\ \vdots & \vdots & & \vdots \\ ka_{i1} & ka_{i2} & \cdots & ka_{in} \\ \vdots & \vdots & & \vdots \\ a_{n1} & a_{n2} & \cdots & a_{nn} \end{vmatrix}=k\begin{vmatrix} a_{11} & a_{12} & \cdots & a_{1n} \\ \vdots & \vdots & & \vdots \\ a_{i1} & a_{i2} & \cdots & a_{in} \\ \vdots & \vdots & & \vdots \\ a_{n1} & a_{n2} & \cdots & a_{nn} \end{vmatrix}$.

证明
$$\begin{aligned}左&=\sum(-1)^{\tau(j_1j_2\cdots j_n)}a_{1j_1}a_{2j_2}\cdots(ka_{ij_i})\cdots a_{nj_n}\\&=k\sum(-1)^{\tau(j_1j_2\cdots j_n)}a_{1j_1}\cdots a_{ij_i}\cdots a_{nj_n}=右.\end{aligned}$$

第 i 行（或列）乘以 k，这种运算记作 $r_i\times k$（或 $c_i\times k$）.

推论 2 行列式的某一行（列）的所有元素的公因子可以提到行列式符号外面.

第 i 行（或列）提出公因子 k，这种运算记作 $r_i\div k$（或 $c_i\div k$）.

性质 4 行列式如果有两行（列）元素成比例，则此行列式等于零.

证明 略.

性质 5 若行列式的某一行（列）的元素都是两数之和，则有下式成立：

$$\begin{vmatrix} a_{11} & a_{12} & \cdots & a_{1n} \\ \vdots & \vdots & & \vdots \\ b_{i1}+c_{i1} & b_{i2}+c_{i2} & \cdots & b_{in}+c_{in} \\ \vdots & \vdots & & \vdots \\ a_{n1} & a_{n2} & \cdots & a_{nn} \end{vmatrix}=\begin{vmatrix} a_{11} & a_{12} & \cdots & a_{1n} \\ \vdots & \vdots & & \vdots \\ b_{i1} & b_{i2} & \cdots & b_{in} \\ \vdots & \vdots & & \vdots \\ a_{n1} & a_{n2} & \cdots & a_{nn} \end{vmatrix}+\begin{vmatrix} a_{11} & a_{12} & \cdots & a_{1n} \\ \vdots & \vdots & & \vdots \\ c_{i1} & c_{i2} & \cdots & c_{in} \\ \vdots & \vdots & & \vdots \\ a_{n1} & a_{n2} & \cdots & a_{nn} \end{vmatrix}$$

证明
$$\begin{aligned}左&=\sum(-1)^{\tau(j_1j_2\cdots j_n)}a_{1j_1}a_{2j_2}\cdots(b_{ij_i}+c_{ij_i})\cdots a_{nj_n}\\&=\sum(-1)^{\tau(j_1j_2\cdots j_n)}a_{1j_1}a_{2j_2}\cdots b_{ij_i}\cdots a_{nj_n}+\\&\quad\sum(-1)^{\tau(j_1j_2\cdots j_n)}a_{1j_1}a_{2j_2}\cdots c_{ij_i}\cdots a_{nj_n}\\&=右.\end{aligned}$$

性质 6 行列式的某一行（列）元素加上另一行（列）对应元素的 k 倍，行列式不变，

即 $i \neq j$ 时，$\begin{vmatrix} a_{11} & a_{12} & \cdots & a_{1n} \\ \vdots & \vdots & & \vdots \\ a_{i1}+ka_{j1} & a_{i2}+ka_{j2} & \cdots & a_{in}+ka_{jn} \\ \vdots & \vdots & & \vdots \\ a_{j1} & a_{j2} & \cdots & a_{jn} \\ \vdots & \vdots & & \vdots \\ a_{n1} & a_{n2} & \cdots & a_{nn} \end{vmatrix} = \begin{vmatrix} a_{11} & a_{12} & \cdots & a_{1n} \\ \vdots & \vdots & & \vdots \\ a_{i1} & a_{i2} & \cdots & a_{in} \\ \vdots & \vdots & & \vdots \\ a_{j1} & a_{j2} & \cdots & a_{jn} \\ \vdots & \vdots & & \vdots \\ a_{n1} & a_{n2} & \cdots & a_{nn} \end{vmatrix}$.

以数 k 乘第 j 行加到第 i 行上，这种运算记作 $r_i + kr_j$.

证明 左$= \begin{vmatrix} a_{11} & a_{12} & \cdots & a_{1n} \\ \vdots & \vdots & & \vdots \\ a_{i1} & a_{i2} & \cdots & a_{in} \\ \vdots & \vdots & & \vdots \\ a_{j1} & a_{j2} & \cdots & a_{jn} \\ \vdots & \vdots & & \vdots \\ a_{n1} & a_{n2} & \cdots & a_{nn} \end{vmatrix} + \begin{vmatrix} a_{11} & a_{12} & \cdots & a_{1n} \\ \vdots & \vdots & & \vdots \\ ka_{j1} & ka_{j2} & \cdots & ka_{jn} \\ \vdots & \vdots & & \vdots \\ a_{j1} & a_{j2} & \cdots & a_{jn} \\ \vdots & \vdots & & \vdots \\ a_{n1} & a_{n2} & \cdots & a_{nn} \end{vmatrix}$

$= \begin{vmatrix} a_{11} & a_{12} & \cdots & a_{1n} \\ \vdots & \vdots & & \vdots \\ a_{i1} & a_{i2} & \cdots & a_{in} \\ \vdots & \vdots & & \vdots \\ a_{j1} & a_{j2} & \cdots & a_{jn} \\ \vdots & \vdots & & \vdots \\ a_{n1} & a_{n2} & \cdots & a_{nn} \end{vmatrix} + 0 =$ 右.

例 5 利用行列式的性质计算下列行列式

(1) $D = \begin{vmatrix} a & b+c & 1 \\ b & c+a & 1 \\ c & a+b & 1 \end{vmatrix}$；(2) $D = \begin{vmatrix} a^2 & (a+1)^2 & (a+2)^2 & (a+3)^2 \\ b^2 & (b+1)^2 & (b+2)^2 & (b+3)^2 \\ c^2 & (c+1)^2 & (c+2)^2 & (c+3)^2 \\ d^2 & (d+1)^2 & (d+2)^2 & (d+3)^2 \end{vmatrix}$.

解 (1) $D \xlongequal{c_1+c_2} \begin{vmatrix} a+b+c & b+c & 1 \\ a+b+c & c+a & 1 \\ a+b+c & a+b & 1 \end{vmatrix} = (a+b+c) \begin{vmatrix} 1 & b+c & 1 \\ 1 & c+a & 1 \\ 1 & a+b & 1 \end{vmatrix} = 0.$

(2) $D \xlongequal[\substack{c_3-c_2 \\ c_2-c_1}]{c_4-c_3} \begin{vmatrix} a^2 & (a+1)^2-a^2 & (a+2)^2-(a+1)^2 & (a+3)^2-(a+2)^2 \\ b^2 & (b+1)^2-b^2 & (b+2)^2-(b+1)^2 & (b+3)^2-(b+2)^2 \\ c^2 & (c+1)^2-c^2 & (c+2)^2-(c+1)^2 & (c+3)^2-(c+2)^2 \\ d^2 & (d+1)^2-d^2 & (d+2)^2-(d+1)^2 & (d+3)^2-(d+2)^2 \end{vmatrix}$

$$=\begin{vmatrix} a^2 & 2a+1 & 2a+3 & 2a+5 \\ b^2 & 2b+1 & 2b+3 & 2b+5 \\ c^2 & 2c+1 & 2c+3 & 2c+5 \\ d^2 & 2d+1 & 2d+3 & 2d+5 \end{vmatrix} \xlongequal[c_3-c_2]{c_4-c_2} \begin{vmatrix} a^2 & 2a+1 & 2 & 4 \\ b^2 & 2b+1 & 2 & 4 \\ c^2 & 2c+1 & 2 & 4 \\ d^2 & 2d+1 & 2 & 4 \end{vmatrix}=0.$$

1.2.2　利用行列式的性质计算行列式

如何计算行列式是本章的重点内容，从 1.1 中例 4 可以看到，上（下）三角形行列式的值等于对角线上元素的积. 因此，若能利用行列式的性质将所给行列式化成上（下）三角形行列式，便可以求出行列式的值了，这是计算行列式的基本方法之一.

例 6　计算行列式 $D=\begin{vmatrix} 1 & 2 & 0 & 1 \\ 1 & 3 & 5 & 0 \\ 0 & 1 & 5 & 6 \\ 1 & 2 & 3 & 4 \end{vmatrix}$.

解

$$D \xlongequal[r_2-r_1]{r_4-r_1} \begin{vmatrix} 1 & 2 & 0 & 1 \\ 0 & 1 & 5 & -1 \\ 0 & 1 & 5 & 6 \\ 0 & 0 & 3 & 3 \end{vmatrix} \xlongequal{r_3-r_2} \begin{vmatrix} 1 & 2 & 0 & 1 \\ 0 & 1 & 5 & -1 \\ 0 & 0 & 0 & 7 \\ 0 & 0 & 3 & 3 \end{vmatrix} \xlongequal{r_3 \leftrightarrow r_4} - \begin{vmatrix} 1 & 2 & 0 & 1 \\ 0 & 1 & 5 & -1 \\ 0 & 0 & 3 & 3 \\ 0 & 0 & 0 & 7 \end{vmatrix}=-21.$$

例 7　计算 n 阶行列式 $D=\begin{vmatrix} a & b & b & \cdots & b \\ b & a & b & \cdots & b \\ b & b & a & \cdots & b \\ \vdots & \vdots & \vdots & & \vdots \\ b & b & b & \cdots & a \end{vmatrix}$.

解　此行列式的特点是行和或列和相等，因此把 D 的第 2 列，第 3 列…第 n 列均加到第 1 列上，然后提出公因子，再用第 1 列乘以 $-b$ 加到其余各列.

$$D=\begin{vmatrix} a+(n-1)b & b & b & \cdots & b \\ a+(n-1)b & a & b & \cdots & b \\ a+(n-1)b & b & a & \cdots & b \\ \vdots & \vdots & \vdots & & \vdots \\ a+(n-1)b & b & b & \cdots & a \end{vmatrix}=[a+(n-1)b]\begin{vmatrix} 1 & b & b & \cdots & b \\ 1 & a & b & \cdots & b \\ 1 & b & a & \cdots & b \\ \vdots & \vdots & \vdots & & \vdots \\ 1 & b & b & \cdots & a \end{vmatrix}$$

$$=[a+(n-1)b]\begin{vmatrix} 1 & 0 & 0 & \cdots & 0 \\ 1 & a-b & 0 & \cdots & 0 \\ 1 & 0 & a-b & \cdots & 0 \\ \vdots & \vdots & \vdots & & \vdots \\ 1 & 0 & 0 & \cdots & a-b \end{vmatrix}=[a+(n-1)b](a-b)^{n-1}.$$

例 8　设 $D=\begin{vmatrix} a_{11} & \cdots & a_{1k} & & & \\ \vdots & & \vdots & & \mathbf{0} & \\ a_{k1} & \cdots & a_{kk} & & & \\ c_{11} & \cdots & c_{1k} & b_{11} & \cdots & b_{1n} \\ \vdots & & \vdots & \vdots & & \vdots \\ c_{n1} & \cdots & c_{nk} & b_{n1} & \cdots & b_{nn} \end{vmatrix}$，记 $D_1=\begin{vmatrix} a_{11} & \cdots & a_{1k} \\ \vdots & & \vdots \\ a_{k1} & \cdots & a_{kk} \end{vmatrix}$，

$D_2=\begin{vmatrix} b_{11} & \cdots & b_{1n} \\ \vdots & & \vdots \\ b_{n1} & \cdots & b_{nn} \end{vmatrix}$，证明：$D=D_1D_2$.

证明　对 D_1 作运算 r_i+kr_j，把 D_1 化为下三角形行列式，

$$D_1=\begin{vmatrix} p_{11} & & 0 \\ \vdots & \ddots & \\ p_{k1} & \cdots & p_{kk} \end{vmatrix}=p_{11}\cdots p_{kk},$$

对 D_2 作运算 c_i+kc_j，把 D_2 化为下三角形行列式. 设 $D_2=\begin{vmatrix} q_{11} & & 0 \\ \vdots & \ddots & \\ q_n & \cdots & q_{nn} \end{vmatrix}=$ $q_{11}\cdots q_{nn}$，于是，对 D 的前 k 行作运算 r_i+kr_j 后，再对后 n 列作运算 c_i+kc_j，把 D 化为下三角行列式，$D=\begin{vmatrix} p_{11} & & & & & \\ \vdots & \ddots & & & \mathbf{0} & \\ p_{k1} & \cdots & p_{kk} & & & \\ c_{11} & \cdots & c_{1k} & q_{11} & & \\ \vdots & & \vdots & \vdots & \ddots & \\ c_{n1} & \cdots & c_{nk} & q_{n1} & \cdots & q_{nn} \end{vmatrix}$，故 $D=$ $p_{11}\cdots p_{kk}q_{11}\cdots q_{nn}=D_1D_2$.

例 9　计算行列式 $D=\begin{vmatrix} 1 & a_1 & 0 & 0 & 0 \\ -1 & 1-a_1 & a_2 & 0 & 0 \\ 0 & -1 & 1-a_2 & a_3 & 0 \\ 0 & 0 & -1 & 1-a_3 & a_4 \\ 0 & 0 & 0 & -1 & 1-a_4 \end{vmatrix}$

解　此行列式的特点是主对角线及与主对角线平行的上下两条斜线上元素不全为零，其余元素全为零，这种行列式称为三对角行列式，根据此行列式的特点，从第一行开始每行逐次加到下面一行，可得上三角行列式.

$$D \xlongequal{r_2+r_1} \begin{vmatrix} 1 & a_1 & 0 & 0 & 0 \\ 0 & 1 & a_2 & 0 & 0 \\ 0 & -1 & 1-a_2 & a_3 & 0 \\ 0 & 0 & -1 & 1-a_3 & a_4 \\ 0 & 0 & 0 & -1 & 1-a_4 \end{vmatrix} \xlongequal[\substack{r_4+r_3 \\ r_5+r_4}]{r_3+r_2} \begin{vmatrix} 1 & a_1 & 0 & 0 & 0 \\ 0 & 1 & a_2 & 0 & 0 \\ 0 & 0 & 1 & a_3 & 0 \\ 0 & 0 & 0 & 1 & a_4 \\ 0 & 0 & 0 & 0 & 1 \end{vmatrix} = 1.$$

习题 1.2

1. 利用行列式的性质计算下列行列式.

(1) $\begin{vmatrix} 1 & 2 & 3 & 4 \\ 2 & 3 & 4 & 1 \\ 3 & 4 & 1 & 2 \\ 4 & 1 & 2 & 3 \end{vmatrix}$；　(2) $\begin{vmatrix} 1 & 1 & 1 \\ a & b & c \\ b+c & c+a & a+b \end{vmatrix}$；

(3) $\begin{vmatrix} a^2 & (a+1)^2 & (a+2)^2 & (a+3)^2 \\ b^2 & (b+1)^2 & (b+2)^2 & (b+3)^2 \\ c^2 & (c+1)^2 & (c+2)^2 & (c+3)^2 \\ d^2 & (d+1)^2 & (d+2)^2 & (d+3)^2 \end{vmatrix}$.

2. 计算行列式

(1) $\begin{vmatrix} 1+a_1 & a_2 & a_3 \\ a_1 & 1+a_2 & a_3 \\ a_1 & a_2 & 1+a_3 \end{vmatrix}$；　(2) $\begin{vmatrix} a_1-b & a_2 & a_3 & \cdots & a_n \\ a_1 & a_2-b & a_3 & \cdots & a_n \\ \vdots & \vdots & \vdots & & \vdots \\ a_1 & a_2 & a_3 & \cdots & a_n-b \end{vmatrix}$；

(3) $D_n = \begin{vmatrix} x-a & a & a & \cdots & a \\ a & x-a & a & \cdots & a \\ \vdots & \vdots & \vdots & & \vdots \\ a & a & a & \cdots & x-a \end{vmatrix}$.

3. 证明下列等式

(1) $D_n = \begin{vmatrix} 1+a_1 & a_2 & \cdots & a_n \\ a_1 & 1+a_2 & \cdots & a_n \\ \vdots & \vdots & & \vdots \\ a_1 & a_2 & \cdots & 1+a_n \end{vmatrix} = 1 + \sum_{i=1}^{n} a_i$；

(2) $D_n = \begin{vmatrix} 0 & 1 & 1 & \cdots & 1 & 1 \\ 1 & 0 & 1 & \cdots & 1 & 1 \\ 1 & 1 & 0 & \cdots & 1 & 1 \\ \vdots & \vdots & \vdots & & \vdots & \vdots \\ 1 & 1 & 1 & \cdots & 0 & 1 \\ 1 & 1 & 1 & \cdots & 1 & 0 \end{vmatrix} = (-1)^{n-1}(n-1)$.

1.3 行列式按行（列）展开

一般说来，低阶行列式的计算要比高阶行列式的计算简单，因此，计算中常考虑把阶数较高的行列式化为阶数较低的行列式. 为此，先给出余子式和代数余子式的概念.

定义 5 在 n 阶行列式 $\det(a_{ij})$ 中划掉元素 a_{ij} 所在的第 i 行和第 j 列后，留下的元素按原来的位置构成的 $n-1$ 阶行列式，称为元素 a_{ij} 的余子式，记为 M_{ij}. 又记 $A_{ij}=(-1)^{i+j}M_{ij}$，称 A_{ij} 为元素 a_{ij} 的代数余子式.

例如，对于四阶行列式 $\begin{vmatrix} a_{11} & a_{12} & a_{13} & a_{14} \\ a_{21} & a_{22} & a_{23} & a_{24} \\ a_{31} & a_{32} & a_{33} & a_{34} \\ a_{41} & a_{42} & a_{43} & a_{44} \end{vmatrix}$，元素 a_{32} 的余子式是 $M_{32}=$ $\begin{vmatrix} a_{11} & a_{13} & a_{14} \\ a_{21} & a_{23} & a_{24} \\ a_{41} & a_{43} & a_{44} \end{vmatrix}$. 代数余子式是 $A_{32}=(-1)^{3+2}M_{32}=-M_{32}$.

定理 2 n 阶行列式 $\det(a_{ij})$ 等于它的任意一行（列）的各元素与其对应的代数余子式乘积之和. 即

$$D=a_{i1}A_{i1}+a_{i2}A_{i2}+\cdots+a_{in}A_{in}\ (i=1,2\cdots n),$$

或

$$D=a_{1j}A_{1j}+a_{2j}A_{2j}+\cdots+a_{nj}A_{nj}\ (j=1,2\cdots n).$$

证明 首先讨论 D 的第一行元素除 a_{11} 外，其余元素为零的情况，即

$$D=\begin{vmatrix} a_{11} & 0 & 0 & \cdots & 0 \\ a_{21} & a_{22} & a_{23} & \cdots & a_{2n} \\ \vdots & \vdots & \vdots & & \vdots \\ a_{n1} & a_{n2} & a_{n3} & \cdots & a_{nn} \end{vmatrix}.$$

根据 1.1 节中例 4 的结论，有

$$D=a_{11}M_{11},\ A_{11}=M_{11}\text{，所以 } D=a_{11}A_{11}.$$

其次讨论 D 的第 i 行元素除 a_{ij} 外，其余元素均为零的情况，即

$$D=\begin{vmatrix} a_{11} & \cdots & a_{1j} & \cdots & a_{1n} \\ \vdots & & \vdots & & \vdots \\ 0 & \cdots & a_{ij} & \cdots & 0 \\ \vdots & & \vdots & & \vdots \\ a_{n1} & \cdots & a_{nj} & \cdots & a_{nn} \end{vmatrix}.$$

将 D 的第 i 行依次与第 $i-1$、… 第 2、第 1 行作 $i-1$ 次相邻交换，调到第 1 行，再将第 j 列依次与第 $j-1$、… 第 2、第 1 列作 $j-1$ 次相邻交换，调到第 1 列，共经过 $i+j-2$ 次交换，再利用上面的结果得 $D=(-1)^{i+j}a_{ij}M_{ij}=a_{ij}A_{ij}$.

最后讨论一般情况

$$D=\begin{vmatrix} a_{11} & a_{12} & \cdots & a_{1n} \\ \vdots & \vdots & & \vdots \\ a_{i1}+0+\cdots+0 & 0+a_{i2}+0+\cdots+0 & \cdots & 0+\cdots+0+a_{in} \\ \vdots & \vdots & & \vdots \\ a_{n1} & a_{n2} & \cdots & a_{nn} \end{vmatrix}$$

$$=\begin{vmatrix} a_{11} & a_{12} & \cdots & a_{1n} \\ \vdots & \vdots & & \vdots \\ a_{i1} & 0 & \cdots & 0 \\ \vdots & \vdots & & \vdots \\ a_{n1} & a_{n2} & \cdots & a_{nn} \end{vmatrix}+\begin{vmatrix} a_{11} & a_{12} & \cdots & a_{1n} \\ \vdots & \vdots & & \vdots \\ 0 & a_{i2} & \cdots & 0 \\ \vdots & \vdots & & \vdots \\ a_{n1} & a_{n2} & \cdots & a_{nn} \end{vmatrix}+\cdots+\begin{vmatrix} a_{11} & a_{12} & \cdots & a_{1n} \\ \vdots & \vdots & & \vdots \\ 0 & 0 & \cdots & a_{in} \\ \vdots & \vdots & & \vdots \\ a_{n1} & a_{n2} & \cdots & a_{nn} \end{vmatrix}$$

$$=a_{i1}A_{i1}+a_{i2}A_{i2}+\cdots+a_{in}A_{in} \quad (i=1,2\cdots n).$$

类似地，若按列证明，可得

$$D=a_{1j}A_{1j}+a_{2j}A_{2j}+\cdots+a_{nj}A_{nj} \quad (j=1,2\cdots n).$$

这个定理叫做行列式按行（列）展开法则，利用此法则结合前面行列式的性质，特别是 1.2 节中性质 6 可把高阶行列式进行降阶简化计算.

例 10 计算行列式 $D=\begin{vmatrix} 0 & 1 & 2 & -1 & 4 \\ 2 & 0 & 1 & 2 & 1 \\ -1 & 3 & 5 & 1 & 2 \\ 3 & 3 & 1 & 2 & 1 \\ 2 & 1 & 0 & 3 & 5 \end{vmatrix}$.

解 $D=\begin{vmatrix} 0 & 1 & 0 & 0 & 0 \\ 2 & 0 & 1 & 2 & 1 \\ -1 & 3 & -1 & 4 & -10 \\ 3 & 3 & -5 & 5 & -11 \\ 2 & 1 & -2 & 4 & 1 \end{vmatrix}=-\begin{vmatrix} 2 & 1 & 2 & 1 \\ -1 & -1 & 4 & -10 \\ 3 & -5 & 5 & -11 \\ 2 & -2 & 4 & 1 \end{vmatrix}$

$$=-\begin{vmatrix} 0 & -1 & 10 & -19 \\ -1 & -1 & 4 & -10 \\ 0 & -8 & 17 & -41 \\ 0 & -4 & 12 & -19 \end{vmatrix}=-\begin{vmatrix} -1 & 10 & -19 \\ -8 & 17 & -41 \\ -4 & 12 & -19 \end{vmatrix}$$

$$=-\begin{vmatrix} -1 & 10 & -19 \\ 0 & -7 & -3 \\ -3 & 2 & 0 \end{vmatrix}=-(90+399-6)=-483.$$

定理 3 行列式某一行（列）的元素与另一行（列）的对应元素的代数余子式乘积之和等于零. 即

$$a_{i1}A_{j1}+a_{i2}A_{j2}+\cdots+a_{in}A_{jn}=0,\quad i\neq j,$$

或 $$a_{1i}A_{1j}+a_{2i}A_{2j}+\cdots+a_{ni}A_{nj}=0,\quad i\neq j.$$

证明 把行列式 $D=\det(a_{ij})$ 按第 j 行展开，有

$$a_{j1}A_{j1}+a_{j2}A_{j2}+\cdots+a_{jn}A_{jn}=\begin{vmatrix} a_{11} & \cdots & a_{1n} \\ \vdots & & \vdots \\ a_{i1} & \cdots & a_{in} \\ \vdots & & \vdots \\ a_{j1} & \cdots & a_{jn} \\ \vdots & & \vdots \\ a_{n1} & \cdots & a_{nn} \end{vmatrix}.$$

在上式的两端将 D 的第 j 行换成第 i 行的元素，即令 $a_{jk}=a_{ik}$，可得

$$a_{i1}A_{j1}+a_{i2}A_{j2}+\cdots+a_{in}A_{jn}=\begin{vmatrix} a_{11} & \cdots & a_{1n} \\ \vdots & & \vdots \\ a_{i1} & \cdots & a_{in} \\ \vdots & & \vdots \\ a_{i1} & \cdots & a_{in} \\ \vdots & & \vdots \\ a_{n1} & \cdots & a_{nn} \end{vmatrix}.$$

当 $i\neq j$ 时，上式右端行列式有两行对应元素相同，故行列式等于零，即得

$$a_{i1}A_{j1}+a_{i2}A_{j2}+\cdots+a_{in}A_{jn}=0(i\neq j).$$

上述证明如按列进行可得

$$a_{1i}A_{1j}+a_{2i}A_{2j}+\cdots+a_{ni}A_{nj}=0(i\neq j).$$

综合上述两个定理，得到有关于代数余子式的重要性质：

$$a_{i1}A_{j1}+a_{i2}A_{j2}+\cdots+a_{in}A_{jn}=\begin{cases} D, & i=j \\ 0, & i\neq j \end{cases},$$

或 $$a_{1i}A_{1j}+a_{2i}A_{2j}+\cdots+a_{ni}A_{nj}=\begin{cases} D, & i=j \\ 0 & i\neq j \end{cases}.$$

仿照上面证法，用 $b_1,b_2,\cdots,b_n$ 依次代替 $a_{i1},a_{i2},\cdots,a_{in}$，可得

$$\begin{vmatrix} a_{11} & \cdots & a_{1n} \\ \vdots & & \vdots \\ a_{i-1,1} & \cdots & a_{i-1,n} \\ b_1 & \cdots & b_n \\ a_{i+1,1} & \cdots & a_{i+1,n} \\ \vdots & & \vdots \\ a_{n1} & \cdots & a_{nn} \end{vmatrix} = b_1A_{i1} + b_2A_{i2} + \cdots + b_nA_{in}.$$

例 11 设 $D=\begin{vmatrix} 3 & -5 & 2 & 1 \\ 1 & 1 & 0 & -5 \\ -1 & 3 & 1 & 3 \\ 2 & -4 & -1 & -3 \end{vmatrix}$，求 $A_{11}+A_{12}+A_{13}+A_{14}$ 及 $M_{11}+M_{21}+M_{31}+M_{41}$.

解 $A_{11}+A_{12}+A_{13}+A_{14}=\begin{vmatrix} 1 & 1 & 1 & 1 \\ 1 & 1 & 0 & -5 \\ -1 & 3 & 1 & 3 \\ 2 & -4 & -1 & -3 \end{vmatrix} \xlongequal[r_3-r_1]{r_4+r_3} \begin{vmatrix} 1 & 1 & 1 & 1 \\ 1 & 1 & 0 & -5 \\ -2 & 2 & 0 & 2 \\ 1 & -1 & 0 & 0 \end{vmatrix}$

$$= (-1)^{1+3}\begin{vmatrix} 1 & 1 & -5 \\ -2 & 2 & 2 \\ 1 & -1 & 0 \end{vmatrix} \xlongequal{c_2+c_1} \begin{vmatrix} 1 & 2 & -5 \\ -2 & 0 & 2 \\ 1 & 0 & 0 \end{vmatrix}$$

$$= \begin{vmatrix} 2 & -5 \\ 0 & 2 \end{vmatrix} = 4.$$

$$M_{11}+M_{21}+M_{31}+M_{41}=A_{11}-A_{21}+A_{31}-A_{41}=\begin{vmatrix} 1 & -5 & 2 & 1 \\ -1 & 1 & 0 & -5 \\ 1 & 3 & 1 & 3 \\ -1 & -4 & -1 & -3 \end{vmatrix}$$

$$\xlongequal[r_4+r_1]{r_2+r_1 \quad r_3-r_1} \begin{vmatrix} 1 & -5 & 2 & 1 \\ 0 & -4 & 2 & -4 \\ 0 & 8 & -1 & 2 \\ 0 & -9 & 1 & -2 \end{vmatrix}$$

$$= -\begin{vmatrix} -4 & 2 & -4 \\ 8 & -1 & 2 \\ -9 & 1 & -2 \end{vmatrix} = 0.$$

例 12 证明范德蒙德（Vandermonde）行列式

$$D_n=\begin{vmatrix}1 & 1 & \cdots & 1\\ x_1 & x_2 & \cdots & x_n\\ x_1^2 & x_2^2 & \cdots & x_n^2\\ \vdots & \vdots & & \vdots\\ x_1^{n-1} & x_2^{n-1} & \cdots & x_n^{n-1}\end{vmatrix}=\prod_{n\geqslant i>j\geqslant 1}(x_i-x_j), \tag{1}$$

其中记号“Π”表示全体同类因子的乘积.

证明 用数学归纳法. 因为

$$D_2=\begin{vmatrix}1 & 1\\ x_1 & x_2\end{vmatrix}=x_2-x_1=\prod_{2\geqslant i>j\geqslant 1}(x_i-x_j),$$

所以当 $n=2$ 时 (1) 式成立. 现在假设 (1) 式对于 $n-1$ 阶范德蒙德行列式成立, 要证 (1) 式对 n 阶范德蒙德行列式也成立.

为此, 把 D_n 降阶: 从第 n 行开始, 后行减前行的 x_1 倍, 有

$$D_n=\begin{vmatrix}1 & 1 & 1 & \cdots & 1\\ 0 & x_2-x_1 & x_3-x_1 & \cdots & x_n-x_1\\ 0 & x_2(x_2-x_1) & x_3(x_3-x_1) & \cdots & x_n(x_n-x_1)\\ \vdots & \vdots & \vdots & & \vdots\\ 0 & x_2^{n-2}(x_2-x_1) & x_3^{n-2}(x_3-x_1) & \cdots & x_n^{n-2}(x_n-x_1)\end{vmatrix}.$$

按第 1 列展开, 并把每列的公因子 x_i-x_1 提出, 就有

$$D_n=(x_2-x_1)(x_3-x_1)\cdots(x_n-x_1)\begin{vmatrix}1 & 1 & \cdots & 1\\ x_2 & x_3 & \cdots & x_n\\ \vdots & \vdots & & \vdots\\ x_2^{n-2} & x_3^{n-2} & \cdots & x_n^{n-2}\end{vmatrix},$$

上式右端的行列式是 $n-1$ 阶的范德蒙德行列式, 按归纳法假设, 它等于所有 x_i-x_j 因子的乘积, 其中 $n\geqslant i>j\geqslant 2$, 故

$$\begin{aligned}D_n&=(x_2-x_1)(x_3-x_1)\cdots(x_n-x_1)\prod_{n\geqslant i>j\geqslant 2}(x_i-x_j)\\ &=\prod_{n\geqslant i>j\geqslant 1}(x_i-x_j).\end{aligned}$$

例 13 计算行列式 $D=\begin{vmatrix}1 & 1 & 1 & 1\\ 1 & -1 & 1 & -1\\ 1 & 3 & 9 & 27\\ 1 & -2 & 4 & -8\end{vmatrix}$.

解 行列式 D 转置之后是范德蒙德行列式, 故有

$$D=D^{\mathrm{T}}=\begin{vmatrix}1&1&1&1\\1&-1&3&-2\\1&1&9&4\\1&-1&27&-8\end{vmatrix}$$

$$=(-1-1)(3-1)(3+1)(-2-1)(-2+1)(-2-3)=240.$$

例 14 计算 n 阶行列式

$$D_n=\begin{vmatrix}x&-1&0&\cdots&0&0\\0&x&-1&\cdots&0&0\\\vdots&\vdots&\vdots&&\vdots&\vdots\\0&0&0&\cdots&x&-1\\a_n&a_{n-1}&a_{n-2}&\cdots&a_2&x+a_1\end{vmatrix}.$$

解 把 D_n 按第一列展开，得

$$D_n=x\begin{vmatrix}x&-1&\cdots&0&0\\\vdots&\vdots&&\vdots&\vdots\\0&0&\cdots&x&-1\\a_{n-1}&a_{n-2}&\cdots&a_2&x+a_1\end{vmatrix}+(-1)^{n+1}a_n\begin{vmatrix}-1&0&\cdots&0&0\\x&-1&\cdots&0&0\\\vdots&\vdots&&\vdots&\vdots\\0&0&\cdots&x&-1\end{vmatrix}$$

$$=a_n+D_{n-1}x$$

依此作递推公式，即得

$$D_n=a_n+(D_{n-2}x+a_{n-1})x=a_n+a_{n-1}x+D_{n-2}x^2=\cdots$$

$$=a_n+a_{n-1}x+\cdots+a_3x^{n-3}+D_2x^{n-2}$$

而 $D_2=\begin{vmatrix}x&-1\\a_2&x+a_1\end{vmatrix}=a_2+a_1x+x^2$，代入上式，得

$$D_n=a_n+a_{n-1}x+\cdots+a_2x^{n-2}+a_1x^{n-1}+x^n.$$

习题 1.3

1. 设 4 阶行列式 $D=\begin{vmatrix}1&0&-3&7\\0&1&2&1\\-3&4&0&3\\1&-2&2&-1\end{vmatrix}$，

求：(1) D 的代数余子式 A_{14}；

(2) $A_{11}-2A_{12}+2A_{13}-A_{14}$；

(3) $A_{11}+A_{21}+2A_{31}+2A_{41}$.

2. 计算下列三阶行列式

(1) $\begin{vmatrix} -1 & 2 & 4 \\ 0 & 3 & 1 \\ -1 & 4 & 2 \end{vmatrix}$； (2) $\begin{vmatrix} 3 & 5 & 7 \\ -1 & 0 & 0 \\ 0 & 2 & 3 \end{vmatrix}$； (3) $\begin{vmatrix} a_1 & b_1 & c_1 & d_1 & e_1 \\ a_2 & b_2 & c_2 & d_2 & e_2 \\ a_3 & b_3 & 0 & 0 & 0 \\ a_4 & b_4 & 0 & 0 & 0 \\ a_5 & b_5 & 0 & 0 & 0 \end{vmatrix}$.

3. 计算下列 n 阶行列式

(1) $\begin{vmatrix} x & y & 0 & \cdots & 0 & 0 \\ 0 & x & y & \cdots & 0 & 0 \\ 0 & 0 & x & \cdots & 0 & 0 \\ \vdots & \vdots & \vdots & & \vdots & \vdots \\ 0 & 0 & 0 & \cdots & x & y \\ y & 0 & 0 & \cdots & 0 & x \end{vmatrix}$； (2) $\begin{vmatrix} a_1-b & a_2 & a_3 & \cdots & a_n \\ a_1 & a_2-b & a_3 & \cdots & a_n \\ \vdots & \vdots & \vdots & & \vdots \\ a_1 & a_2 & a_3 & \cdots & a_n-b \end{vmatrix}$.

4. 用范德蒙德行列式计算

(1) $D_n = \begin{vmatrix} 1 & 1 & 1 & \cdots & 1 \\ 2 & 2^2 & 2^3 & \cdots & 2^n \\ 3 & 3^2 & 3^3 & \cdots & 3^n \\ \vdots & \vdots & \vdots & \vdots & \vdots \\ n & n^2 & n^3 & \cdots & n^n \end{vmatrix}$；

(2) $D_{n+1} = \begin{vmatrix} a^n & (a-1)^n & \cdots & (a-n)^n \\ a^{n-1} & (a-1)^{n-1} & \cdots & (a-n)^{n-1} \\ \vdots & \vdots & & \vdots \\ a & a-1 & \cdots & a-n \\ 1 & 1 & \cdots & 1 \end{vmatrix}$.

1.4 克莱姆法则

含有 n 个未知数 $x_1, x_2, \cdots, x_n$ 的 n 个线性方程的方程组

$$\begin{cases} a_{11}x_1 + a_{12}x_2 + \cdots + a_{1n}x_n = b_1 \\ a_{21}x_1 + a_{22}x_2 + \cdots + a_{2n}x_n = b_2 \\ \cdots\cdots\cdots\cdots \\ a_{n1}x_1 + a_{n2}x_2 + \cdots + a_{nn}x_n = b_n \end{cases} \tag{1}$$

与二、三元线性方程组相似，它的解可用 n 阶行列式表示，即有

克莱姆法则：如果线性方程组（1）的系数行列式不等于零，即

$$D=\begin{vmatrix} a_{11} & \cdots & a_{1n} \\ \vdots & & \vdots \\ a_{n1} & \cdots & a_{nn} \end{vmatrix} \neq 0$$

那么，方程组（1）有唯一解

$$x_1=\frac{D_1}{D}, x_2=\frac{D_2}{D}, \cdots, x_n=\frac{D_n}{D},$$

其中，D_j 是用 $b_1, b_2, \cdots, b_n$ 代替 D 中第 j 列元素所得到的 n 阶行列式，即

$$D_j=\begin{vmatrix} a_{11} & \cdots & a_{1,j-1} & b_1 & a_{1,j+1} & \cdots & a_{1n} \\ \vdots & & \vdots & \vdots & \vdots & \vdots & \vdots \\ a_{n1} & \cdots & a_{n,j-1} & b_n & a_{n,j+1} & \cdots & a_{nn} \end{vmatrix}, (j=1,2,\cdots,n). \quad (2)$$

证明 用 D 中第 j 列元素的代数余子式依次乘以方程组（1）的 n 个方程，再把它们相加得

$$\left(\sum_{k=1}^{n} a_{k1} A_{kj}\right) x_1+\cdots+\left(\sum_{k=1}^{n} a_{kj} A_{kj}\right) x_j+\cdots+\left(\sum_{k=1}^{n} a_{kn} A_{kj}\right) x_n=\sum_{k=1}^{n} b_k A_{kj}$$

由代数余子式的性质得

$$D x_j=D_j \quad (j=1,2,\cdots,n) \quad (3)$$

当 $D \neq 0$ 时，方程组（1）有唯一解，即

$$x_j=\frac{D_j}{D} (j=1,2,\cdots,n) \quad (4)$$

由于方程组（3）是由方程组（1）经过乘以常数和相加两种运算而得，故方程组（1）的解一定是方程组（3）的解。下面验证方程组（3）的解也是方程组（1）的解。

考虑 $n+1$ 阶加边行列式

$$\begin{vmatrix} b_i & a_{i1} & a_{i2} & \cdots & a_{in} \\ b_1 & a_{11} & a_{12} & \cdots & a_{1n} \\ \vdots & \vdots & \vdots & \vdots & \vdots \\ b_i & a_{i1} & a_{i2} & \cdots & a_{in} \\ \vdots & \vdots & \vdots & \vdots & \vdots \\ b_n & a_{n1} & a_{n2} & \cdots & a_{nn} \end{vmatrix}$$

这个行列式有两行元素相同，因而它为 0. 把它按第一行展开，由于第一行元素 a_{ij} 的代数余子式是 $(-1)^{1+j+1}\begin{vmatrix} b_1 & a_{11} & \cdots & a_{1,j-1} & a_{1,j+1} & \cdots & a_{1n} \\ b_2 & a_{21} & \cdots & a_{2,j-1} & a_{2,j+1} & \cdots & a_{2n} \\ \vdots & \vdots & \vdots & \vdots & \vdots & \vdots & \vdots \\ b_n & a_{n1} & \cdots & a_{n,j-1} & a_{n,j+1} & \cdots & a_{nn} \end{vmatrix}$

$$= (-1)^{j+2}(-1)^{j-1}\begin{vmatrix} a_{11} & \cdots & a_{1,j-1} & b_1 & a_{1,j+1} & \cdots & a_{1n} \\ a_{21} & \cdots & a_{2,j-1} & b_2 & a_{2,j+1} & \cdots & a_{2n} \\ \vdots & & \vdots & \vdots & \vdots & \vdots & \vdots \\ a_{n1} & \cdots & a_{n,j-1} & b_n & a_{n,j+1} & \cdots & a_{nn} \end{vmatrix}$$

$= -D_j (j=1,2,\cdots,n)$

因此 $0=b_iD-a_{i1}D_1-a_{i2}D_2-\cdots-a_{in}D_n$

$$a_{i1}\frac{D_1}{D}+a_{i2}\frac{D_2}{D}+\cdots+a_{in}\frac{D_n}{D}=b_i \qquad (i=1,2,\cdots,n)$$

从而知式（4）是方程组（1）的唯一解.

例 15 解线性方程组

$$\begin{cases} x_1+x_2+2x_3+3x_4=1, \\ 3x_1-x_2-x_3-2x_4=-4, \\ 2x_1+3x_2-x_3-x_4=-6, \\ x_1+2x_2+3x_3-x_4=-4, \end{cases}$$

解 因为系数行列式

$$D=\begin{vmatrix} 1 & 1 & 2 & 3 \\ 3 & -1 & -1 & -2 \\ 2 & 3 & -1 & -1 \\ 1 & 2 & 3 & -1 \end{vmatrix}=-153\neq 0,$$

所以方程组有唯一解. 又

$$D_1=\begin{vmatrix} 1 & 1 & 2 & 3 \\ -4 & -1 & -1 & -2 \\ -6 & 3 & -1 & -1 \\ -4 & 2 & 3 & -1 \end{vmatrix}=153,\ D_2=\begin{vmatrix} 1 & 1 & 2 & 3 \\ 3 & -4 & -1 & -2 \\ 2 & -6 & -1 & -1 \\ 1 & -4 & 3 & -1 \end{vmatrix}=153,$$

$$D_3=\begin{vmatrix} 1 & 1 & 1 & 3 \\ 3 & -1 & -4 & -2 \\ 2 & 3 & -6 & -1 \\ 1 & 2 & -43 & -1 \end{vmatrix}=0,\ D_4=\begin{vmatrix} 1 & 1 & 2 & 1 \\ 3 & -1 & -1 & -4 \\ 2 & 3 & -1 & -6 \\ 1 & 2 & 3 & -4 \end{vmatrix}=-153,$$

于是得 $x_1=\dfrac{D_1}{D}=-1, x_2=\dfrac{D_2}{D}=-1, x_3=\dfrac{D_3}{D}=0, x_4=\dfrac{D_4}{D}=1.$

克莱姆法则也可叙述为如下定理：

定理 4 如果线性方程组（1）的系数行列式 $D\neq 0$，则线性方程组（1）一定有唯一解.

定理 4′ 如果线性方程组（1）无解或有两个以上不同的解，则它的系数行列式必为零.

当线性方程组（1）的右端的常数项 $b_1, b_2, \cdots, b_n$ 全为零时，得（1）对应的齐次线性方程组

$$\begin{cases} a_{11}x_1 + a_{12}x_2 + \cdots + a_{1n}x_n = 0 \\ a_{21}x_1 + a_{22}x_2 + \cdots + a_{2n}x_n = 0 \\ \qquad \cdots \\ a_{n1}x_1 + a_{n2}x_2 + \cdots + a_{nn}x_n = 0 \end{cases} \tag{5}$$

显然 $x_1 = x_2 = \cdots = x_n = 0$ 一定是（5）的解，这个解叫做齐次线性方程组（5）的零解.

如果一组不全为零的数是（5）的解，则它叫做齐次线性方程组（5）的非零解. 齐次线性方程组（5）一定有零解，但不一定有非零解.

把定理 1 应用于齐次线性方程组（5），可得

定理 5 如果齐次线性方程组（5）的系数行列式 $D \neq 0$，则齐次线性方程组（5）只有零解.

定理 5′ 如果齐次线性方程组（5）有非零解，则它的系数行列式必为零.

例 16 设齐次线性方程组

$$\begin{cases} x_1 - x_2 + 2x_3 = 0, \\ -2x_1 + \lambda x_2 - 3x_3 = 0, \\ 2x_1 - 2x_2 + 3x_3 = 0, \end{cases}$$

有非零解，求 λ 的值.

解 由定理 5′可知，此齐次方程组的系数行列式必为零. 而

$$D = \begin{vmatrix} 1 & -1 & 2 \\ -2 & \lambda & -3 \\ 2 & -2 & 3 \end{vmatrix} = \begin{vmatrix} 1 & -1 & 2 \\ 0 & \lambda - 2 & 1 \\ 0 & 0 & -1 \end{vmatrix} = -(\lambda - 2).$$

由 $D = 0$，得 $\lambda = 2$.

例 17 设方程组 $\begin{cases} x + y + z = a + b + c \\ ax + by + cz = a^2 + b^2 + c^2 \\ bcx + acy + abz = 3abc \end{cases}$，试问 a, b, c 满足什么条件时，方程组有唯一解，并求唯一解.

解 由定理 1 知方程组有唯一解，则系数行列式 D 不为零，而

$$D = \begin{vmatrix} 1 & 1 & 1 \\ a & b & c \\ bc & ac & ab \end{vmatrix} = \begin{vmatrix} 1 & 0 & 0 \\ a & b - a & c - a \\ bc & (a-b)c & (a-c)b \end{vmatrix} = (a-b)(a-c)\begin{vmatrix} -1 & -1 \\ c & b \end{vmatrix}$$

$$= (a-c)(a-b)(c-b),$$

$$D_1 = \begin{vmatrix} a+b+c & 1 & 1 \\ a^2+b^2+c^2 & b & c \\ 3abc & ac & ab \end{vmatrix} = \begin{vmatrix} a & 1 & 1 \\ a^2 & b & c \\ abc & ac & ab \end{vmatrix} = a\begin{vmatrix} 1 & 1 & 1 \\ a & b & c \\ bc & ac & ab \end{vmatrix} = aD,$$

同理，$D_2=\begin{vmatrix}1 & a+b+c & 1\\ a & a^2+b^2+c^2 & c\\ bc & 3abc & ab\end{vmatrix}=bD$，$D_3=\begin{vmatrix}1 & 1 & a+b+c\\ a & b & a^2+b^2+c^2\\ bc & ac & 3abc\end{vmatrix}=cD$. 所以当 $D\neq 0$，即 a,b,c 互不相同时，方程组有唯一解

$$x=\frac{D_1}{D}=a,\ y=\frac{D_2}{D}=b,\ z=\frac{D_3}{D}=c.$$

习题 1.4

1. 利用克莱默法则解下列方程组：

(1) $\begin{cases}x+2y+2z=3\\ -x-4y+z=7;\\ 3x+7y+4z=3\end{cases}$

(2) $\begin{cases}x_1+x_2+x_3=5\\ 2x_1+x_2-x_3+x_4=1\\ x_1+2x_2-x_3+x_4=2\\ x_2+2x_3+3x_4=3\end{cases}$.

2. a 与 b 为何值时，齐次方程组 $\begin{cases}ax_1+x_2+x_3=0,\\ x_1+bx_2+x_3=0,\\ x_1+2bx_2+x_3=0\end{cases}$ 有非零解？

总习题一

1. 利用对角线法则计算下列三阶行列式

(1) $\begin{vmatrix}1 & 3 & 5\\ 0 & 4 & -1\\ 2 & 2 & 1\end{vmatrix}$； (2) $\begin{vmatrix}1 & 1 & 1\\ a & b & c\\ a^2 & b^2 & c^2\end{vmatrix}$； (3) $\begin{vmatrix}x & 0 & x\\ 0 & x & x\\ x & x & x\end{vmatrix}$.

2. 求下列各排列的逆序数

(1) 654123； (2) $13\cdots(2n-1)24\cdots(2n)$.

3. 计算下列各行列式

(1) $\begin{vmatrix}4 & 1 & 2 & 4\\ 1 & 2 & 0 & 2\\ 10 & 5 & 2 & 0\\ 0 & 1 & 1 & 7\end{vmatrix}$； (2) $\begin{vmatrix}1 & -3 & 4 & 2\\ 3 & 0 & 8 & 9\\ -4 & 7 & -8 & -5\\ 2 & -4 & 7 & 7\end{vmatrix}$； (3) $\begin{vmatrix}3 & 1 & 0 & 0 & 0\\ 1 & 3 & 1 & 0 & 0\\ 0 & 1 & 3 & 1 & 0\\ 0 & 0 & 1 & 3 & 1\\ 0 & 0 & 0 & 1 & 3\end{vmatrix}$；

(4) $\begin{vmatrix}2 & 0 & 0 & -1 & 0\\ 0 & 1 & 0 & 1 & -1\\ 1 & 3 & 1 & -1 & 0\\ 2 & 1 & 0 & 0 & 0\\ 0 & 0 & 1 & 2 & 1\end{vmatrix}$； (5) $\begin{vmatrix}a & x & x & x & x\\ x & a & x & x & x\\ x & x & a & x & x\\ x & x & x & a & x\\ x & x & x & x & a\end{vmatrix}$.

4. 证明下列各式

(1) $\begin{vmatrix} ax+by & ay+bz & az+bx \\ ay+bz & az+bx & ax+by \\ az+bx & ax+by & ay+bz \end{vmatrix} = (a^3+b^3)\begin{vmatrix} x & y & z \\ y & z & x \\ z & x & y \end{vmatrix}$；

(2) $\begin{vmatrix} 1 & 1 & 1 & 1 \\ a & b & c & d \\ a^2 & b^2 & c^2 & d^2 \\ a^4 & b^4 & c^4 & d^4 \end{vmatrix} = (a-b)(a-c)(a-d)(b-c)(b-d)(c-d)(a+b+c+d)$；

(3) $\begin{vmatrix} x & -1 & 0 & 0 \\ 0 & x & -1 & 0 \\ 0 & 0 & x & -1 \\ a_0 & a_1 & a_2 & a_3 \end{vmatrix} = a_3x^3+a_2x^2+a_1x+a_0$；

(4) $D_5 = \begin{vmatrix} 1-a & a & 0 & 0 & 0 \\ -1 & 1-a & a & 0 & 0 \\ 0 & -1 & 1-a & a & 0 \\ 0 & 0 & -1 & 1-a & 0 \\ 0 & 0 & 0 & -1 & 1-a \end{vmatrix} = 1-a+a^2-a^3+a^4-a^5$.

5. 计算下列行列式

(1) $D_n = \begin{vmatrix} a & 0 & \cdots & 0 & 1 \\ 0 & a & \cdots & 0 & 0 \\ \vdots & \vdots & & \vdots & \vdots \\ 0 & 0 & \cdots & a & 0 \\ 1 & 0 & \cdots & 0 & a \end{vmatrix}$；(2) $D_{n+1} = \begin{vmatrix} a_1 & -a_1 & 0 & \cdots & 0 & 0 \\ 0 & a_2 & -a_2 & \cdots & 0 & 0 \\ \vdots & \vdots & \vdots & & \vdots & \vdots \\ 0 & 0 & 0 & \cdots & a_n & -a_n \\ 1 & 1 & 1 & \cdots & 1 & 1 \end{vmatrix}$；

(3) $D_{n+1} = \begin{vmatrix} a^n & (a-1)^n & \cdots & (a-n)^n \\ a^{n-1} & (a-1)^{n-1} & \cdots & (a-n)^{n-1} \\ \vdots & \vdots & & \vdots \\ a & a-1 & \cdots & a-n \\ 1 & 1 & \cdots & 1 \end{vmatrix}$.

6. 用克莱姆法则解下列方程组

(1) $\begin{cases} x_1+2x_2-x_3+3x_4=2 \\ 2x_1-x_2+3x_3-2x_4=7 \\ 3x_2-x_3+x_4=6 \\ x_1-x_2+x_3+4x_4=-4 \end{cases}$；(2) $\begin{cases} x_1+x_2+x_3+x_4=0 \\ x_2+x_3+x_4+x_5=0 \\ x_1+2x_2+3x_3=2 \\ x_2+3x_3+3x_4=-2 \\ x_3+2x_4+3x_5=2 \end{cases}$.

7. a 与 b 为何值时，齐次方程组 $\begin{cases} x_1+x_2+x_3+ax_4=0, \\ x_1+2x_2+x_3+x_4=0, \\ x_1+x_2-3x_3+x_4=0, \\ x_1+x_2+ax_3+bx_4=0. \end{cases}$ 有非零解？

2 矩　　阵

在这一章，我们主要介绍矩阵的概念及其运算、逆矩阵、矩阵的初等变换、矩阵的秩、分块矩阵及其运算等.

2.1　矩阵及其运算

矩阵是线性代数学的一个重要的基本概念，是本课程讨论的主要对象，它在研究向量组的线性相关性、线性方程组求解以及求二次型的标准形等方面有着不可替代的重要作用. 另外，矩阵也是现代科学技术不可或缺的数学工具，它在数学的很多分支及其它相关学科中都具有非常广泛的应用. 熟练地掌握矩阵的各种基本运算，并注重矩阵运算的一些特有规律，对学好线性代数所研究的一些基本问题是十分重要的.

2.1.1　矩阵的概念

在我们的日常生活当中，特别是在自然科学、现代经济学、管理学和工程技术领域等诸多方面都和某些数表有着密切的联系，我们把这种数表称为矩阵.

定义 1　由 $m \times n$ 个数 $a_{ij}(i=1,2,\cdots,m;j=1,2,\cdots,n)$ 排成一个 m 行 n 列的矩形数表

$$\begin{pmatrix} a_{11} & a_{12} & \cdots & a_{1n} \\ a_{21} & a_{22} & \cdots & a_{2n} \\ \vdots & \vdots & & \vdots \\ a_{m1} & a_{m2} & \cdots & a_{mn} \end{pmatrix}$$

称为一个 $m \times n$ 矩阵.

称数 $a_{ij}(i=1,2,\cdots,m;j=1,2,\cdots,n)$ 为矩阵位于第 i 行第 j 列的元素. 通常我们用大写的英文字母 $\boldsymbol{A},\boldsymbol{B},\boldsymbol{C}$ 等来表示矩阵，比如可以把上面的矩阵表示为

$$\boldsymbol{A}=\begin{pmatrix} a_{11} & a_{12} & \cdots & a_{1n} \\ a_{21} & a_{22} & \cdots & a_{2n} \\ \vdots & \vdots & & \vdots \\ a_{m1} & a_{m2} & \cdots & a_{mn} \end{pmatrix}$$

或 $\boldsymbol{A}=(a_{ij})_{m\times n}$ 或 $\boldsymbol{A}=(a_{ij})$，$m\times n$ 矩阵 $\boldsymbol{A}$ 也记作 $\boldsymbol{A}_{m\times n}$，$n\times n$ 矩阵称为 n 阶方阵，并简记为 $\boldsymbol{A}_n$.

在方阵中，从左上角到右下角的对角线称为主对角线，从右上角到左下角的对角线称为副对角线. 如果位于主对角线上（下）方的元素全为零，则称该方阵为下（上）三角矩阵. 既是上三角矩阵，又是下三角矩阵的矩阵

$$\boldsymbol{A}=\begin{pmatrix}\lambda_1 & 0 & \cdots & 0\\ 0 & \lambda_2 & \cdots & 0\\ \vdots & \vdots & & \vdots\\ 0 & 0 & \cdots & \lambda_n\end{pmatrix}$$

称为对角矩阵，并简记为 $\boldsymbol{A}=\mathrm{diag}(\lambda_1,\lambda_2,\cdots,\lambda_n)$.

若对角矩阵 $\boldsymbol{A}$ 的主对角线上的元素 $\lambda_1,\lambda_2,\cdots,\lambda_n$ 全相等，则称矩阵 $\boldsymbol{A}$ 为纯量矩阵（或为数量阵）. 主对角线上的元素全为 1 的纯量阵称为单位矩阵，通常用 $\boldsymbol{E}$ 表示. 例如 n 阶单位矩阵可表示为

$$\boldsymbol{E}_n=\begin{pmatrix}1 & 0 & \cdots & 0\\ 0 & 1 & \cdots & 0\\ \vdots & \vdots & & \vdots\\ 0 & 0 & \cdots & 1\end{pmatrix}.$$

显然，n 阶纯量阵 $\boldsymbol{A}=\mathrm{diag}(\lambda,\lambda,\cdots,\lambda)=\lambda\boldsymbol{E}_n$.

元素全为实数的矩阵称为实矩阵，元素为复数的矩阵称为复矩阵. 本书中的矩阵如无特别说明外，均指实矩阵.

另外，只有一列的矩阵，即 $m\times 1$ 矩阵

$$\boldsymbol{A}=\begin{pmatrix}a_1\\ a_2\\ \vdots\\ a_m\end{pmatrix}$$

称为列矩阵，也称为 m 维列向量. 只有一个行的矩阵，即 $1\times n$ 矩阵

$$\boldsymbol{A}=(a_1,\quad a_2,\quad \cdots,\quad a_n)$$

称为行矩阵，也称为 n 维行向量.

两个矩阵的行数和列数分别相等，称这两个矩阵为同型矩阵. 如果 $\boldsymbol{A}=(a_{ij})$，$\boldsymbol{B}=(b_{ij})$ 为同型矩阵，并且 $a_{ij}=b_{ij}\,(i=1,2,\cdots,m;j=1,2,\cdots,n)$，则称矩阵 $\boldsymbol{A}$ 和矩阵 $\boldsymbol{B}$ 相等，记为 $\boldsymbol{A}=\boldsymbol{B}$.

如果一个矩阵的元素全为零，则称该矩阵为零矩阵. $m\times n$ 零矩阵记为 $\boldsymbol{O}_{m\times n}$ 或简记为 $\boldsymbol{O}$，注意不同型的零矩阵是不同的.

矩阵有着非常广泛的应用，在 19 世纪中叶矩阵的概念和理论诞生之前，我国数学家在公元 1 世纪以前，就已经熟练掌握通过对线性方程组增广矩阵的初等

变换方法解线性方程组了，只是没有给出矩阵的概念和有关的理论. 下面仅举几例说明矩阵的简单应用.

例 1 某种商品有 5 个产地 $A_1,A_2,\cdots,A_5$ 和 4 个销地 $B_1,B_2,\cdots,B_4$，那么商品的调运方案就可以用一个矩阵

$$\begin{pmatrix} a_{11} & a_{12} & a_{13} & a_{14} \\ a_{21} & a_{22} & a_{23} & a_{24} \\ a_{31} & a_{32} & a_{33} & a_{34} \\ a_{41} & a_{42} & a_{43} & a_{44} \\ a_{51} & a_{52} & a_{53} & a_{54} \end{pmatrix}$$

来表示，其中 a_{ij} 表示由产地 A_i 运到销地 B_j 的数量，$i=1,2,\cdots,5,j=1,2,\cdots 4$.

例 2 由 n 个未知数、m 个方程组成的方程组

$$\begin{cases} a_{11}x_1+a_{12}x_2+\cdots+a_{1n}x_n=b_1 \\ a_{21}x_1+a_{22}x_2+\cdots+a_{2n}x_n=b_2 \\ \cdots\cdots \\ a_{m1}x_1+a_{m2}x_2+\cdots+a_{mn}x_n=b_m \end{cases} \tag{1}$$

中未知数的系数按照它们在方程组中的位置可以组成一个 $m\times n$ 矩阵

$$\boldsymbol{A}=\begin{pmatrix} a_{11} & a_{12} & \cdots & a_{1n} \\ a_{21} & a_{22} & \cdots & a_{2n} \\ \vdots & \vdots & & \vdots \\ a_{m1} & a_{m2} & \cdots & a_{mn} \end{pmatrix}, \tag{2}$$

矩阵 (2) 通常称为方程组 (1) 的系数矩阵.

在上述系数矩阵 (2) 中再加上一列 $\boldsymbol{B}=\begin{pmatrix} b_1 \\ b_2 \\ \vdots \\ b_m \end{pmatrix}$，就可得到一个 $m\times(n+1)$ 矩阵

$$\widetilde{\boldsymbol{A}}=(\boldsymbol{A},\boldsymbol{B})=\begin{pmatrix} a_{11} & a_{12} & \cdots & a_{1n} & b_1 \\ a_{21} & a_{22} & \cdots & a_{2n} & b_2 \\ \vdots & \vdots & & \vdots & \vdots \\ a_{m1} & a_{m2} & \cdots & a_{mn} & b_m \end{pmatrix}, \tag{3}$$

称矩阵 (3) 为方程组 (1) 的增广矩阵.

例 3 n 个变量 $x_1,x_2,\cdots,x_n$ 与 m 个变量 $y_1,y_2,\cdots,y_m$ 之间的关系式

$$\begin{cases} y_1 = a_{11}x_1 + a_{12}x_2 + \cdots + a_{1n}x_n \\ y_2 = a_{21}x_1 + a_{22}x_2 + \cdots + a_{2n}x_n \\ \cdots\cdots\cdots \\ y_m = a_{m1}x_1 + a_{m2}x_2 + \cdots + a_{mn}x_n \end{cases} \tag{4}$$

是一个从变量 $x_1, x_2, \cdots, x_n$ 到变量 $y_1, y_2, \cdots, y_m$ 的线性变换，其中 a_{ij} 为常数. 线性变换（4）的系数 a_{ij} 构成矩阵 $\boldsymbol{A} = (a_{ij})_{m \times n}$.

2.1.2 矩阵的运算

下面我们定义矩阵的运算，包括矩阵的加法、数与矩阵的乘法（数乘）、矩阵与矩阵的乘法（矩阵乘法）以及矩阵的转置等，这些运算是矩阵最基本的运算.

2.1.2.1 矩阵的加法

定义 2 设矩阵 $\boldsymbol{A} = (a_{ij})_{m \times n}, \boldsymbol{B} = (b_{ij})_{m \times n}$，称矩阵 $\boldsymbol{C} = (c_{ij})_{m \times n} = (a_{ij} + b_{ij})_{m \times n}$ 为矩阵 $\boldsymbol{A}$ 与 $\boldsymbol{B}$ 的和，并记为 $\boldsymbol{C} = \boldsymbol{A} + \boldsymbol{B}$.

由定义 2 不难看出，矩阵的加法实际上就是矩阵的对应元素相加，当然相加的两个矩阵为同型矩阵. 由于矩阵的加法归结为对应元素相加，所以不难验证，它满足下面的运算律.

（1）结合律：$\boldsymbol{A} + (\boldsymbol{B} + \boldsymbol{C}) = (\boldsymbol{A} + \boldsymbol{B}) + \boldsymbol{C}$.

（2）交换律：$\boldsymbol{A} + \boldsymbol{B} = \boldsymbol{B} + \boldsymbol{A}$.

（3）零矩阵 $\boldsymbol{O}$ 满足：$\boldsymbol{A} + \boldsymbol{O} = \boldsymbol{O} + \boldsymbol{A} = \boldsymbol{A}$（其中 $\boldsymbol{A}$ 与 $\boldsymbol{O}$ 为同型矩阵）.

（4）负矩阵的存在性：对于任意一个矩阵 $\boldsymbol{A}$，都存在一个矩阵 $\boldsymbol{B}$，使得 $\boldsymbol{A} + \boldsymbol{B} = \boldsymbol{B} + \boldsymbol{A} = \boldsymbol{O}$，称矩阵 $\boldsymbol{B}$ 为矩阵 $\boldsymbol{A}$ 的负矩阵，记为 $\boldsymbol{B} = -\boldsymbol{A}$.

显然，若 $\boldsymbol{A} = (a_{ij})_{m \times n}$，则 $\boldsymbol{A}$ 的负矩阵 $-\boldsymbol{A} = (-a_{ij})_{m \times n}$，由此可定义矩阵的减法为

$$\boldsymbol{B} - \boldsymbol{A} = \boldsymbol{B} + (-\boldsymbol{A}).$$

2.1.2.2 数与矩阵的乘法

定义 3 设矩阵 $\boldsymbol{A} = (a_{ij})_{m \times n}$，称矩阵 $(ka_{ij})_{m \times n}$ 为数 k 与矩阵 $\boldsymbol{A}$ 的乘积，记为 $k\boldsymbol{A}$，即 $k\boldsymbol{A} = k(a_{ij}) = (ka_{ij})$. 换句话说，用数 k 去乘矩阵就是把矩阵的每一个元素都乘以数 k.

数与矩阵的乘积也称为数量乘积或数乘矩阵，不难验证数乘矩阵满足以下定律.

（1）结合律：$\lambda(\mu\boldsymbol{A}) = (\lambda\mu)\boldsymbol{A}$；

（2）分配律：$(\lambda + \mu)\boldsymbol{A} = \lambda\boldsymbol{A} + \mu\boldsymbol{A}$，$\lambda(\boldsymbol{A} + \boldsymbol{B}) = \lambda\boldsymbol{A} + \lambda\boldsymbol{B}$.

例 4 设 $\boldsymbol{A} = \begin{pmatrix} 1 & 2 \\ -1 & -2 \end{pmatrix}$，$\boldsymbol{B} = \begin{pmatrix} 1 & 1 \\ 2 & 2 \end{pmatrix}$，求 $2\boldsymbol{A} - 3\boldsymbol{B}$.

解 $2\boldsymbol{A}-3\boldsymbol{B}=2\begin{pmatrix}1 & 2\\-1 & -2\end{pmatrix}-3\begin{pmatrix}1 & 1\\2 & 2\end{pmatrix}=\begin{pmatrix}2 & 4\\-2 & -4\end{pmatrix}-\begin{pmatrix}3 & 3\\6 & 6\end{pmatrix}=\begin{pmatrix}-1 & 1\\-8 & -10\end{pmatrix}$.

2.1.2.3 矩阵的乘法

定义 4 设矩阵 $\boldsymbol{A}=(a_{ij})_{m\times p}$，$\boldsymbol{B}=(b_{ij})_{p\times n}$，称矩阵 $\boldsymbol{C}=(c_{ij})_{m\times n}$ 为矩阵 $\boldsymbol{A}$ 与 $\boldsymbol{B}$ 的乘积，记为

$$\boldsymbol{C}=\boldsymbol{AB},$$

其中

$$c_{ij}=a_{i1}b_{1j}+a_{i2}b_{2j}+\cdots+a_{ip}b_{pj}=\sum_{k=1}^{p}a_{ik}b_{kj}.$$

由矩阵乘法的定义不难看出，矩阵 $\boldsymbol{A}$ 与 $\boldsymbol{B}$ 的乘积 $\boldsymbol{C}$ 的元素 c_{ij} $(i=1,2,\cdots,m;j=1,2,\cdots,n)$ 等于左边的矩阵 $\boldsymbol{A}$ 的第 i 行与右边的矩阵 $\boldsymbol{B}$ 的第 j 列的对应元素乘积的和. 当然，在矩阵乘积的定义中，要求左边的矩阵 $\boldsymbol{A}$ 的列数与右边的矩阵 $\boldsymbol{B}$ 的行数相等.

例 5 设 $\boldsymbol{A}=\begin{pmatrix}-1 & 2\\3 & 1\\2 & 4\end{pmatrix}$，$\boldsymbol{B}=\begin{pmatrix}2 & 1 & 0 & -2\\1 & 2 & -3 & 4\end{pmatrix}$，求 $\boldsymbol{AB}$.

解 $$\boldsymbol{AB}=\begin{pmatrix}-1 & 2\\3 & 1\\2 & 4\end{pmatrix}\begin{pmatrix}2 & 1 & 0 & -2\\1 & 2 & -3 & 4\end{pmatrix}=\begin{pmatrix}0 & 3 & -6 & 10\\7 & 5 & -3 & -2\\8 & 10 & -12 & -12\end{pmatrix}.$$

例 6 设 $\boldsymbol{A}=\begin{pmatrix}1 & 1\\-1 & -1\end{pmatrix}$，$\boldsymbol{B}=\begin{pmatrix}2 & -2\\-2 & 2\end{pmatrix}$，计算 $\boldsymbol{AB}$ 和 $\boldsymbol{BA}$.

解 由矩阵乘法定义得

$$\boldsymbol{AB}=\begin{pmatrix}1 & 1\\-1 & -1\end{pmatrix}\begin{pmatrix}2 & -2\\-2 & 2\end{pmatrix}=\begin{pmatrix}0 & 0\\0 & 0\end{pmatrix},$$

$$\boldsymbol{BA}=\begin{pmatrix}2 & -2\\-2 & 2\end{pmatrix}\begin{pmatrix}1 & 1\\-1 & -1\end{pmatrix}=\begin{pmatrix}4 & 4\\-4 & -4\end{pmatrix}.$$

从例 6 可以看出，矩阵 $\boldsymbol{A}\neq\boldsymbol{O}$，$\boldsymbol{B}\neq\boldsymbol{O}$，但 $\boldsymbol{AB}=\boldsymbol{O}$，这也说明当 $\boldsymbol{AB}=\boldsymbol{O}$，则一般不能推出 $\boldsymbol{A}=\boldsymbol{O}$ 或 $\boldsymbol{B}=\boldsymbol{O}$. 由此可知，当 $\boldsymbol{AB}=\boldsymbol{AC}$ 且 $\boldsymbol{A}\neq\boldsymbol{O}$ 时，一般推不出 $\boldsymbol{B}=\boldsymbol{C}$. 从例 6 还可以看出，矩阵的乘法不满足交换律，即 $\boldsymbol{AB}\neq\boldsymbol{BA}$，因为当 $\boldsymbol{AB}$ 有意义时，$\boldsymbol{BA}$ 不一定有意义，当 $\boldsymbol{AB}$ 和 $\boldsymbol{BA}$ 都有意义，$\boldsymbol{AB}$ 与 $\boldsymbol{BA}$ 未必是同型矩阵，即便是 $\boldsymbol{A}$，$\boldsymbol{B}$ 都是同阶方阵，一般情况下 $\boldsymbol{AB}$ 与 $\boldsymbol{BA}$ 也不一定相等. 如果 $\boldsymbol{A}$，$\boldsymbol{B}$ 都是同阶方阵，且 $\boldsymbol{AB}=\boldsymbol{BA}$，那么我们称矩阵 $\boldsymbol{A}$ 与 $\boldsymbol{B}$ 可交换，简称 $\boldsymbol{A}$ 与 $\boldsymbol{B}$ 可换.

例 7 在例 2 中，如果令

$$\boldsymbol{A}=\begin{pmatrix}a_{11} & a_{12} & \cdots & a_{1n}\\ a_{21} & a_{22} & \cdots & a_{2n}\\ \vdots & \vdots & & \vdots\\ a_{m1} & a_{m2} & \cdots & a_{mn}\end{pmatrix},\boldsymbol{B}=\begin{pmatrix}b_1\\ b_2\\ \vdots\\ b_m\end{pmatrix},\boldsymbol{X}=\begin{pmatrix}x_1\\ x_2\\ \vdots\\ x_n\end{pmatrix}$$

则方程组 (1) 按照矩阵乘法可表示为 $\boldsymbol{AX}=\boldsymbol{B}$.

尽管矩阵乘法不满足交换律，但容易验证矩阵乘法满足以下运算律.

(1) 结合律：$(\boldsymbol{AB})\boldsymbol{C}=\boldsymbol{A}(\boldsymbol{BC})$.

(2) 左分配律：$\boldsymbol{A}(\boldsymbol{B}+\boldsymbol{C})=\boldsymbol{AB}+\boldsymbol{AC}$.

右分配律：$(\boldsymbol{B}+\boldsymbol{C})\boldsymbol{A}=\boldsymbol{BA}+\boldsymbol{CA}$.

(3) 数乘结合律：$k(\boldsymbol{AB})=(k\boldsymbol{A})\boldsymbol{B}=\boldsymbol{A}(k\boldsymbol{B})$.

(4) 单位矩阵 $\boldsymbol{E}$ 满足：$\boldsymbol{E}_m\boldsymbol{A}_{m\times n}=\boldsymbol{A}_{m\times n}\boldsymbol{E}_n=\boldsymbol{A}_{m\times n}$，或简记为 $\boldsymbol{EA}=\boldsymbol{AE}=\boldsymbol{A}$.

证明　我们仅证明 (1)，其它等式的证明留给读者.

设 $\boldsymbol{A}=(a_{ij})_{m\times n}$，$\boldsymbol{B}=(b_{ij})_{n\times k}$，$\boldsymbol{C}=(c_{ij})_{k\times s}$. 易知 $(\boldsymbol{AB})\boldsymbol{C}$ 和 $\boldsymbol{A}(\boldsymbol{BC})$ 都是 $m\times s$ 矩阵，只需证明 $(\boldsymbol{AB})\boldsymbol{C}$ 和 $\boldsymbol{A}(\boldsymbol{BC})$ 对应位置的元素相等即可. 事实上，$\boldsymbol{A}(\boldsymbol{BC})$ 中第 i 行第 j 列的元素为 $\boldsymbol{A}$ 的第 i 行的元素 a_{i1}，a_{i2}，$\cdots$，a_{in} 与 $\boldsymbol{BC}$ 的第 j 列的元素 $\sum\limits_{t=1}^{k}b_{1t}c_{tj},\sum\limits_{t=1}^{k}b_{2t}c_{tj},\cdots,\sum\limits_{t=1}^{k}b_{nt}c_{tj}$ 对应乘积之和，即为

$$\sum_{\tau=1}^{n}(a_{i\tau}\sum_{t=1}^{k}b_{\tau t}c_{tj})=\sum_{\tau=1}^{n}\sum_{t=1}^{k}a_{i\tau}b_{\tau t}c_{tj} \tag{5}$$

而 $(\boldsymbol{AB})\boldsymbol{C}$ 中第 i 行第 j 列的元素为 $\boldsymbol{AB}$ 的第 i 行的元素 $\sum\limits_{\tau=1}^{n}a_{i\tau}b_{\tau 1},\sum\limits_{\tau=1}^{n}a_{i\tau}b_{\tau 2},\cdots,\sum\limits_{\tau=1}^{n}a_{i\tau}b_{\tau k}$ 与 $\boldsymbol{C}$ 的第 j 列的元素 $c_{1j},c_{2j},\cdots,c_{kj}$ 对应乘积之和，即为

$$\sum_{t=1}^{k}\Big[\Big(\sum_{\tau=1}^{n}a_{i\tau}b_{\tau t}\Big)c_{tj}\Big]=\sum_{t=1}^{k}\Big(\sum_{\tau=1}^{n}a_{i\tau}b_{\tau t}c_{tj}\Big)=\sum_{t=1}^{k}\sum_{\tau=1}^{n}a_{i\tau}b_{\tau t}c_{tj}=\sum_{\tau=1}^{n}\sum_{t=1}^{k}a_{i\tau}b_{\tau t}c_{tj} \tag{6}$$

而 (5)，(6) 两式相等，从而 $(\boldsymbol{AB})\boldsymbol{C}=\boldsymbol{A}(\boldsymbol{BC})$.

有了矩阵乘法，我们就可以定义矩阵幂的运算. 设矩阵 $\boldsymbol{A}$ 为 n 阶方阵，定义

$$\boldsymbol{A}^0=\boldsymbol{E},\boldsymbol{A}^1=\boldsymbol{A},\boldsymbol{A}^2=\boldsymbol{AA},\cdots,\boldsymbol{A}^{k+1}=\boldsymbol{A}^k\boldsymbol{A}.$$

易知

$$\boldsymbol{A}^k\boldsymbol{A}^l=\boldsymbol{A}^{k+l},(\boldsymbol{A}^k)^l=\boldsymbol{A}^{kl}$$

其中，k,l 为非负整数.

因为矩阵乘积不满足交换律，一般来说 $(\boldsymbol{AB})^k\neq\boldsymbol{A}^k\boldsymbol{B}^k$，但当 $\boldsymbol{A}$ 与 $\boldsymbol{B}$ 可换时，$(\boldsymbol{AB})^k=\boldsymbol{A}^k\boldsymbol{B}^k$，$(\boldsymbol{A}+\boldsymbol{B})^2=\boldsymbol{A}^2+2\boldsymbol{AB}+\boldsymbol{B}^2$，$(\boldsymbol{A}-\boldsymbol{B})^2=\boldsymbol{A}^2-2\boldsymbol{AB}+\boldsymbol{B}^2$ 等均

成立.

2.1.2.4 矩阵的转置

定义 5 把一个 $m\times n$ 矩阵

$$\boldsymbol{A}=\begin{pmatrix} a_{11} & a_{12} & \cdots & a_{1n} \\ a_{21} & a_{22} & \cdots & a_{2n} \\ \vdots & \vdots & & \vdots \\ a_{m1} & a_{m2} & \cdots & a_{mn} \end{pmatrix}$$

的行列依次互换而得到一个 $n\times m$ 矩阵，称此矩阵为矩阵 $\boldsymbol{A}$ 的转置矩阵，记为 $\boldsymbol{A}^{\mathrm{T}}$，即

$$\boldsymbol{A}^{\mathrm{T}}=\begin{pmatrix} a_{11} & a_{21} & \cdots & a_{m1} \\ a_{12} & a_{22} & \cdots & a_{m2} \\ \vdots & \vdots & & \vdots \\ a_{1n} & a_{2n} & \cdots & a_{mn} \end{pmatrix}$$

由定义 5 易知，矩阵 $\boldsymbol{A}$ 与 $\boldsymbol{A}^{\mathrm{T}}$ 互为转置矩阵，$\boldsymbol{A}$ 中第 i 行第 j 列的元素恰好为 $\boldsymbol{A}^{\mathrm{T}}$ 中第 j 行第 i 列的元素. 容易验证矩阵的转置满足下面的运算律.

(1) $(\boldsymbol{A}^{\mathrm{T}})^{\mathrm{T}}=\boldsymbol{A}$；

(2) $(\boldsymbol{A}+\boldsymbol{B})^{\mathrm{T}}=\boldsymbol{A}^{\mathrm{T}}+\boldsymbol{B}^{\mathrm{T}}$；

(3) $(\lambda\boldsymbol{A})^{\mathrm{T}}=\lambda\boldsymbol{A}^{\mathrm{T}}$；

(4) $(\boldsymbol{AB})^{\mathrm{T}}=\boldsymbol{B}^{\mathrm{T}}\boldsymbol{A}^{\mathrm{T}}$.

证明 性质 (1)、(2)、(3) 的证明由定义 5 易得，这里仅给出 (4) 的证明.

设 $\boldsymbol{A}=(a_{ij})_{m\times n}$，$\boldsymbol{B}=(b_{ij})_{n\times k}$，$(\boldsymbol{AB})^{\mathrm{T}}$ 中第 i 行第 j 列的元素为 $\boldsymbol{AB}$ 中第 j 行第 i 列的元素，即为

$$\sum_{\tau=1}^{n}a_{j\tau}b_{\tau i},$$

而 $\boldsymbol{B}^{\mathrm{T}}\boldsymbol{A}^{\mathrm{T}}$ 中第 i 行第 j 列的元素为 $\boldsymbol{B}$ 中第 i 列与 $\boldsymbol{A}$ 中第 j 行的对应元素的乘积之和，即为

$$\sum_{\tau=1}^{n}b_{\tau i}a_{j\tau}=\sum_{\tau=1}^{n}a_{j\tau}b_{\tau i}$$

由此知 $(\boldsymbol{AB})^{\mathrm{T}}=\boldsymbol{B}^{\mathrm{T}}\boldsymbol{A}^{\mathrm{T}}$.

例 8 设 $\boldsymbol{A}=\begin{pmatrix} 1 & -2 \\ 2 & 1 \\ 1 & 3 \end{pmatrix}$，$\boldsymbol{B}=\begin{pmatrix} 2 & 1 & 0 \\ 1 & -1 & 2 \end{pmatrix}$，求 $(\boldsymbol{AB})^{\mathrm{T}}$，$(\boldsymbol{BA})^{\mathrm{T}}$.

解 $\boldsymbol{AB}=\begin{pmatrix} 1 & -2 \\ 2 & 1 \\ 1 & 3 \end{pmatrix}\begin{pmatrix} 2 & 1 & 0 \\ 1 & -1 & 2 \end{pmatrix}=\begin{pmatrix} 0 & 3 & -4 \\ 5 & 1 & 2 \\ 5 & -2 & 6 \end{pmatrix}$，于是 $(\boldsymbol{AB})^{\mathrm{T}}=\begin{pmatrix} 0 & 5 & 5 \\ 3 & 1 & -2 \\ -4 & 2 & 6 \end{pmatrix}$.

又 $BA=\begin{pmatrix}2 & 1 & 0\\1 & -1 & 2\end{pmatrix}\begin{pmatrix}1 & -2\\2 & 1\\1 & 3\end{pmatrix}=\begin{pmatrix}4 & -3\\1 & 3\end{pmatrix}$，从而 $(BA)^{\mathrm{T}}=\begin{pmatrix}4 & 1\\-3 & 3\end{pmatrix}$.

设矩阵 A 为 n 阶方阵，如果满足 $A^{\mathrm{T}}=A$，则称 A 为对称矩阵；如果满足 $A^{\mathrm{T}}=-A$，则称 A 为反对称矩阵.

例 9 试证明：任一方阵都可表示为一个对称矩阵和一个反对称矩阵的和.

证明 设矩阵 A 为任意一个 n 阶方阵，令 $B=\frac{1}{2}(A+A^{\mathrm{T}})$，$C=\frac{1}{2}(A-A^{\mathrm{T}})$，则 $A=B+C$，而 $B^{\mathrm{T}}=B$，$C^{\mathrm{T}}=-C$，即矩阵 B 和 C 分别为对称矩阵和反对称矩阵，从而结论得到证明.

2.1.2.5 矩阵的行列式

定义 6 由 n 阶方阵 A 的元素按原来的位置所构成的行列式，称为方阵 A 的行列式，记为 $|A|$ 或 $\det A$.

n 阶方阵 A 的行列式具有以下性质：

(1) $|A^{\mathrm{T}}|=|A|$；

(2) $|\lambda A|=\lambda^n|A|$；

(3) $|AB|=|BA|=|A||B|$.

证明 仅证明性质 (3)，性质 (1)、(2) 的证明略.

设 $A=(a_{ij})_{n\times n}$，$B=(b_{ij})_{n\times n}$，构造如下 $2n$ 阶行列式

$$D=\begin{vmatrix}A & -E\\O & B\end{vmatrix}=\begin{vmatrix}a_{11} & \cdots & a_{1n} & -1 & \cdots & \\ \vdots & & \vdots & \vdots & \ddots & \vdots\\ a_{n1} & \cdots & a_{nn} & & \cdots & -1\\ 0 & & 0 & b_{11} & \cdots & b_{1n}\\ & \ddots & & \vdots & & \vdots\\ 0 & & 0 & b_{n1} & \cdots & b_{nn}\end{vmatrix},$$

一方面，由第 1 章 1.2 中例 8 可知，

$$D=\begin{vmatrix}A & -E\\O & B\end{vmatrix}=|A||B|.$$

另一方面，在 D 中分别以 $a_{1j},a_{2j},\cdots,a_{nj}$ 乘第 $n+1,n+2,\cdots,2n$ 列都加到第 j 列上 $(j=1,2,\cdots,n)$，由行列式的性质得

$$D=\begin{vmatrix}O & -E\\BA & B\end{vmatrix}=(-1)^n\begin{vmatrix}-E & O\\B & BA\end{vmatrix}=(-1)^n|-E||BA|=|BA|,$$

从而 $|BA|=|A||B|=|B||A|=|AB|$.

对于 n 阶方阵 A,B，一般情况下 $AB\neq BA$，但由上述性质 (3) 总有 $|BA|=|AB|$.

定义 7 设 $A=\begin{pmatrix} a_{11} & a_{12} & \cdots & a_{1n} \\ a_{21} & a_{22} & \cdots & a_{2n} \\ \vdots & \vdots & & \vdots \\ a_{n1} & a_{n2} & \cdots & a_{nn} \end{pmatrix}$，称 $A^*=\begin{pmatrix} A_{11} & A_{21} & \cdots & A_{n1} \\ A_{12} & A_{22} & \cdots & A_{n2} \\ \vdots & \vdots & & \vdots \\ A_{1n} & A_{2n} & \cdots & A_{nn} \end{pmatrix}$ 为矩阵 A 的伴随矩阵，其中 A_{ij} 为行列式 $|A|$ 中元素 a_{ij} 的代数余子式.

定理 1 对于任意的 n 阶方阵 A，总有 $AA^*=A^*A=|A|E$.

证明 由行列式的性质及矩阵乘法的定义可直接得到 $AA^*=A^*A=|A|E$.

习题 2.1

1. (1) $A=\begin{pmatrix} 1 & 2 & -3 \\ 0 & -3 & 2 \end{pmatrix}$，$B=\begin{pmatrix} -1 & 0 & 2 \\ 3 & 1 & 1 \end{pmatrix}$，求 $A+B$.

(2) 已知 $\begin{pmatrix} 3 & -4 & 0 \\ 2 & 8 & -1 \end{pmatrix}+A=\begin{pmatrix} 1 & -4 & 3 \\ -2 & 2 & 1 \end{pmatrix}$，求 A.

(3) 设 $A=\begin{pmatrix} 1 & -2 & 0 \\ 4 & 3 & 5 \end{pmatrix}$，$B=\begin{pmatrix} 8 & 2 & 6 \\ 5 & 3 & 4 \end{pmatrix}$，满足 $2A+X=B-2X$，求 X.

2. (1) $A=\begin{pmatrix} 2 & 0 & -1 \\ 1 & 3 & 2 \end{pmatrix}$，$B=\begin{pmatrix} 1 & 7 & -1 \\ 4 & 2 & 3 \\ 2 & 0 & 1 \end{pmatrix}$ 求 AB.

(2) 设 $A=\begin{pmatrix} 1 \\ 2 \\ 3 \end{pmatrix}$，$B=(1 \quad -1 \quad 3)$，求 BA.

3. 设 $A=\begin{pmatrix} 1 & 2 & 1 \\ 2 & 1 & 2 \\ 1 & 2 & 3 \end{pmatrix}$，$B=\begin{pmatrix} 4 & 1 & 1 \\ -4 & 2 & 0 \\ 1 & 2 & 1 \end{pmatrix}$，计算 $(A+B)^2-(A^2+2AB+B^2)$.

4. 设

$$A=\begin{pmatrix} 1 & 1 & 1 \\ -1 & 1 & 1 \\ 1 & -1 & 1 \end{pmatrix}, B=\begin{pmatrix} 1 & 2 & 1 \\ 1 & 3 & -1 \\ 2 & 1 & 4 \end{pmatrix},$$

计算 (1) A^2-B^2；(2) $(A+B)(A-B)$；(3) $B^{\mathrm{T}}A^{\mathrm{T}}$；(4) $3AB-2A$.

5. 举反例说明下列命题是错误的：

(1) 若 $A^2=O$，则 $A=O$；

(2) 若 $A^2=A$，则 $A=O$ 或 $A=E$；

(3) 若 $AX=AY$，且 $A\neq O$，则 $X=Y$.

6. 设 $A=\begin{pmatrix} 1 & 0 \\ \lambda & 1 \end{pmatrix}$，求 A^2，A^3，…，A^k.

2.2 逆矩阵

在第2章2.1节中我们看到，矩阵与实数有类似的运算，比如有加、减、乘运算，特别是对于一个非零实数 a（也可视为一阶方阵），它的倒数（或称为 a 的逆）a^{-1} 满足 $aa^{-1}=a^{-1}a=1$. 在矩阵的乘法运算中，单位矩阵 $\boldsymbol{E}$ 相当于数的乘法运算中的1. 对于矩阵 $\boldsymbol{A}$，是否也存在一个矩阵 $\boldsymbol{A}^{-1}$，使得 $\boldsymbol{AA}^{-1}=\boldsymbol{A}^{-1}\boldsymbol{A}=\boldsymbol{E}$ 呢？如果存在这样的矩阵 $\boldsymbol{A}^{-1}$，就称矩阵 $\boldsymbol{A}$ 为可逆矩阵，并把矩阵 $\boldsymbol{A}^{-1}$ 称为 $\boldsymbol{A}$ 的逆矩阵. 下面给出可逆矩阵及其逆矩阵的定义，并进一步探讨矩阵可逆的条件及求逆矩阵的方法.

2.2.1 逆矩阵的概念

定义 8 对于 n 阶方阵 $\boldsymbol{A}$，如果存在一个 n 阶方阵 $\boldsymbol{B}$，使得

$$\boldsymbol{AB}=\boldsymbol{BA}=\boldsymbol{E},$$

则称矩阵 $\boldsymbol{A}$ 为可逆矩阵（简称 $\boldsymbol{A}$ 可逆或 $\boldsymbol{A}$ 是可逆的），并称矩阵 $\boldsymbol{B}$ 为 $\boldsymbol{A}$ 的逆矩阵.

如果矩阵 $\boldsymbol{A}$ 是可逆的，并且矩阵 $\boldsymbol{B}$ 是 $\boldsymbol{A}$ 的逆矩阵，则 $\boldsymbol{B}$ 是唯一的. 事实上，如果矩阵 $\boldsymbol{C}$ 也是 $\boldsymbol{A}$ 的逆矩阵，$\boldsymbol{AC}=\boldsymbol{CA}=\boldsymbol{E}$，则有

$$\boldsymbol{C}=\boldsymbol{EC}=(\boldsymbol{BA})\boldsymbol{C}=\boldsymbol{B}(\boldsymbol{AC})=\boldsymbol{BE}=\boldsymbol{B}$$

所以，$\boldsymbol{A}$ 的逆矩阵是唯一的. 既然 $\boldsymbol{A}$ 的逆矩阵是唯一的，我们就把 $\boldsymbol{A}$ 的逆矩阵记为 $\boldsymbol{A}^{-1}$. 当然由定义8易知 $\boldsymbol{A}=\boldsymbol{B}^{-1}$，$\boldsymbol{A}$ 与 $\boldsymbol{B}$ 互为逆矩阵.

由定义8易知，单位矩阵 $\boldsymbol{E}$ 的逆矩阵是 $\boldsymbol{E}$.

2.2.2 矩阵可逆的充分必要条件

从定义8可以看出，只有方阵才有可能存在逆矩阵，那么，满足什么条件的方阵存在逆矩阵呢？下面的定理回答了这个问题.

定理 2 矩阵 $\boldsymbol{A}$ 可逆的充要条件是 $|\boldsymbol{A}|\neq 0$，并且 $\boldsymbol{A}^{-1}=\dfrac{1}{|\boldsymbol{A}|}\boldsymbol{A}^*$.

证明 由本章定理1知，对于任意的 n 阶方阵 $\boldsymbol{A}$，有 $\boldsymbol{AA}^*=\boldsymbol{A}^*\boldsymbol{A}=|\boldsymbol{A}|\boldsymbol{E}$，当 $|\boldsymbol{A}|\neq 0$ 时，$\boldsymbol{AA}^*=\boldsymbol{A}^*\boldsymbol{A}=|\boldsymbol{A}|\boldsymbol{E}$ 的两边同乘 $\dfrac{1}{|\boldsymbol{A}|}$，得

$$\boldsymbol{A}\left(\frac{1}{|\boldsymbol{A}|}\boldsymbol{A}^*\right)=\left(\frac{1}{|\boldsymbol{A}|}\boldsymbol{A}^*\right)\boldsymbol{A}=\boldsymbol{E}.$$

由定义8知，矩阵 $\boldsymbol{A}$ 可逆，且 $\boldsymbol{A}^{-1}=\dfrac{1}{|\boldsymbol{A}|}\boldsymbol{A}^*$.

反之，若 $\boldsymbol{A}$ 可逆，那么存在 $\boldsymbol{A}^{-1}$，使得 $\boldsymbol{AA}^{-1}=\boldsymbol{A}^{-1}\boldsymbol{A}=\boldsymbol{E}$，两边取行列式，得

$$|\boldsymbol{A}||\boldsymbol{A}^{-1}|=|\boldsymbol{E}|=1.$$

因而 $|\boldsymbol{A}| \neq 0$.

当 $|\boldsymbol{A}| \neq 0$ 时，也称矩阵 $\boldsymbol{A}$ 是非退化的，或是非奇异的. 因此，定理 2 也可表述为矩阵 $\boldsymbol{A}$ 可逆的充要条件为 $\boldsymbol{A}$ 是非退化的.

定理 2 不仅给出了判断矩阵可逆的条件，同时也给出了求逆矩阵的方法，只不过当矩阵的阶数较大时，计算量非常大，在后面我们还会介绍求逆矩阵的另一方法.

2.2.3 逆矩阵的性质

可逆矩阵有以下几个主要性质.

性质 1 若 $\boldsymbol{AB}=\boldsymbol{E}$（或 $\boldsymbol{BA}=\boldsymbol{E}$），则 $\boldsymbol{B}=\boldsymbol{A}^{-1}$.

证明 由 $\boldsymbol{AB}=\boldsymbol{E}$ 得，$|\boldsymbol{A}||\boldsymbol{B}|=|\boldsymbol{E}|=1$，故 $|\boldsymbol{A}| \neq 0$，因而 $\boldsymbol{A}$ 可逆，于是

$$\boldsymbol{B}=\boldsymbol{EB}=(\boldsymbol{A}^{-1}\boldsymbol{A})\boldsymbol{B}=\boldsymbol{A}^{-1}(\boldsymbol{AB})=\boldsymbol{A}^{-1}\boldsymbol{E}=\boldsymbol{A}^{-1}.$$

性质 2 若矩阵 $\boldsymbol{A}$ 可逆，则 $\boldsymbol{A}^{-1}$ 也可逆，且 $(\boldsymbol{A}^{-1})^{-1}=\boldsymbol{A}$.

证明 若矩阵 $\boldsymbol{A}$ 可逆，则存在 $\boldsymbol{A}^{-1}$，使得 $\boldsymbol{AA}^{-1}=\boldsymbol{A}^{-1}\boldsymbol{A}=\boldsymbol{E}$，由定义 8 知，矩阵 $\boldsymbol{A}$ 是 $\boldsymbol{A}^{-1}$ 的逆阵，即 $(\boldsymbol{A}^{-1})^{-1}=\boldsymbol{A}$.

性质 3 若矩阵 $\boldsymbol{A}$ 可逆，数 $\lambda \neq 0$，则 $\lambda\boldsymbol{A}$ 也可逆，且 $(\lambda\boldsymbol{A})^{-1}=\lambda^{-1}\boldsymbol{A}^{-1}$.

证明 事实上，$(\lambda\boldsymbol{A})(\lambda^{-1}\boldsymbol{A}^{-1})=(\lambda\lambda^{-1})(\boldsymbol{AA}^{-1})=\boldsymbol{E}$，所以 $(\lambda\boldsymbol{A})^{-1}=\lambda^{-1}\boldsymbol{A}^{-1}$.

性质 4 若矩阵 $\boldsymbol{A}$、$\boldsymbol{B}$ 为同阶方阵，且都可逆，则 $\boldsymbol{AB}$ 也可逆，且 $(\boldsymbol{AB})^{-1}=\boldsymbol{B}^{-1}\boldsymbol{A}^{-1}$.

证明 因为 $(\boldsymbol{AB})(\boldsymbol{B}^{-1}\boldsymbol{A}^{-1})=\boldsymbol{A}(\boldsymbol{BB}^{-1})\boldsymbol{A}^{-1}=\boldsymbol{A}(\boldsymbol{E})\boldsymbol{A}^{-1}=\boldsymbol{AA}^{-1}=\boldsymbol{E}$，所以有

$$(\boldsymbol{AB})^{-1}=\boldsymbol{B}^{-1}\boldsymbol{A}^{-1}.$$

性质 5 若矩阵 $\boldsymbol{A}$ 可逆，则 $\boldsymbol{A}^{\mathrm{T}}$、$\boldsymbol{A}^{*}$ 也可逆，且 $(\boldsymbol{A}^{\mathrm{T}})^{-1}=(\boldsymbol{A}^{-1})^{\mathrm{T}}$，$(\boldsymbol{A}^{*})^{-1}=(\boldsymbol{A}^{-1})^{*}$.

证明 因为 $\boldsymbol{A}^{\mathrm{T}}(\boldsymbol{A}^{-1})^{\mathrm{T}}=(\boldsymbol{A}^{-1}\boldsymbol{A})^{\mathrm{T}}=\boldsymbol{E}^{\mathrm{T}}=\boldsymbol{E}$，所以 $(\boldsymbol{A}^{\mathrm{T}})^{-1}=(\boldsymbol{A}^{-1})^{\mathrm{T}}$. 因为 $\boldsymbol{AA}^{*}=\boldsymbol{A}^{*}\boldsymbol{A}=|\boldsymbol{A}|\boldsymbol{E}$，所以 $(\boldsymbol{A}^{*})^{-1}=\dfrac{1}{|\boldsymbol{A}|}\boldsymbol{A}$. 又因为 $\boldsymbol{A}^{-1}(\boldsymbol{A}^{-1})^{*}=(\boldsymbol{A}^{-1})^{*}\boldsymbol{A}^{-1}=|\boldsymbol{A}^{-1}|\boldsymbol{E}=\dfrac{\boldsymbol{E}}{|\boldsymbol{A}|}$，所以又有 $(\boldsymbol{A}^{-1})^{*}=\dfrac{\boldsymbol{A}}{|\boldsymbol{A}|}$，于是 $(\boldsymbol{A}^{*})^{-1}=(\boldsymbol{A}^{-1})^{*}$.

从性质 5 的证明过程已得到了下面的性质 6.

性质 6 若矩阵 $\boldsymbol{A}$ 可逆，则 $\boldsymbol{A}$ 的伴随矩阵 $\boldsymbol{A}^{*}$ 也可逆，且 $(\boldsymbol{A}^{*})^{-1}=\dfrac{\boldsymbol{A}}{|\boldsymbol{A}|}$.

例 10 求矩阵

$$\boldsymbol{A}=\begin{pmatrix} 1 & -1 & 3 \\ 2 & -1 & 4 \\ -1 & 2 & -4 \end{pmatrix}$$

的逆矩阵.

解 易知 $|\boldsymbol{A}|=1\neq 0$，所以矩阵 $\boldsymbol{A}$ 可逆. 而容易得到 $\boldsymbol{A}$ 的伴随矩阵为

$$\boldsymbol{A}^*=\begin{pmatrix}\boldsymbol{A}_{11} & \boldsymbol{A}_{21} & \boldsymbol{A}_{31}\\ \boldsymbol{A}_{12} & \boldsymbol{A}_{22} & \boldsymbol{A}_{32}\\ \boldsymbol{A}_{13} & \boldsymbol{A}_{23} & \boldsymbol{A}_{33}\end{pmatrix}=\begin{pmatrix}-4 & 2 & -1\\ 4 & -1 & 2\\ 3 & -1 & 1\end{pmatrix},$$

所以

$$\boldsymbol{A}^{-1}=\frac{1}{|\boldsymbol{A}|}\boldsymbol{A}^*=\begin{pmatrix}-4 & 2 & -1\\ 4 & -1 & 2\\ 3 & -1 & 1\end{pmatrix}.$$

例 11 设 $\boldsymbol{A}$ 是 3 阶方阵，$|\boldsymbol{A}|=\frac{1}{2}$，计算 $|(3\boldsymbol{A})^{-1}-2\boldsymbol{A}^*|$.

解 因为 $\boldsymbol{A}\boldsymbol{A}^*=\boldsymbol{A}^*\boldsymbol{A}=|\boldsymbol{A}|\boldsymbol{E}=\frac{1}{2}\boldsymbol{E}$，所以 $\boldsymbol{A}^*=\frac{1}{2}\boldsymbol{A}^{-1}$. 从而

$$\begin{aligned}|(3\boldsymbol{A})^{-1}-2\boldsymbol{A}^*|&=\left|\frac{1}{3}\boldsymbol{A}^{-1}-2\left(\frac{1}{2}\boldsymbol{A}^{-1}\right)\right|=\left|-\frac{2}{3}\boldsymbol{A}^{-1}\right|\\&=\left(-\frac{2}{3}\right)^3|\boldsymbol{A}^{-1}|=-\frac{8}{27}\frac{1}{|\boldsymbol{A}|}=-\frac{16}{27}.\end{aligned}$$

例 12 已知 $\boldsymbol{A}\boldsymbol{X}=2\boldsymbol{X}+\boldsymbol{B}$，求矩阵 $\boldsymbol{X}$. 其中 $\boldsymbol{A}=\begin{pmatrix}3 & 0 & 0\\ 0 & 1 & -1\\ 0 & 1 & 4\end{pmatrix}$，$\boldsymbol{B}=\begin{pmatrix}3 & 6\\ 1 & 1\\ 2 & -3\end{pmatrix}$.

解 将方程 $\boldsymbol{A}\boldsymbol{X}=2\boldsymbol{X}+\boldsymbol{B}$ 改写为 $(\boldsymbol{A}-2\boldsymbol{E})\boldsymbol{X}=\boldsymbol{B}$，

$$\boldsymbol{A}-2\boldsymbol{E}=\begin{pmatrix}1 & 0 & 0\\ 0 & -1 & -1\\ 0 & 1 & 2\end{pmatrix},|\boldsymbol{A}-2\boldsymbol{E}|=-1,\text{易求得}(\boldsymbol{A}-2\boldsymbol{E})^*=\begin{pmatrix}-1 & 0 & 0\\ 0 & 2 & 1\\ 0 & -1 & -1\end{pmatrix},$$

故

$$(\boldsymbol{A}-2\boldsymbol{E})^{-1}=\frac{(\boldsymbol{A}-2\boldsymbol{E})^*}{|\boldsymbol{A}-2\boldsymbol{E}|}=\begin{pmatrix}1 & 0 & 0\\ 0 & -2 & -1\\ 0 & 1 & 1\end{pmatrix}.$$

方程 $(\boldsymbol{A}-2\boldsymbol{E})\boldsymbol{X}=\boldsymbol{B}$ 两边同时左乘 $(\boldsymbol{A}-2\boldsymbol{E})^{-1}$ 得

$$\boldsymbol{X}=(\boldsymbol{A}-2\boldsymbol{E})^{-1}\boldsymbol{B}=\begin{pmatrix}1 & 0 & 0\\ 0 & -2 & -1\\ 0 & 1 & 1\end{pmatrix}\begin{pmatrix}3 & 6\\ 1 & 1\\ 2 & -3\end{pmatrix}=\begin{pmatrix}3 & 6\\ -4 & 1\\ 3 & -2\end{pmatrix}.$$

例 13 设三阶方阵 $\boldsymbol{A}$ 的逆矩阵为

$$A^{-1}=\begin{pmatrix}1&1&1\\1&2&1\\1&1&3\end{pmatrix},$$

求 A 的伴随矩阵 A^* 的逆矩阵.

解 由性质5知，$(A^*)^{-1}=(A^{-1})^*$，

而 $A^{-1}=\begin{pmatrix}1&1&1\\1&2&1\\1&1&3\end{pmatrix}$，所以 $(A^{-1})^*=\begin{pmatrix}5&-2&-1\\-2&2&0\\-1&0&1\end{pmatrix}$.

习题 2.2

1. 求下列矩阵的逆矩阵

(1) $\begin{pmatrix}2&5\\1&3\end{pmatrix}$；(2) $\begin{pmatrix}1&-1&3\\2&-1&4\\-1&2&-4\end{pmatrix}$；(3) $\begin{pmatrix}1&-3&2\\-3&0&1\\1&1&-1\end{pmatrix}$.

2. 解下列矩阵方程

(1) $\begin{pmatrix}3&-1\\-4&2\end{pmatrix}X=\begin{pmatrix}-1&5\\2&-6\end{pmatrix}$；(2) $X\begin{pmatrix}3&-1\\-4&2\end{pmatrix}=\begin{pmatrix}-1&5\\2&-6\end{pmatrix}$；

(3) $\begin{pmatrix}0&1&0\\1&0&0\\0&0&1\end{pmatrix}X\begin{pmatrix}1&0&0\\0&0&1\\0&1&0\end{pmatrix}=\begin{pmatrix}2&4&3\\2&0&-1\\3&2&4\end{pmatrix}$.

3. 设 $A=\begin{pmatrix}5&-1&0\\-2&3&1\\2&-1&6\end{pmatrix}$，$C=\begin{pmatrix}2&1\\2&0\\3&5\end{pmatrix}$，满足 $AX=C+2X$，求 X.

4. 设 $A=\begin{pmatrix}1&-3&0\\2&1&0\\0&0&2\end{pmatrix}$，满足 $A+X=XA$，求 X.

5. 设 n 阶方阵 A 满足 $A^2-2A-4E=O$，求 $(A+E)^{-1}$.

6. 设矩阵 A 可逆，证明：(1) 若 $AB=O$，则 $B=O$；(2) 若 $AB=AC$，则 $B=C$.

7. 设 A、B 都是 n 阶方阵，已知 $|B|\neq 0$，$A-E$ 可逆，且 $(A-E)^{-1}=(B-E)^{\mathrm{T}}$，求证 A 可逆.

2.3 矩阵的初等变换

在上一节我们已经指出，当矩阵的阶数比较大的时候，求逆矩阵的计算量将非常大，这一节我们将给出初等变换与初等矩阵的概念，并在此基础上给出用初等变换求逆矩阵的方法.

2.3.1 初等变换

在计算行列式的时候，行列式的如下三种变换在行列式的计算和行列式的理论上都有着很重要的作用：①交换行列式中任意两行或两列的位置；②用某个非零的数 k 乘行列式的任意一行或列；③将行列式某一行或列的 k 倍加到另一行或列上. 行列式的这三种变换施加在矩阵上就得到下面将要介绍的矩阵的初等变换，而且矩阵的初等变换在求逆矩阵、解线性方程组、研究向量组的线性相关性以及求二次型的标准形中都具有非常重要的作用.

定义 9 下面的三种变换称为矩阵 $\boldsymbol{A}$ 的初等行（列）变换：

(1) 交换矩阵 $\boldsymbol{A}$ 的第 i 行（列）和第 j 行（列）的位置，用 $r_i \leftrightarrow r_j$ $(c_i \leftrightarrow c_j)$ 表示；

(2) 用非零数 k 乘矩阵 $\boldsymbol{A}$ 的第 i 行（列）的每一个元素，用 kr_i (kc_i) 表示；

(3) 将矩阵 $\boldsymbol{A}$ 的第 j 行（列）的 k 倍加到 $\boldsymbol{A}$ 的第 i 行（列），用 $r_i + kr_j$ $(c_i + kc_j)$ 表示.

矩阵的初等行变换和初等列变换统称为矩阵的初等变换. 显然，三种初等变换都是可逆的，其逆变换还是同一种变换，并且变换 $r_i \leftrightarrow r_j$ 的逆变换还是 $r_i \leftrightarrow r_j$（变换 $c_i \leftrightarrow c_j$ 的逆变换还是 $c_i \leftrightarrow c_j$）；变换 kr_i 的逆变换是 $k^{-1}r_i$（变换 kc_i 的逆变换是 $k^{-1}c_i$）；变换 $r_i + kr_j$ 的逆变换是 $r_i - kr_j$（变换 $c_i + kc_j$ 的逆变换是 $c_i - kc_j$）.

定义 10 如果矩阵 $\boldsymbol{A}$ 经过有限次初等变换后得到矩阵 $\boldsymbol{B}$，就称矩阵 $\boldsymbol{A}$ 与 $\boldsymbol{B}$ 等价，记为 $\boldsymbol{A} \sim \boldsymbol{B}$.

由定义 10，易知矩阵之间的等价关系具有下列性质：

(1) 反身性 $\boldsymbol{A} \sim \boldsymbol{A}$；

(2) 对称性 $\boldsymbol{A} \sim \boldsymbol{B}$，则 $\boldsymbol{B} \sim \boldsymbol{A}$；

(3) 传递性 若 $\boldsymbol{A} \sim \boldsymbol{B}$，且 $\boldsymbol{B} \sim \boldsymbol{C}$，则 $\boldsymbol{A} \sim \boldsymbol{C}$.

矩阵经过若干次初等变换可以化为某些特殊的矩阵，这些特殊的矩阵就是行阶梯形矩阵、行最简形矩阵及标准形，对此我们先给出它们的定义.

定义 11 若矩阵的每一行从左边开始，第一个非零元素下方的元素全为零，则称这样的矩阵为行阶梯形矩阵；若矩阵的每一行从左边开始，第一个非零元素为 1，并且其所在列的其它元素全为零，则称这样的矩阵为行最简形矩阵.

由定义 11 可知矩阵

$$\begin{pmatrix} 2 & 2 & 1 \\ 0 & 3 & 4 \\ 0 & 0 & 0 \end{pmatrix}, \begin{pmatrix} 0 & 1 & 2 & 3 \\ 0 & 0 & 0 & 2 \\ 0 & 0 & 0 & 0 \end{pmatrix}, \begin{pmatrix} 1 & 0 & 0 & 0 & 4 \\ 0 & 1 & 0 & 0 & 2 \\ 0 & 0 & 0 & 1 & 3 \end{pmatrix}$$

都是行阶梯形矩阵，其中第三个矩阵是行最简形矩阵.

定理 3 任何一个矩阵 $\boldsymbol{A}$ 经过有限次初等行变换可化为行阶梯形矩阵或行最

简形矩阵.

证明 如果 $\boldsymbol{A}=\boldsymbol{O}$，则它已经是阶梯形矩阵，若 $\boldsymbol{A}\neq\boldsymbol{O}$，如果从左边开始，第一个有非零元素的列是第 j_1 列，那么施行互换两行的变换可以使这个非零元素变到第一行，不妨设 $a_{1j_1}\neq 0$.

另外，对于每个 $i>1$，施行行变换 $r_i+(-a_{ij_1}a_{1j_1}^{-1})r_1$，就可以使第一行中元素 a_{1j_1} 下边的每个元素变为零.

再对余下的所有行组成的矩阵重复上述过程，直到化为行阶梯形为止.

最后，对于行阶梯形矩阵如果再施行第二种、第三种初等行变换即可化为行最简形矩阵.

例 14 试把下面的矩阵 $\boldsymbol{A}$ 化为行阶梯形矩阵和行最简形矩阵：

$$\boldsymbol{A}=\begin{pmatrix}1 & 3 & 3 & -2 & 1 & 3\\ 2 & 6 & 1 & -3 & 0 & 2\\ 1 & 3 & -2 & -1 & -1 & -1\\ 3 & 9 & 4 & -5 & 1 & 5\end{pmatrix}.$$

解 对矩阵 $\boldsymbol{A}$ 依次进行一系列初等行变换可得

$$\boldsymbol{A}=\begin{pmatrix}1 & 3 & 3 & -2 & 1 & 3\\ 2 & 6 & 1 & -3 & 0 & 2\\ 1 & 3 & -2 & -1 & -1 & -1\\ 3 & 9 & 4 & -5 & 1 & 5\end{pmatrix}\xrightarrow[r_4-3r_1]{r_2-2r_1,\,r_3-r_1}\begin{pmatrix}1 & 3 & 3 & -2 & 1 & 3\\ 0 & 0 & -5 & 1 & -2 & -4\\ 0 & 0 & -5 & 1 & -2 & -4\\ 0 & 0 & -5 & 1 & -2 & -4\end{pmatrix}$$

$$\xrightarrow[r_4-r_2]{r_3-r_2}\begin{pmatrix}1 & 3 & 3 & -2 & 1 & 3\\ 0 & 0 & -5 & 1 & -2 & -4\\ 0 & 0 & 0 & 0 & 0 & 0\\ 0 & 0 & 0 & 0 & 0 & 0\end{pmatrix}\xrightarrow[r_1-3r_2]{-\frac{1}{5}r_3}\begin{pmatrix}1 & 3 & 0 & -\frac{7}{5} & -\frac{1}{5} & \frac{3}{5}\\ 0 & 0 & 1 & -\frac{1}{5} & \frac{2}{5} & \frac{4}{5}\\ 0 & 0 & 0 & 0 & 0 & 0\\ 0 & 0 & 0 & 0 & 0 & 0\end{pmatrix}.$$

于是矩阵 $\boldsymbol{A}$ 的行阶梯形矩阵和行最简形矩阵分别为

$$\begin{pmatrix}1 & 3 & 3 & -2 & 1 & 3\\ 0 & 0 & -5 & 1 & -2 & -4\\ 0 & 0 & 0 & 0 & 0 & 0\\ 0 & 0 & 0 & 0 & 0 & 0\end{pmatrix},\ \begin{pmatrix}1 & 3 & 0 & -\frac{7}{5} & -\frac{1}{5} & \frac{3}{5}\\ 0 & 0 & 1 & -\frac{1}{5} & \frac{2}{5} & \frac{4}{5}\\ 0 & 0 & 0 & 0 & 0 & 0\\ 0 & 0 & 0 & 0 & 0 & 0\end{pmatrix}.$$

如果对行最简形矩阵再进行初等列变换，就可以化为更为简单的形式——矩阵的标准形.

定理 4 任何一个 $m\times n$ 矩阵 $\boldsymbol{A}$ 都与一形式为

$$\begin{pmatrix} 1 & 0 & \cdots & 0 & 0 & \cdots & 0 \\ 0 & 1 & \cdots & 0 & 0 & \cdots & 0 \\ \vdots & \vdots & \ddots & \vdots & \vdots & & \vdots \\ 0 & 0 & \cdots & 1 & 0 & \cdots & 0 \\ 0 & 0 & \cdots & 0 & 0 & \cdots & 0 \\ \vdots & \vdots & & \vdots & \vdots & & \vdots \\ 0 & 0 & \cdots & 0 & 0 & \cdots & 0 \end{pmatrix}_{m\times n}$$

的矩阵等价，它称为矩阵 $\boldsymbol{A}$ 的标准形.

证明 由定理 3 知，任何一个 $m\times n$ 矩阵 $\boldsymbol{A}$ 经过有限次的初等行变换可化为行最简形矩阵. 最后再对行最简形矩阵施行若干次初等列变换，即可把矩阵 $\boldsymbol{A}$ 化为标准形.

2.3.2 初等矩阵

为了便于使用初等变换处理矩阵问题，我们引入初等矩阵的概念，它在诸多有关矩阵的理论和证明中起着不可替代的作用.

定义 12 对单位矩阵 $\boldsymbol{E}$ 进行一次初等变换所得到的矩阵称为初等矩阵.

因为初等变换有三种，所以相应地，它们对应着以下三种初等矩阵.

(1) 交换单位矩阵 $\boldsymbol{E}$ 的第 i 行（列）和第 j 行（列）所得到的初等矩阵记为

$$\boldsymbol{E}(i,j)=\begin{pmatrix} 1 & & & & & & & & & & \\ & \ddots & & & & & & & & & \\ & & 1 & & & & & & & & \\ & & & 0 & & & & 1 & & & \\ & & & & 1 & & & & & & \\ & & & & & \ddots & & & & & \\ & & & & & & 1 & & & & \\ & & & 1 & & & & 0 & & & \\ & & & & & & & & 1 & & \\ & & & & & & & & & \ddots & \\ & & & & & & & & & & 1 \end{pmatrix}\begin{matrix} \\ \\ \\ 第\ i\ 行 \\ \\ \\ \\ 第\ j\ 行 \\ \\ \\ \\ \end{matrix};$$

(2) 用非零数 k 乘以单位矩阵 $\boldsymbol{E}$ 的第 i 行（列）所得到的初等矩阵记为

$$\boldsymbol{E}(i(k))=\begin{pmatrix} 1 & & & & & & \\ & \ddots & & & & & \\ & & 1 & & & & \\ & & & k & & & \\ & & & & 1 & & \\ & & & & & \ddots & \\ & & & & & & 1 \end{pmatrix}\begin{matrix} \\ \\ \\ 第\ i\ 行 \\ \\ \\ \\ \end{matrix};$$

(3) 将单位矩阵 $\boldsymbol{E}$ 的第 j 行的 k 倍加到第 i 行所得到的初等矩阵记为

$$E(i,j(k))=\begin{pmatrix}1&&&&&&\\&\ddots&&&&&\\&&1&&k&&\\&&&\ddots&&&\\&&&&1&&\\&&&&&\ddots&\\&&&&&&1\end{pmatrix}\begin{matrix}\\\\第\,i\,行\\\\第\,j\,行\\\\\\\end{matrix}.$$

初等变换对应着初等矩阵，而初等变换都是可逆的，因此，三种初等矩阵也都是可逆的，易验证它们的逆矩阵还是同一种初等矩阵，且分别为

$$E(i,j)^{-1}=E(i,j),E(i(k))^{-1}=E(i(k^{-1})),E(i,j(k))^{-1}=E(i,j(-k)).$$

利用矩阵乘法和初等矩阵的定义，即可得到下述重要定理.

定理 5 设 A 是一个 $m\times n$ 矩阵，则对矩阵 A 进行一次初等行变换就相当于在 A 的左边乘以相应的 m 阶初等矩阵；对 A 进行一次初等列变换就相当于在 A 的右边乘以相应的 n 阶初等矩阵.

证明 我们仅对第三种初等行变换的情形加以证明，其它情形同样可以证明.

设矩阵

$$A=\begin{pmatrix}a_{11}&a_{12}&\cdots&a_{1n}\\\vdots&\vdots&&\vdots\\a_{i1}&a_{i2}&\cdots&a_{in}\\\vdots&\vdots&&\vdots\\a_{j1}&a_{j2}&\cdots&a_{jn}\\\vdots&\vdots&&\vdots\\a_{m1}&a_{m2}&\cdots&a_{mn}\end{pmatrix},E(i,j(k))=\begin{pmatrix}1&&&&&&\\&\ddots&&&&&\\&&1&&k&&\\&&&\ddots&&&\\&&&&1&&\\&&&&&\ddots&\\&&&&&&1\end{pmatrix}\begin{matrix}\\\\第\,i\,行\\\\第\,j\,行\\\\\\\end{matrix}$$

则

$$E(i,j(k))A=\begin{pmatrix}1&&&&&&\\&\ddots&&&&&\\&&1&&k&&\\&&&\ddots&&&\\&&&&1&&\\&&&&&\ddots&\\&&&&&&1\end{pmatrix}\begin{pmatrix}a_{11}&a_{12}&\cdots&a_{1n}\\\vdots&\vdots&&\vdots\\a_{i1}&a_{i2}&\cdots&a_{in}\\\vdots&\vdots&&\vdots\\a_{j1}&a_{j2}&\cdots&a_{jn}\\\vdots&\vdots&&\vdots\\a_{m1}&a_{m2}&\cdots&a_{mn}\end{pmatrix}$$

$$=\begin{pmatrix} a_{11} & a_{12} & \cdots & a_{1n} \\ \vdots & \vdots & & \vdots \\ a_{i1}+ka_{j1} & a_{i2}+ka_{j2} & \cdots & a_{in}+ka_{jn} \\ \vdots & \vdots & & \vdots \\ a_{j1} & a_{j2} & \cdots & a_{jn} \\ \vdots & \vdots & & \vdots \\ a_{m1} & a_{m2} & \cdots & a_{mn} \end{pmatrix}$$

由上述等式可以看出，矩阵 $\boldsymbol{A}$ 的左边乘以 $\boldsymbol{E}(i,j(k))$ 等于把矩阵 $\boldsymbol{A}$ 的第 j 行的 k 倍加到 $\boldsymbol{A}$ 的第 i 行.

定理 5 换个说法就是用 $\boldsymbol{E}(i,j)$ 左（右）乘矩阵 $\boldsymbol{A}$ 等于互换 $\boldsymbol{A}$ 的第 i 行（列）和第 j 行（列）；用 $\boldsymbol{E}(i(k))$ 左（右）乘 $\boldsymbol{A}$ 等于用非零数 k 去乘 $\boldsymbol{A}$ 的第 i 行（列）；$\boldsymbol{E}(i,j(k))$ 左（右）乘 $\boldsymbol{A}$ 等于 $\boldsymbol{A}$ 的第 j 行（i 列）的 k 倍加到第 i 行（j 列）上.

定理 6 矩阵 $\boldsymbol{A}$ 可逆的充要条件是它可表示为一些初等矩阵的乘积

$$\boldsymbol{A}=\boldsymbol{Q}_1\boldsymbol{Q}_2\cdots\boldsymbol{Q}_m.$$

证明 由定理 4，矩阵 $\boldsymbol{A}$ 与其标准形 $\boldsymbol{B}$ 等价，即矩阵 $\boldsymbol{A}$ 经过若干次初等行变换或列变换得到 $\boldsymbol{B}$，于是由定理 5 可知，存在初等矩阵 $\boldsymbol{Q}_1$，$\boldsymbol{Q}_2$，…，$\boldsymbol{Q}_m$，使得

$$\boldsymbol{A}=\boldsymbol{Q}_1\boldsymbol{Q}_2\cdots\boldsymbol{Q}_t\boldsymbol{B}\boldsymbol{Q}_{t+1}\boldsymbol{Q}_{t+2}\cdots\boldsymbol{Q}_m.$$

如果矩阵 $\boldsymbol{A}$ 可逆，则矩阵 $\boldsymbol{B}$ 可逆，而 $\boldsymbol{B}$ 为标准形，于是 $\boldsymbol{B}=\boldsymbol{E}$，从而有

$$\boldsymbol{A}=\boldsymbol{Q}_1\boldsymbol{Q}_2\cdots\boldsymbol{Q}_m.$$

反之，若 $\boldsymbol{A}=\boldsymbol{Q}_1\boldsymbol{Q}_2\cdots\boldsymbol{Q}_m$，因为矩阵 $\boldsymbol{Q}_1$，$\boldsymbol{Q}_2$，…，$\boldsymbol{Q}_m$ 都是初等矩阵，所以它们都可逆，从而矩阵 $\boldsymbol{A}$ 可逆.

推论 1 两个 $m\times n$ 矩阵 $\boldsymbol{A}$ 与 $\boldsymbol{B}$ 等价的充要条件是，存在可逆的 m 阶方阵 $\boldsymbol{P}$ 及可逆的 n 阶矩阵 $\boldsymbol{Q}$，使得

$$\boldsymbol{A}=\boldsymbol{PBQ}.$$

证明 因为矩阵 $\boldsymbol{A}$ 与 $\boldsymbol{B}$ 等价，所以存在 m 阶初等矩阵 $\boldsymbol{P}_1,\boldsymbol{P}_2,\cdots,\boldsymbol{P}_t$ 及 n 阶初等矩阵 $\boldsymbol{Q}_1,\boldsymbol{Q}_2,\cdots,\boldsymbol{Q}_s$，使得

$$\boldsymbol{A}=\boldsymbol{P}_1\boldsymbol{P}_2\cdots\boldsymbol{P}_t\boldsymbol{B}\boldsymbol{Q}_1\boldsymbol{Q}_2\cdots\boldsymbol{Q}_s.$$

令 $\boldsymbol{Q}=\boldsymbol{Q}_1\boldsymbol{Q}_2\cdots\boldsymbol{Q}_s$，$\boldsymbol{P}=\boldsymbol{P}_1\boldsymbol{P}_2\cdots\boldsymbol{P}_t$，则 $\boldsymbol{P},\boldsymbol{Q}$ 可逆且 $\boldsymbol{A}=\boldsymbol{PBQ}$.

推论 2 可逆矩阵总可以经过一系列初等行变换化为单位矩阵.

证明 设矩阵 $\boldsymbol{A}$ 可逆，由定理 6 可知，矩阵 $\boldsymbol{A}$ 可表示为一些初等矩阵的乘积

$$\boldsymbol{A}=\boldsymbol{Q}_1\boldsymbol{Q}_2\cdots\boldsymbol{Q}_m.$$

于是 $\boldsymbol{Q}_m^{-1}\cdots\boldsymbol{Q}_2^{-1}\boldsymbol{Q}_1^{-1}\boldsymbol{A}=\boldsymbol{E}$，而矩阵 $\boldsymbol{Q}_m^{-1},\cdots,\boldsymbol{Q}_2^{-1},\boldsymbol{Q}_1^{-1}$ 还是初等矩阵，因为在

矩阵 $\boldsymbol{A}$ 的左边乘以初等矩阵就相当于对 $\boldsymbol{A}$ 进行初等行变换，从而由等式 $\boldsymbol{Q}_m^{-1}\cdots\boldsymbol{Q}_2^{-1}\boldsymbol{Q}_1^{-1}\boldsymbol{A}=\boldsymbol{E}$ 可知，矩阵 $\boldsymbol{A}$ 经过 m 次初等行变换化为单位矩阵.

由推论 2 的证明过程，我们可以得到前面曾经提到的利用初等行变换求逆矩阵的方法. 因为

$$\boldsymbol{Q}_m^{-1}\cdots\boldsymbol{Q}_2^{-1}\boldsymbol{Q}_1^{-1}\boldsymbol{A}=\boldsymbol{E}, \tag{1}$$

所以

$$\boldsymbol{A}^{-1}=\boldsymbol{Q}_m^{-1}\cdots\boldsymbol{Q}_2^{-1}\boldsymbol{Q}_1^{-1}=\boldsymbol{Q}_m^{-1}\cdots\boldsymbol{Q}_2^{-1}\boldsymbol{Q}_1^{-1}\boldsymbol{E}. \tag{2}$$

(1)、(2) 两式说明，如果用一系列初等行变换把可逆矩阵 $\boldsymbol{A}$ 化为单位矩阵，那么，同样地用这一系列初等变换就把单位矩阵化为 $\boldsymbol{A}^{-1}$.

我们把 $\boldsymbol{A},\boldsymbol{E}$ 放在一起做成一个 $n\times 2n$ 矩阵 $(\boldsymbol{A},\boldsymbol{E})$，然后对矩阵 $(\boldsymbol{A},\boldsymbol{E})$ 作一系列初等行变换，实际上就是对矩阵 $\boldsymbol{A}$ 和 $\boldsymbol{E}$ 同时作一系列初等行变换，当把 $(\boldsymbol{A},\boldsymbol{E})$ 中的 $\boldsymbol{A}$ 化成单位矩阵的时候，那么，$(\boldsymbol{A},\boldsymbol{E})$ 中的 $\boldsymbol{E}$ 就化成了 $\boldsymbol{A}^{-1}$. 同样，如果把 $\boldsymbol{A},\boldsymbol{B}$ 放在一起做成一个矩阵 $(\boldsymbol{A},\boldsymbol{B})$，然后对矩阵 $(\boldsymbol{A},\boldsymbol{B})$ 作一系列初等行变换，实际上就是对矩阵 $\boldsymbol{A}$ 和 $\boldsymbol{B}$ 同时作一系列初等行变换，当把 $(\boldsymbol{A},\boldsymbol{B})$ 中的 $\boldsymbol{A}$ 化成单位矩阵的时候，那么，$(\boldsymbol{A},\boldsymbol{B})$ 中的 $\boldsymbol{B}$ 就化成了 $\boldsymbol{A}^{-1}\boldsymbol{B}$. 这就是利用初等变换求逆矩阵及求解矩阵方程的方法，下面举例加以说明.

例 15 用初等变换求矩阵 $\boldsymbol{A}$ 的逆矩阵.

$$\boldsymbol{A}=\begin{pmatrix}1&-1&3\\2&-1&4\\-1&2&-4\end{pmatrix}.$$

解 对矩阵 $(\boldsymbol{A},\boldsymbol{E})$ 作如下一系列初等行变换，

$$(\boldsymbol{A},\boldsymbol{E})=\left(\begin{array}{ccc:ccc}1&-1&3&1&0&0\\2&-1&4&0&1&0\\-1&2&-4&0&0&1\end{array}\right)\xrightarrow[r_3+r_1]{r_2-2r_1}\left(\begin{array}{ccc:ccc}1&-1&3&1&0&0\\0&1&-2&-2&1&0\\0&1&-1&1&0&1\end{array}\right)$$

$$\xrightarrow[r_3-r_2]{r_1+r_2}\left(\begin{array}{ccc:ccc}1&0&1&-1&1&0\\0&1&-2&-2&1&0\\0&0&1&3&-1&1\end{array}\right)\xrightarrow[r_2+2r_3]{r_1-r_3}\left(\begin{array}{ccc:ccc}1&0&0&-4&2&-1\\0&1&0&4&-1&2\\0&0&1&3&-1&1\end{array}\right).$$

于是

$$A^{-1}=\begin{pmatrix}-4&2&-1\\4&-1&2\\3&-1&1\end{pmatrix}.$$

例 16 求矩阵 $\boldsymbol{X}$，使得 $\boldsymbol{AX}=\boldsymbol{B}$，其中

$$\boldsymbol{A}=\begin{pmatrix}1&2&3\\2&2&1\\3&4&3\end{pmatrix},\boldsymbol{B}=\begin{pmatrix}2&5&3\\3&1&4\\4&3&1\end{pmatrix}.$$

解　对矩阵（$\boldsymbol{A}$，$\boldsymbol{B}$）作如下一系列初等行变换，

$$(\boldsymbol{A},\boldsymbol{B})=\left(\begin{array}{ccc:ccc}1&2&3&2&5&3\\2&2&1&3&1&4\\3&4&3&4&3&1\end{array}\right)\overset{r_2-2r_1}{\underset{r_3-3r_1}{\sim}}\left(\begin{array}{ccc:ccc}1&2&3&2&5&3\\0&-2&-5&-1&-9&-2\\0&-2&-6&-2&-12&-8\end{array}\right)$$

$$\overset{r_1+r_2}{\underset{r_3-r_2}{\sim}}\left(\begin{array}{ccc:ccc}1&0&-2&1&-4&1\\0&-2&-5&-1&-9&-2\\0&0&-1&-1&-3&-6\end{array}\right)\overset{r_1-2r_3}{\underset{r_2-5r_3}{\sim}}\left(\begin{array}{ccc:ccc}1&0&0&3&2&13\\0&-2&0&4&6&28\\0&0&-1&-1&-3&-6\end{array}\right)$$

$$\overset{(-1)r_3}{\underset{\left(-\frac{1}{2}\right)r_2}{\sim}}\left(\begin{array}{ccc:ccc}1&0&0&3&2&13\\0&1&0&-2&-3&-14\\0&0&1&1&3&6\end{array}\right),$$

于是

$$\boldsymbol{X}=\begin{pmatrix}3&2&13\\-2&-3&-14\\1&3&6\end{pmatrix}.$$

习题 2.3

1. 化下列矩阵为行最简形

(1) $\begin{pmatrix}1&-1&2\\3&2&1\\1&-2&0\end{pmatrix}$；　(2) $\begin{pmatrix}1&-1&2\\3&-3&1\end{pmatrix}$；　(3) $\begin{pmatrix}1&2&3&4\\1&1&4&2\\3&4&11&8\end{pmatrix}$.

2. 求下列矩阵的等价标准形

(1) $\begin{pmatrix}1&0&-1&1\\3&-1&-4&2\\-1&4&3&-3\end{pmatrix}$；　(2) $\begin{pmatrix}1&1&3&2\\0&-1&0&-2\\1&2&3&4\\2&2&6&4\end{pmatrix}$.

3. 利用初等变换求下列矩阵的逆矩阵

(1) $\begin{pmatrix}1&2&-1\\3&1&0\\-1&0&-2\end{pmatrix}$；　(2) $\begin{pmatrix}1&0&0\\1&1&0\\1&1&1\end{pmatrix}$；　(3) $\begin{pmatrix}1&1&1&1\\1&1&-1&-1\\1&-1&1&-1\\1&-1&-1&1\end{pmatrix}$.

4. 用初等变换求解下列矩阵方程

(1) $\begin{pmatrix}1&1&-1\\2&1&0\\1&-1&1\end{pmatrix}\boldsymbol{X}=\begin{pmatrix}1&1&3\\4&3&2\\1&2&5\end{pmatrix}$；　(2) $\boldsymbol{X}\begin{pmatrix}3&1&1\\1&4&1\\1&1&5\end{pmatrix}=2\boldsymbol{X}+\begin{pmatrix}1&2&1\\0&1&2\end{pmatrix}$；

(3) $\begin{pmatrix}1&2&3\\2&1&2\\1&3&4\end{pmatrix}\boldsymbol{X}\begin{pmatrix}7&9\\4&5\end{pmatrix}=\begin{pmatrix}1&2\\1&0\\2&3\end{pmatrix}$.

2.4 矩阵的秩

在上一节我们已经看到，任何一个 $m\times n$ 矩阵 $\boldsymbol{A}$ 都与其标准形等价，而且标准形由其所含数 1 的个数 r 完全确定，数 r 也是 $\boldsymbol{A}$ 的行阶梯形或行最简形或标准形中非零行的个数，这个数 r 就是我们本节要讨论的矩阵的秩.

2.4.1 矩阵秩的概念

矩阵的秩是矩阵理论中的一个非常重要的概念，在后面的章节要讨论清楚线性方程组及其求解问题，就有必要先弄清楚方程组的系数矩阵或增广矩阵的秩. 当然矩阵秩的重要性远不止于此. 下面我们用矩阵子式的概念来给出矩阵秩的概念.

定义 13 在 $m\times n$ 矩阵 $\boldsymbol{A}$ 中任取 k 行与 k 列 ($k\leqslant m$，$k\leqslant n$)，位于这些行和列交叉处的 k^2 个元素按照原来的次序构成的 k 阶行列式，称为矩阵 $\boldsymbol{A}$ 的一个 k 阶子式.

显然，$m\times n$ 矩阵 $\boldsymbol{A}$ 共有 $\boldsymbol{C}_m^k\boldsymbol{C}_n^k$ 个 k 阶子式.

定义 14 若在矩阵 $\boldsymbol{A}$ 中存在一个不等于零的 r 阶子式，但 $\boldsymbol{A}$ 中所有的 $r+1$ 阶子式（如果存在的话）都等于零，则称数 r 为矩阵 $\boldsymbol{A}$ 的秩，记为 $R(\boldsymbol{A})=r$，并规定 $R(\boldsymbol{O})=0$.

由行列式的性质可知，当矩阵 $\boldsymbol{A}$ 的所有 $r+1$ 阶子式（如果存在的话）都等于零时，则所有高于 $r+1$ 阶的子式（如果存在的话）当然也都等于零. 因此，矩阵 $\boldsymbol{A}$ 的秩 $R(\boldsymbol{A})=r$ 实际上就是 $\boldsymbol{A}$ 中非零子式的最高阶数.

如果矩阵 $\boldsymbol{A}$ 中存在一个不等于零的 s 阶子式，则 $R(\boldsymbol{A})\geqslant s$；当所有的 t 阶子式都等于零的时候，则 $R(\boldsymbol{A})\leqslant t-1$.

显然，$m\times n$ 矩阵 $\boldsymbol{A}$ 的秩满足：$0\leqslant R(\boldsymbol{A})\leqslant \min(m, n)$. 而对于 n 阶方阵 $\boldsymbol{A}$ 来说，其 n 阶子式只有一个 $|\boldsymbol{A}|$，故当 $|\boldsymbol{A}|\neq 0$，$R(\boldsymbol{A})=n$；当 $|\boldsymbol{A}|=0$，$R(\boldsymbol{A})<n$. 可见可逆矩阵的秩等于其阶数，不可逆矩阵的秩小于其阶数，因此，可逆矩阵又称为满秩矩阵，不可逆矩阵又称为降秩矩阵.

例 17 求矩阵 $\boldsymbol{A}$ 的秩，其中

$$\boldsymbol{A}=\begin{pmatrix}1 & 2 & -1 & 4\\ 1 & 3 & 2 & -3\\ 2 & 6 & 4 & -6\end{pmatrix}.$$

解 在矩阵 $\boldsymbol{A}$ 中，2 阶子式 $\begin{vmatrix}1 & 2\\ 1 & 3\end{vmatrix}=1\neq 0$，而矩阵 $\boldsymbol{A}$ 的后两行元素成比例，所以矩阵 $\boldsymbol{A}$ 的所有 3 阶子式都等于零，从而 $R(\boldsymbol{A})=2$.

2.4.2 矩阵秩的性质

当矩阵的阶数较高时，按定义求其秩是非常麻烦的，然而对于行阶梯形矩

阵，无论它的阶数多么大，由定义 2 易知它的秩就等于其非零行的行数. 因此，我们自然想到用初等变换把所给矩阵化为行阶梯形矩阵，但首先要回答两个等价矩阵的秩是否相等的问题，下面的定理对此给出了肯定的回答.

定理 7 若矩阵 $\boldsymbol{A}$ 等价于矩阵 $\boldsymbol{B}$，则 $R(\boldsymbol{A})=R(\boldsymbol{B})$.

证明 我们只需证明矩阵 $\boldsymbol{A}$ 经过一次初等变换变为 $\boldsymbol{B}$，则有 $R(\boldsymbol{A})=R(\boldsymbol{B})$ 成立即可.

设 $R(\boldsymbol{A})=r$，则矩阵 $\boldsymbol{A}$ 中存在一个 r 阶子式 $D_r\neq 0$，设矩阵 $\boldsymbol{A}$ 经过一次初等变换变为 $\boldsymbol{B}$，先证明 $R(\boldsymbol{A})\leqslant R(\boldsymbol{B})$，以下分别对三种初等变换加以证明.

(1) 设互换矩阵 $\boldsymbol{A}$ 的两行（或两列）得到矩阵 $\boldsymbol{B}$. 由行列式的性质可知，在矩阵 $\boldsymbol{B}$ 中的对应子式 $\overline{D}_r$ 满足 $\overline{D}_r=D_r\neq 0$ 或 $\overline{D}_r=-D_r\neq 0$，从而 $R(\boldsymbol{B})\geqslant r=R(\boldsymbol{A})$.

(2) 设矩阵 $\boldsymbol{A}$ 的第 i 行（或列）乘以非零数 k 得到矩阵 $\boldsymbol{B}$，同样在矩阵 $\boldsymbol{B}$ 中的对应子式 $\overline{D}_r$ 满足 $\overline{D}_r=D_r\neq 0$ 或 $\overline{D}_r=kD_r\neq 0$，从而 $R(\boldsymbol{B})\geqslant r=R(\boldsymbol{A})$.

(3) 设矩阵 $\boldsymbol{A}$ 的第 j 行（列）的 k 倍加于 $\boldsymbol{A}$ 的第 i 行（列），不妨是矩阵 $\boldsymbol{A}$ 的第 j 行的 k 倍加于 $\boldsymbol{A}$ 的第 i 行. 设 $\boldsymbol{B}$ 的子式 $\overline{D}_r$ 是与 $\boldsymbol{A}$ 的子式 $D_r\neq 0$ 对应的子式，分以下几种情况加以讨论：

① 子式 $\overline{D}_r$ 不含第 i 行，这时显然有 $\overline{D}_r=D_r\neq 0$；

② 子式 $\overline{D}_r$ 既含第 i 行，也含第 j 行，显然亦有 $\overline{D}_r=D_r\neq 0$；

③ 子式 $\overline{D}_r$ 含第 i 行，但不含第 j 行，这时 $\boldsymbol{B}$ 的子式 $\overline{D}_r$ 按照行列式的性质化为两个行列式的和 $\overline{D}_r=D_r+kC_r$，其中 D_r 是 $\boldsymbol{A}$ 原来的子式，C_r 是 $\boldsymbol{B}$ 的另一个子式. 由于 $D_r\neq 0$，所以 $\boldsymbol{B}$ 的子式 $\overline{D}_r$ 和 C_r 至少有一个不等于零，从而有 $R(\boldsymbol{B})\geqslant r=R(\boldsymbol{A})$.

综上可知，我们证明了 $R(\boldsymbol{B})\geqslant R(\boldsymbol{A})$.

因为矩阵的初等变换是可逆的，所以矩阵 $\boldsymbol{B}$ 也可以经过一次初等变换化为 $\boldsymbol{A}$，于是又有 $R(\boldsymbol{A})\geqslant R(\boldsymbol{B})$，从而 $R(\boldsymbol{A})=R(\boldsymbol{B})$.

除了定理 7 外，矩阵的秩还有如下性质.

性质 1 $R(\boldsymbol{A}^{\mathrm{T}})=R(\boldsymbol{A})$.

性质 1 的证明由定义 14 即可得到.

性质 2 如果矩阵 $\boldsymbol{P}$，$\boldsymbol{Q}$ 可逆，则 $R(\boldsymbol{PAQ})=R(\boldsymbol{A})$.

证明 因为矩阵 $\boldsymbol{PAQ}$ 与 $\boldsymbol{A}$ 等价，所以由定理 7 知 $R(\boldsymbol{PAQ})=R(\boldsymbol{A})$.

性质 3 $\max(R(\boldsymbol{A}),R(\boldsymbol{B}))\leqslant R(\boldsymbol{A},\boldsymbol{B})\leqslant R(\boldsymbol{A})+R(\boldsymbol{B})$.

证明 对矩阵 $(\boldsymbol{A},\boldsymbol{B})$ 中 $\boldsymbol{A}$ 和 $\boldsymbol{B}$ 所在的列分别进行初等列变换，分别得到 $R(\boldsymbol{A})=t$ 和 $R(\boldsymbol{B})=s$ 个非零列，由定义 14 可知变换后的矩阵其非零子式的阶数显然不大于 $t+s$，从而 $R(\boldsymbol{A},\boldsymbol{B})\leqslant t+s=R(\boldsymbol{A})+R(\boldsymbol{B})$. 由定义 14，显然又有 $R(\boldsymbol{A})\leqslant R(\boldsymbol{A},\boldsymbol{B})$，$R(\boldsymbol{B})\leqslant R(\boldsymbol{A},\boldsymbol{B})$，所以

$$\max(R(\boldsymbol{A}),R(\boldsymbol{B}))\leqslant R(\boldsymbol{A},\boldsymbol{B})\leqslant R(\boldsymbol{A})+R(\boldsymbol{B}).$$

性质 4 $R(\boldsymbol{A}+\boldsymbol{B})\leqslant R(\boldsymbol{A})+R(\boldsymbol{B})$.

证明 对矩阵 $(\boldsymbol{A}+\boldsymbol{B},\ \boldsymbol{B})$ 进行初等列变换可得到 $(\boldsymbol{A},\boldsymbol{B})$，所以有

$$R(\boldsymbol{A}+\boldsymbol{B})\leqslant R(\boldsymbol{A}+\boldsymbol{B},\boldsymbol{B})=R(\boldsymbol{A},\boldsymbol{B})\leqslant R(\boldsymbol{A})+R(\boldsymbol{B}).$$

性质 5 若 $\boldsymbol{A}$ 为 n 阶方阵，则 $R(\boldsymbol{A}+\boldsymbol{E})+R(\boldsymbol{A}-\boldsymbol{E})\geqslant n$.

证明 由性质 4 知

$$R((\boldsymbol{A}+\boldsymbol{E})+(\boldsymbol{E}-\boldsymbol{A}))\leqslant R(\boldsymbol{A}+\boldsymbol{E})+R(\boldsymbol{E}-\boldsymbol{A})=R(\boldsymbol{A}+\boldsymbol{E})+R(\boldsymbol{A}-\boldsymbol{E}),$$

又因为

$$R((\boldsymbol{A}+\boldsymbol{E})+(\boldsymbol{E}-\boldsymbol{A}))=R(2\boldsymbol{E})=n,$$

所以 $R(\boldsymbol{A}+\boldsymbol{E})+R(\boldsymbol{A}-\boldsymbol{E})\geqslant n$.

性质 6 和性质 7 的证明要用到第 3 章的有关知识.

性质 6 $R(\boldsymbol{AB})\leqslant\min(R(\boldsymbol{A}),\ R(\boldsymbol{B}))$.

性质 7 若 $\boldsymbol{A}_{m\times n}\boldsymbol{B}_{n\times s}=\boldsymbol{O}$，则 $R(\boldsymbol{A})+R(\boldsymbol{B})\leqslant n$.

例 18 求矩阵 $\boldsymbol{A}$ 的秩，其中

$$\boldsymbol{A}=\begin{pmatrix}1&0&-1&1&0\\3&-1&-4&2&-2\\1&2&1&3&4\\-1&4&3&-3&0\end{pmatrix}.$$

解 对矩阵 $\boldsymbol{A}$ 进行一系列初等行变换化为阶梯形矩阵

$$\boldsymbol{A}=\begin{pmatrix}1&0&-1&1&0\\3&-1&-4&2&-2\\1&2&1&3&4\\-1&4&3&-3&0\end{pmatrix}\underset{r_4+r_1}{\overset{r_2-3r_1,r_3-r_1}{\sim}}\begin{pmatrix}1&0&-1&1&0\\0&-1&-1&-1&-2\\0&2&2&2&4\\0&4&2&-2&0\end{pmatrix}$$

$$\underset{r_4+4r_2}{\overset{r_3+2r_2}{\sim}}\begin{pmatrix}1&0&-1&1&0\\0&-1&-1&-1&-2\\0&0&0&0&0\\0&0&-2&-6&-8\end{pmatrix}\overset{r_3\leftrightarrow r_4}{\sim}\begin{pmatrix}1&0&-1&1&0\\0&-1&-1&-1&-2\\0&0&-2&-6&-8\\0&0&0&0&0\end{pmatrix}$$

所以 $R(\boldsymbol{A})=3$.

例 19 证明：

(1) $R(\boldsymbol{A}^*)=\begin{cases}n, & 当\ R(\boldsymbol{A})=n\\1, & 当\ R(\boldsymbol{A})=n-1;\\0, & 当\ R(\boldsymbol{A})<n-1\end{cases}$

(2) $|\boldsymbol{A}^*|=|\boldsymbol{A}|^{n-1}$；

(3) $(\boldsymbol{A}^*)^*=|\boldsymbol{A}|^{n-2}\boldsymbol{A}$.

其中矩阵 $\boldsymbol{A}$ 为 n 阶方阵，在（1）、（2）中 $n\geqslant 2$，在（3）中 $n>2$.

证明 （1）当 $R(\boldsymbol{A})=n$ 时，矩阵 $\boldsymbol{A}$ 可逆，从而矩阵 $\boldsymbol{A}^*$ 可逆，于是 $R(\boldsymbol{A}^*)=n$；

当 $R(\boldsymbol{A})=n-1$ 时，$\boldsymbol{A}$ 不可逆，$|\boldsymbol{A}|=0$，所以 $\boldsymbol{A}\boldsymbol{A}^*=\boldsymbol{O}$，由性质 7 知 $R(\boldsymbol{A})+R(\boldsymbol{A}^*)\leqslant n$，由于 $\boldsymbol{A}$ 至少有一个 $n-1$ 阶子式不为零，故 $R(\boldsymbol{A}^*)\geqslant 1$，从而 $R(\boldsymbol{A}^*)=1$.

当 $R(\boldsymbol{A})<n-1$，则 $\boldsymbol{A}$ 的所有 $n-1$ 阶子式为零，由 $\boldsymbol{A}^*$ 的定义知 $\boldsymbol{A}^*=\boldsymbol{O}$，从而 $R(\boldsymbol{A}^*)=0$.

（2）因为 $\boldsymbol{A}\boldsymbol{A}^*=|\boldsymbol{A}|\boldsymbol{E}$，所以两端取行列式得 $|\boldsymbol{A}||\boldsymbol{A}^*|=|\boldsymbol{A}|^n$. 当矩阵 $\boldsymbol{A}$ 可逆时，$|\boldsymbol{A}|\neq 0$，所以 $|\boldsymbol{A}^*|=|\boldsymbol{A}|^{n-1}$；当矩阵 $\boldsymbol{A}$ 不可逆时，由（1）知 $\boldsymbol{A}^*$ 也不可逆，显然等式成立.

（3）当矩阵 $\boldsymbol{A}$ 可逆时，因为 $\boldsymbol{A}^*(\boldsymbol{A}^*)^*=|\boldsymbol{A}^*|\boldsymbol{E}$，所以由式（2）及本章 2.2 节中性质 6 得

$$(\boldsymbol{A}^*)^*=|\boldsymbol{A}^*|(\boldsymbol{A}^*)^{-1}=|\boldsymbol{A}|^{n-1}\frac{\boldsymbol{A}}{|\boldsymbol{A}|}=|\boldsymbol{A}|^{n-2}\boldsymbol{A}.$$

当矩阵 $\boldsymbol{A}$ 不可逆时，$|\boldsymbol{A}|=0$，所以 $\boldsymbol{A}\boldsymbol{A}^*=\boldsymbol{O}$，由性质 7 知 $R(\boldsymbol{A})+R(\boldsymbol{A}^*)\leqslant n$，从而 $R(\boldsymbol{A}^*)\leqslant n-R(\boldsymbol{A})$，若 $R(\boldsymbol{A})=n-1$，则 $R(\boldsymbol{A}^*)\leqslant 1<n-1$，再由（1）知 $R((\boldsymbol{A}^*)^*)=0$，即 $(\boldsymbol{A}^*)^*=\boldsymbol{O}$，于是有等式 $(\boldsymbol{A}^*)^*=|\boldsymbol{A}|^{n-2}\boldsymbol{A}$ 成立. 若 $R(\boldsymbol{A})<n-1$，则由（1）知 $R(\boldsymbol{A}^*)=0$，从而 $\boldsymbol{A}^*=\boldsymbol{O}$，$(\boldsymbol{A}^*)^*=\boldsymbol{O}$，于是亦有等式 $(\boldsymbol{A}^*)^*=|\boldsymbol{A}|^{n-2}\boldsymbol{A}$ 成立.

例 20 设 n 阶方阵 $\boldsymbol{A}$ 满足 $\boldsymbol{A}^2=\boldsymbol{E}$，证明：$R(\boldsymbol{A}+\boldsymbol{E})+R(\boldsymbol{A}-\boldsymbol{E})=n$.

证明 由性质 5 知，当 $\boldsymbol{A}$ 为 n 阶方阵时，$R(\boldsymbol{A}+\boldsymbol{E})+R(\boldsymbol{A}-\boldsymbol{E})\geqslant n$；又方阵 $\boldsymbol{A}$ 满足 $\boldsymbol{A}^2=\boldsymbol{E}$，所以 $(\boldsymbol{A}+\boldsymbol{E})(\boldsymbol{A}-\boldsymbol{E})=\boldsymbol{O}$，再根据性质 7 可得 $R(\boldsymbol{A}+\boldsymbol{E})+R(\boldsymbol{A}-\boldsymbol{E})\leqslant n$，从而

$$R(\boldsymbol{A}+\boldsymbol{E})+R(\boldsymbol{A}-\boldsymbol{E})=n.$$

习题 2.4

1. 判断下列命题是否正确：

（1）矩阵 $\boldsymbol{A}$ 的秩为 r，则 $\boldsymbol{A}$ 一定不存在等于零的 $r-1$ 阶的子式。（　　）

（2）矩阵 $\boldsymbol{A}$ 的秩为 r，则 $\boldsymbol{A}$ 的 $r-1$ 阶的子式都等于零。（　　）

（3）矩阵 $\boldsymbol{A}$ 的秩为 r，则 $\boldsymbol{A}$ 的 $r+1$ 阶的子式都等于零。（　　）

（4）矩阵 $\boldsymbol{A}$ 的秩为 r，则 $\boldsymbol{A}$ 可能存在非零的 $r+1$ 阶子式。（　　）

（5）矩阵 $\boldsymbol{A}$、$\boldsymbol{B}$ 等价，则 $\boldsymbol{A}$、$\boldsymbol{B}$ 的秩一定相等。（　　）

（6）矩阵 $\boldsymbol{A}$、$\boldsymbol{B}$ 的秩相等，则 $\boldsymbol{A}$、$\boldsymbol{B}$ 等价。（　　）

（7）$R(\boldsymbol{A})\leqslant r$，则 $\boldsymbol{A}$ 的所有 $r+1$ 级子式等于 0。（　　）

（8）$\boldsymbol{A}$ 的所有 $r+1$ 级子式等于 0，则 $\boldsymbol{A}$ 的秩等于 r。（　　）

2. 求下列矩阵的秩，并求一个最高阶非零子式：

(1) $\begin{pmatrix} 3 & 1 & 0 & 2 \\ 1 & -1 & 2 & -1 \\ 1 & 3 & -4 & 4 \end{pmatrix}$； (2) $\begin{pmatrix} 3 & 2 & -1 & -3 & -2 \\ 2 & -1 & 3 & 1 & -3 \\ 7 & 0 & 5 & -1 & -8 \end{pmatrix}$；

(3) $\begin{pmatrix} 2 & 1 & 8 & 3 & 7 \\ 2 & -3 & 0 & 7 & -5 \\ 3 & -2 & 5 & 8 & 0 \\ 1 & 0 & 3 & 2 & 0 \end{pmatrix}$.

3. 讨论λ的取值范围，确定下列矩阵的秩：

$$\boldsymbol{A}=\begin{pmatrix} 1 & \lambda & -1 & 2 \\ 2 & -1 & \lambda & 5 \\ 1 & 10 & -6 & 1 \end{pmatrix}.$$

4. 确定x与y的值，使下列矩阵$\boldsymbol{A}$的秩为2，其中$\boldsymbol{A}=\begin{pmatrix} 1 & 1 & 1 & 1 & 1 \\ 3 & 2 & 1 & -3 & x \\ 0 & 1 & 2 & 6 & 3 \\ 5 & 4 & 3 & -1 & y \end{pmatrix}$.

5. 设$\boldsymbol{A}=\begin{pmatrix} 0 & 0 & 1 \\ 0 & 1 & 0 \\ 1 & 0 & 0 \end{pmatrix}$，求$R(\boldsymbol{A}-2\boldsymbol{E})+R(\boldsymbol{A}-\boldsymbol{E})$的值.

2.5 分块矩阵

分块矩阵理论是矩阵论中的重要组成部分. 在理论研究和实际应用中，常常会遇到行数和列数较大的矩阵，为了表示方便和运算简洁，常对矩阵采用分块的方法，本节介绍的分块矩阵就是解决这类问题的常用方法之一.

2.5.1 分块矩阵的概念

我们先给出分块矩阵的概念.

定义 15 对于给定的矩阵$\boldsymbol{A}$，用一些贯穿于矩阵$\boldsymbol{A}$的横线和纵线把矩阵$\boldsymbol{A}$分割成若干个小的矩形块，位于每一个小矩形块中的元素按照原来的位置组成一个小矩阵，称这些小矩阵为矩阵$\boldsymbol{A}$的子矩阵块，简称子块. 矩阵$\boldsymbol{A}$看成是以这些子块为元素的矩阵，称$\boldsymbol{A}$为分块矩阵.

例 21 设矩阵$\boldsymbol{A}=\left(\begin{array}{ccc|cc} 2 & 1 & -3 & 0 & 0 \\ 1 & 0 & 4 & 0 & 0 \\ \hline -2 & 3 & 1 & 1 & 0 \\ 3 & 1 & 2 & 0 & 1 \end{array}\right)$，若令$\boldsymbol{A}_1=\begin{pmatrix} 2 & 1 & -3 \\ 1 & 0 & 4 \end{pmatrix}$，$\boldsymbol{A}_2=\begin{pmatrix} -2 & 3 & 1 \\ 3 & 1 & 2 \end{pmatrix}$，$\boldsymbol{O}=\begin{pmatrix} 0 & 0 \\ 0 & 0 \end{pmatrix}$，$\boldsymbol{E}=\begin{pmatrix} 1 & 0 \\ 0 & 1 \end{pmatrix}$，则矩阵$\boldsymbol{A}$可用分块矩阵表示为$\boldsymbol{A}=$

$\begin{pmatrix} \boldsymbol{A}_1 & \boldsymbol{O} \\ \boldsymbol{A}_2 & \boldsymbol{E} \end{pmatrix}$.

在例题 21 中，矩阵 $\boldsymbol{A}$ 可以看成由 4 个子矩阵（子块）为元素组成的矩阵，它是一个分块矩阵. 分块矩阵的每一行称为一个块行，每一列称为一个块列，上述分块矩阵有两个块行和两个块列.

一般地，可将一个矩阵 $\boldsymbol{A}$ 分块成如下形式的一个 s 个块行和 t 个块列的分块矩阵

$$\boldsymbol{A}=\begin{pmatrix} \boldsymbol{A}_{11} & \boldsymbol{A}_{12} & \cdots & \boldsymbol{A}_{1t} \\ \boldsymbol{A}_{21} & \boldsymbol{A}_{22} & \cdots & \boldsymbol{A}_{2t} \\ \vdots & \vdots & & \vdots \\ \boldsymbol{A}_{s1} & \boldsymbol{A}_{s2} & \cdots & \boldsymbol{A}_{st} \end{pmatrix}$$

并简记为 $\boldsymbol{A}=(\boldsymbol{A}_{ij})_{s\times t}$， 通常 $\boldsymbol{A}=(\boldsymbol{A}_{ij})_{s\times t}$ 称为 $s\times t$ 分块矩阵.

常用的分块矩阵还有以下几种形式：

按行分块

$$\boldsymbol{A}=\begin{pmatrix} a_{11} & a_{12} & \cdots & a_{1n} \\ a_{21} & a_{22} & \cdots & a_{2n} \\ \vdots & \vdots & & \vdots \\ a_{m1} & a_{m2} & \cdots & a_{mn} \end{pmatrix}=\begin{pmatrix} \boldsymbol{A}_1 \\ \boldsymbol{A}_2 \\ \vdots \\ \boldsymbol{A}_m \end{pmatrix},$$

其中 $\boldsymbol{A}_i=(a_{i1},a_{i2},\cdots,a_{in})$ 为矩阵 $\boldsymbol{A}$ 的第 i 行（$i=1,2,\cdots,m$），$\boldsymbol{A}_1,\boldsymbol{A}_2,\cdots,\boldsymbol{A}_m$ 称为矩阵 $\boldsymbol{A}$ 的行向量组.

按列分块

$$\boldsymbol{A}=\begin{pmatrix} a_{11} & a_{12} & \cdots & a_{1n} \\ a_{21} & a_{22} & \cdots & a_{2n} \\ \vdots & \vdots & & \vdots \\ a_{m1} & a_{m2} & \cdots & a_{mn} \end{pmatrix}=(\boldsymbol{B}_1 \quad \boldsymbol{B}_2 \quad \cdots \quad \boldsymbol{B}_n),$$

其中 $\boldsymbol{B}_j=(a_{1j} \ \ a_{2j} \ \ \cdots \ \ a_{mj})^{\mathrm{T}}$ 为矩阵 $\boldsymbol{A}$ 的第 j 列（$j=1,2,\cdots,n$），我们称 $\boldsymbol{B}_1$，$\boldsymbol{B}_2,\cdots,\boldsymbol{B}_n$ 为矩阵 $\boldsymbol{A}$ 的列向量组.

另外，当 n 阶方阵 $\boldsymbol{A}$ 的分块矩阵只有在主对角线上有非零子块，其它子块均为零矩阵，即

$$\boldsymbol{A}=\begin{pmatrix} \boldsymbol{A}_1 & \boldsymbol{O} & \cdots & \boldsymbol{O} \\ \boldsymbol{O} & \boldsymbol{A}_2 & \cdots & \boldsymbol{O} \\ \vdots & \vdots & \ddots & \vdots \\ \boldsymbol{O} & \boldsymbol{O} & \cdots & \boldsymbol{A}_m \end{pmatrix}$$

并简记为 $\boldsymbol{A}=\mathrm{diag}(\boldsymbol{A}_1,\boldsymbol{A}_2,\cdots,\boldsymbol{A}_m)$，其 $\boldsymbol{A}_i$ 中是 n_i 阶方阵（$i=1,2,\cdots,m$；$\sum_{i=1}^{m} n_i=$

n)，则称矩阵 $\boldsymbol{A}$ 为分块对角矩阵（也称准对角矩阵）.

2.5.2 分块矩阵的运算

与矩阵的加法、数乘、乘法类似，我们也可以定义分块矩阵的运算，这些运算与普通矩阵的运算规则基本相同，此时把分块矩阵的一个子块看做是一般矩阵中的一个元素，正是通过这些运算才使得复杂的矩阵计算得到简化.

(1) 分块矩阵的加法（减法） 设矩阵 $\boldsymbol{A},\boldsymbol{B}$ 是同形矩阵，采用完全相同的分块法，若

$$\boldsymbol{A}=\begin{pmatrix}\boldsymbol{A}_{11} & \boldsymbol{A}_{12} & \cdots & \boldsymbol{A}_{1t}\\ \boldsymbol{A}_{21} & \boldsymbol{A}_{22} & \cdots & \boldsymbol{A}_{2t}\\ \vdots & \vdots & & \vdots\\ \boldsymbol{A}_{s1} & \boldsymbol{A}_{s2} & \cdots & \boldsymbol{A}_{st}\end{pmatrix},\boldsymbol{B}=\begin{pmatrix}\boldsymbol{B}_{11} & \boldsymbol{B}_{12} & \cdots & \boldsymbol{B}_{1t}\\ \boldsymbol{B}_{21} & \boldsymbol{B}_{22} & \cdots & \boldsymbol{B}_{2t}\\ \vdots & \vdots & & \vdots\\ \boldsymbol{B}_{s1} & \boldsymbol{B}_{s2} & \cdots & \boldsymbol{B}_{st}\end{pmatrix},$$

则

$$\boldsymbol{A}\pm\boldsymbol{B}=\begin{pmatrix}\boldsymbol{A}_{11}\pm\boldsymbol{B}_{11} & \boldsymbol{A}_{12}\pm\boldsymbol{B}_{12} & \cdots & \boldsymbol{A}_{1t}\pm\boldsymbol{B}_{1t}\\ \boldsymbol{A}_{21}\pm\boldsymbol{B}_{21} & \boldsymbol{A}_{22}\pm\boldsymbol{B}_{22} & \cdots & \boldsymbol{A}_{2t}\pm\boldsymbol{B}_{2t}\\ \vdots & \vdots & & \vdots\\ \boldsymbol{A}_{s1}\pm\boldsymbol{B}_{s1} & \boldsymbol{A}_{s2}\pm\boldsymbol{B}_{s2} & \cdots & \boldsymbol{A}_{st}\pm\boldsymbol{B}_{st}\end{pmatrix}.$$

(2) 数乘分块矩阵

若 $\boldsymbol{A}=\begin{pmatrix}\boldsymbol{A}_{11} & \boldsymbol{A}_{12} & \cdots & \boldsymbol{A}_{1t}\\ \boldsymbol{A}_{21} & \boldsymbol{A}_{22} & \cdots & \boldsymbol{A}_{2t}\\ \vdots & \vdots & & \vdots\\ \boldsymbol{A}_{s1} & \boldsymbol{A}_{s2} & \cdots & \boldsymbol{A}_{st}\end{pmatrix}$，则数 k 与分块矩阵 $\boldsymbol{A}$ 的乘积为

$$k\boldsymbol{A}=\begin{pmatrix}k\boldsymbol{A}_{11} & k\boldsymbol{A}_{12} & \cdots & k\boldsymbol{A}_{1t}\\ k\boldsymbol{A}_{21} & k\boldsymbol{A}_{22} & \cdots & k\boldsymbol{A}_{2t}\\ \vdots & \vdots & & \vdots\\ k\boldsymbol{A}_{s1} & k\boldsymbol{A}_{s2} & \cdots & k\boldsymbol{A}_{st}\end{pmatrix}.$$

(3) 分块矩阵的乘积

若

$$\boldsymbol{A}=\begin{pmatrix}\boldsymbol{A}_{11} & \boldsymbol{A}_{12} & \cdots & \boldsymbol{A}_{1t}\\ \boldsymbol{A}_{21} & \boldsymbol{A}_{22} & \cdots & \boldsymbol{A}_{2t}\\ \vdots & \vdots & & \vdots\\ \boldsymbol{A}_{s1} & \boldsymbol{A}_{s2} & \cdots & \boldsymbol{A}_{st}\end{pmatrix}=(\boldsymbol{A}_{ij})_{s\times t},\boldsymbol{B}=\begin{pmatrix}\boldsymbol{B}_{11} & \boldsymbol{B}_{12} & \cdots & \boldsymbol{B}_{1p}\\ \boldsymbol{B}_{21} & \boldsymbol{B}_{22} & \cdots & \boldsymbol{B}_{2p}\\ \vdots & \vdots & & \vdots\\ \boldsymbol{B}_{t1} & \boldsymbol{B}_{t2} & \cdots & \boldsymbol{B}_{tp}\end{pmatrix}=(\boldsymbol{B}_{i\times j})_{t\times p},$$

其中矩阵 $\boldsymbol{A}$ 的列的分法与矩阵 $\boldsymbol{B}$ 的行的分法完全相同，即 $\boldsymbol{A}_{i1},\boldsymbol{A}_{i2},\cdots,\boldsymbol{A}_{it}$ 的列数分别与 $\boldsymbol{B}_{1j},\boldsymbol{B}_{2j},\cdots,\boldsymbol{B}_{tj}$ 的行数对应相等 ($i=1,2,\cdots,s;j=1,2,\cdots,p$). 则

$$AB=\begin{pmatrix} A_{11} & A_{12} & \cdots & A_{1t} \\ A_{21} & A_{22} & \cdots & A_{2t} \\ \vdots & \vdots & & \vdots \\ A_{s1} & A_{s2} & \cdots & A_{st} \end{pmatrix}\begin{pmatrix} B_{11} & B_{12} & \cdots & B_{1p} \\ B_{21} & B_{22} & \cdots & B_{2p} \\ \vdots & \vdots & & \vdots \\ B_{t1} & B_{t2} & \cdots & B_{tp} \end{pmatrix}$$

$$=\begin{pmatrix} C_{11} & C_{12} & \cdots & C_{1p} \\ C_{21} & C_{22} & \cdots & C_{2p} \\ \vdots & \vdots & & \vdots \\ C_{s1} & C_{s2} & \cdots & C_{sp} \end{pmatrix},$$

其中 $C_{ij}=\sum_{k=1}^{t}A_{ik}B_{kj}(i=1,\ 2,\ \cdots,\ s;\ j=1,\ 2,\ \cdots,\ p)$.

(4) 分块矩阵的转置

设分块矩阵

$$A=\begin{pmatrix} A_{11} & A_{12} & \cdots & A_{1t} \\ A_{21} & A_{22} & \cdots & A_{2t} \\ \vdots & \vdots & & \vdots \\ A_{s1} & A_{s2} & \cdots & A_{st} \end{pmatrix},$$

则

$$A^{\mathrm{T}}=\begin{pmatrix} A_{11}^{\mathrm{T}} & A_{21}^{\mathrm{T}} & \cdots & A_{s1}^{\mathrm{T}} \\ A_{12}^{\mathrm{T}} & A_{22}^{\mathrm{T}} & \cdots & A_{s2}^{\mathrm{T}} \\ \cdots & \cdots & & \cdots \\ A_{1t}^{\mathrm{T}} & A_{2t}^{\mathrm{T}} & \cdots & A_{st}^{\mathrm{T}} \end{pmatrix}.$$

在对矩阵特别是分块矩阵进行运算的时候，为了简化运算，往往要用到分块矩阵的初等变换以及初等分块矩阵的概念.

定义 16 下面的三种变换称为分块矩阵 A 的初等行（列）变换：

(1) 交换分块矩阵 A 的第 i 块行（块列）和第 j 块行（块列），用 $r_i \leftrightarrow r_j(c_i \leftrightarrow c_j)$ 表示；

(2) 用可逆矩阵 K 左（右）乘分块矩阵 A 的第 i 块行（块列）的每一个子块，这种运算用 $Kr_i(Kc_i)$ 表示；

(3) 用矩阵 K 左（右）乘分块矩阵 A 的第 j 块行（块列）加于 A 的第 i 块行（块列）上，这种运算用 $r_i+Kr_j(c_i+Kc_j)$ 表示.

分块矩阵的初等行变换和初等列变换统称为分块矩阵的初等变换. 显然，上述分块矩阵的初等变换都是可逆的，其逆变换还是同一种变换，变换 $r_i \leftrightarrow r_j$ 的逆变换还是 $r_i \leftrightarrow r_j$（变换 $c_i \leftrightarrow c_j$ 的逆变换还是 $c_i \leftrightarrow c_j$）；变换 Kr_i 的逆变换是 $K^{-1}r_i$（变换 Kc_i 的逆变换是 $K^{-1}c_i$）；变换 r_i+Kr_j 的逆变换是 r_i-Kr_j（变换 c_i+Kc_j 的逆变换是 c_i-Kc_j）.

定义 17 对分块单位矩阵 $\boldsymbol{E}$ 进行一次分块矩阵的初等变换所得到的矩阵，称为初等分块矩阵.

初等分块矩阵有以下三种：

(1) 交换单位矩阵 $\boldsymbol{E}$ 的第 i 块行（块列）和第 j 块行（块列）的位置所得到的初等矩阵记为

$$\boldsymbol{E}(i,j)=\begin{pmatrix} \boldsymbol{E}_{n_1} & & & & & & & & & \\ & \ddots & & & & & & & & \\ & & \boldsymbol{E}_{n_{i-1}} & & & & & & & \\ & & & \boldsymbol{O} & & & \boldsymbol{E}_{n_j} & & & \\ & & & & \boldsymbol{E}_{n_{i+1}} & & & & & \\ & & & & & \ddots & & & & \\ & & & & & & \boldsymbol{E}_{n_{j-1}} & & & \\ & & & \boldsymbol{E}_{n_i} & & & \boldsymbol{O} & & & \\ & & & & & & & \boldsymbol{E}_{n_{j+1}} & & \\ & & & & & & & & \ddots & \\ & & & & & & & & & \boldsymbol{E}_{n_{s1}} \end{pmatrix}\begin{matrix} \\ \\ \\ \text{第 } i \text{ 块行} \\ \\ \\ \\ \text{第 } j \text{ 块行} \\ \\ \\ \\ \end{matrix}.$$

(2) 用可逆矩阵 $\boldsymbol{K}$ 乘单位矩阵 $\boldsymbol{E}$ 的第 i 块行（块列）所得到的初等矩阵记为

$$\boldsymbol{E}(i(\boldsymbol{K}))=\begin{pmatrix} \boldsymbol{E}_{n_1} & & & & & & \\ & \ddots & & & & & \\ & & \boldsymbol{E}_{n_{i-1}} & & & & \\ & & & \boldsymbol{K} & & & \\ & & & & \boldsymbol{E}_{n_{i+1}} & & \\ & & & & & \ddots & \\ & & & & & & \boldsymbol{E}_{n_s} \end{pmatrix}\text{第 } i \text{ 块行}.$$

(3) 将单位矩阵 $\boldsymbol{E}$ 的第 j 块行乘以矩阵 $\boldsymbol{K}$ 加于第 i 块行得到的矩阵记为

$$\boldsymbol{E}(i,j(\boldsymbol{K}))=\begin{pmatrix} \boldsymbol{E}_{n_1} & & & & & \\ & \ddots & & & & \\ & & \boldsymbol{E}_{n_i} & & \boldsymbol{K} & & \\ & & & \ddots & & \\ & & & & \boldsymbol{E}_{n_j} & \\ & & & & & \ddots & \\ & & & & & & \boldsymbol{E}_{n_s} \end{pmatrix}\begin{matrix} \\ \\ \text{第 } i \text{ 块行} \\ \\ \text{第 } j \text{ 块行} \\ \\ \\ \end{matrix}.$$

同样，上述三种初等分块矩阵也都是可逆的，易验证它们的逆矩阵还是同一种初等分块矩阵，且分别为

$$\boldsymbol{E}(i,j)^{-1}=\boldsymbol{E}(i,j),\boldsymbol{E}(i(\boldsymbol{K}))^{-1}=\boldsymbol{E}(i(\boldsymbol{K}^{-1})),\boldsymbol{E}(i,j(\boldsymbol{K}))^{-1}=\boldsymbol{E}(i,j(-\boldsymbol{K})).$$

利用分块矩阵的乘法和初等分块矩阵的定义，即可得到类似于本章 2.3 节中定理 5 的如下定理 8（证明略）.

定理 8 设 $\boldsymbol{A}$ 是一个分块矩阵，对 $\boldsymbol{A}$ 进行一次分块初等行变换就相当于在 $\boldsymbol{A}$ 的左边乘以相应的初等分块矩阵；对 $\boldsymbol{A}$ 进行一次分块初等列变换就相当于在 $\boldsymbol{A}$ 的右边乘以相应的初等分块矩阵.

例 22 设矩阵 $\boldsymbol{A}=(a_{ij})_{m\times n},\boldsymbol{B}=(b_{ij})_{n\times k}$，

(1) 若 $\boldsymbol{A}$ 按列分块为 $\boldsymbol{A}=(\boldsymbol{A}_1,\boldsymbol{A}_2,\cdots,\boldsymbol{A}_n)$，则

$$\boldsymbol{AB}=(\boldsymbol{A}_1,\boldsymbol{A}_2,\cdots,\boldsymbol{A}_n)\boldsymbol{B}=(\boldsymbol{A}_1,\boldsymbol{A}_2,\cdots,\boldsymbol{A}_n)\begin{pmatrix}b_{11}&b_{12}&\cdots&b_{1k}\\b_{21}&b_{22}&\cdots&b_{2k}\\\vdots&\vdots&&\vdots\\b_{n1}&b_{n2}&\cdots&b_{nk}\end{pmatrix}$$

$$=\left(\sum_{i=1}^{n}b_{i1}\boldsymbol{A}_i,\sum_{i=1}^{n}b_{i2}\boldsymbol{A}_i,\cdots,\sum_{i=1}^{n}b_{ik}\boldsymbol{A}_i\right).$$

(2) 若 $\boldsymbol{B}$ 按行分块为

$$\boldsymbol{B}=\begin{pmatrix}\boldsymbol{B}_1\\\boldsymbol{B}_2\\\vdots\\\boldsymbol{B}_n\end{pmatrix}$$

则

$$\boldsymbol{AB}=\begin{pmatrix}a_{11}&a_{12}&\cdots&a_{1n}\\a_{21}&a_{22}&\cdots&a_{2n}\\\vdots&\vdots&&\vdots\\a_{m1}&a_{m2}&\cdots&a_{mn}\end{pmatrix}\begin{pmatrix}\boldsymbol{B}_1\\\boldsymbol{B}_2\\\vdots\\\boldsymbol{B}_n\end{pmatrix}=\begin{pmatrix}\sum_{j=1}^{n}a_{1j}\boldsymbol{B}_j\\\sum_{j=1}^{n}a_{2j}\boldsymbol{B}_j\\\vdots\\\sum_{j=1}^{n}a_{mj}\boldsymbol{B}_j\end{pmatrix}.$$

由例 22 可以看出，两个矩阵 $\boldsymbol{A},\boldsymbol{B}$ 的乘积 $\boldsymbol{AB}$ 的列向量组可由左边矩阵 $\boldsymbol{A}$ 的列向量组来表示，而乘积 $\boldsymbol{AB}$ 的行向量组可由右边矩阵 $\boldsymbol{B}$ 的行向量组来表示.

分块对角矩阵 $\boldsymbol{A}=\mathrm{diag}(\boldsymbol{A}_1,\boldsymbol{A}_2,\cdots,\boldsymbol{A}_m)$，有以下几个常用的性质：

(1) 设 $\boldsymbol{A}=\mathrm{diag}(\boldsymbol{A}_1,\boldsymbol{A}_2,\cdots,\boldsymbol{A}_m)$，若 $\det\boldsymbol{A}_i\neq 0(i=1,2,\cdots,m)$，则 $\det\boldsymbol{A}\neq 0$，且

$$\det(\mathrm{diag}(\boldsymbol{A}_1,\boldsymbol{A}_2,\cdots,\boldsymbol{A}_m))=\prod_{i=1}^{m}\det\boldsymbol{A}_i.$$

(2) 若 $\boldsymbol{A}_i\,(i=1,2,\cdots,m)$ 可逆，则 $\boldsymbol{A}=\mathrm{diag}(\boldsymbol{A}_1,\boldsymbol{A}_2,\cdots,\boldsymbol{A}_m)$ 也可逆，且

$$\boldsymbol{A}^{-1}=\mathrm{diag}(\boldsymbol{A}_1^{-1},\boldsymbol{A}_2^{-1},\cdots,\boldsymbol{A}_m^{-1}).$$

(3) 若 $\boldsymbol{A}_i\,(i=1,2,\cdots,m)$ 可逆，则 $\boldsymbol{A}=\begin{pmatrix}\boldsymbol{O}&\cdots&\boldsymbol{O}&\boldsymbol{A}_1\\\boldsymbol{O}&\cdots&\boldsymbol{A}_2&\boldsymbol{O}\\\vdots&\iddots&\vdots&\vdots\\\boldsymbol{A}_m&\cdots&\boldsymbol{O}&\boldsymbol{O}\end{pmatrix}$ 也可逆，且

$$\boldsymbol{A}^{-1}=\begin{pmatrix}\boldsymbol{O}&\boldsymbol{O}&\cdots&\boldsymbol{A}_m^{-1}\\\vdots&\vdots&\iddots&\vdots\\\boldsymbol{O}&\boldsymbol{A}_2^{-1}&\cdots&\boldsymbol{O}\\\boldsymbol{A}_1^{-1}&\boldsymbol{O}&\cdots&\boldsymbol{O}\end{pmatrix}.$$

(4) 若 $\boldsymbol{A}=\begin{pmatrix}\boldsymbol{A}_1&&&\boldsymbol{O}\\&\boldsymbol{A}_2&&\\&&\ddots&\\\boldsymbol{O}&&&\boldsymbol{A}_m\end{pmatrix}$，$\boldsymbol{B}=\begin{pmatrix}\boldsymbol{B}_1&&&\boldsymbol{O}\\&\boldsymbol{B}_2&&\\&&\ddots&\\\boldsymbol{O}&&&\boldsymbol{B}_m\end{pmatrix}$，且 $\boldsymbol{A}_i,\boldsymbol{B}_i$ 为同阶方阵，则

$$\boldsymbol{AB}=\begin{pmatrix}\boldsymbol{A}_1\boldsymbol{B}_1&&&\boldsymbol{O}\\&\boldsymbol{A}_2\boldsymbol{B}_2&&\\&&\ddots&\\\boldsymbol{O}&&&\boldsymbol{A}_m\boldsymbol{B}_m\end{pmatrix}.$$

例 23 设 $\boldsymbol{A}=\begin{pmatrix}1&2&0&0&0\\1&3&0&0&0\\0&0&3&0&0\\0&0&0&2&1\\0&0&0&3&2\end{pmatrix}$，求 $\boldsymbol{A}^{-1}$.

解 设 $\boldsymbol{A}_1=\begin{pmatrix}1&2\\1&3\end{pmatrix}$，$\boldsymbol{A}_2=(3)$，$\boldsymbol{A}_3=\begin{pmatrix}2&1\\3&2\end{pmatrix}$，则 $\boldsymbol{A}=\begin{pmatrix}\boldsymbol{A}_1&&\\&\boldsymbol{A}_2&\\&&\boldsymbol{A}_3\end{pmatrix}$，且易知

$$\boldsymbol{A}_1^{-1}=\begin{pmatrix}3&-2\\-1&1\end{pmatrix},\ \boldsymbol{A}_2^{-1}=\left(\frac{1}{3}\right),\ \boldsymbol{A}_3^{-1}=\begin{pmatrix}2&-1\\-3&2\end{pmatrix}.$$

于是由分块矩阵的性质即得

$$A^{-1}=\begin{pmatrix}A_1^{-1}&&\\&A_2^{-1}&\\&&A_3^{-1}\end{pmatrix}=\begin{pmatrix}3&-2&0&0&0\\-1&1&0&0&0\\0&0&\frac{1}{3}&0&0\\0&0&0&2&-1\\0&0&0&-3&2\end{pmatrix}.$$

例 24 设 $D=\begin{pmatrix}A&C\\O&B\end{pmatrix}$，其中 A,B 分别为 m 阶和 n 阶可逆矩阵，求 D^{-1}.

解法 1 对于给定的矩阵，我们构造初等分块矩阵 $\begin{pmatrix}E_m&-CB^{-1}\\O&E_n\end{pmatrix}$，由于

$$\begin{pmatrix}E_m&-CB^{-1}\\O&E_n\end{pmatrix}\begin{pmatrix}A&C\\O&B\end{pmatrix}=\begin{pmatrix}A&O\\O&B\end{pmatrix}.$$

从而有 $\begin{pmatrix}A&C\\O&B\end{pmatrix}=\begin{pmatrix}E_m&-CB^{-1}\\O&E_n\end{pmatrix}^{-1}\begin{pmatrix}A&O\\O&B\end{pmatrix}=\begin{pmatrix}E_m&CB^{-1}\\O&E_n\end{pmatrix}\begin{pmatrix}A&O\\O&B\end{pmatrix}$.

所以

$$\begin{aligned}\begin{pmatrix}A&C\\O&B\end{pmatrix}^{-1}&=\left\{\begin{pmatrix}E_m&CB^{-1}\\O&E_n\end{pmatrix}\begin{pmatrix}A&O\\O&B\end{pmatrix}\right\}^{-1}\\&=\begin{pmatrix}A^{-1}&O\\O&B^{-1}\end{pmatrix}\begin{pmatrix}E_m&-CB^{-1}\\O&E_n\end{pmatrix}=\begin{pmatrix}A^{-1}&-A^{-1}CB^{-1}\\O&B^{-1}\end{pmatrix}.\end{aligned}$$

解法 2 因为 $|D|=|A||B|$，所以当 A,B 可逆时，D 也可逆，设

$$D^{-1}=\begin{pmatrix}D_1&D_2\\D_3&D_4\end{pmatrix}.$$

于是

$$\begin{pmatrix}D_1&D_2\\D_3&D_4\end{pmatrix}\begin{pmatrix}A&C\\O&B\end{pmatrix}=\begin{pmatrix}E_m&O\\O&E_n\end{pmatrix}.$$

按分块矩阵的乘法比较上式两端得

$$\begin{cases}D_1A=E_m\\D_1C+D_2B=O\\D_3A=O\\D_3C+D_4B=E_n\end{cases}.$$

由第一式，第三式分别得 $D_1=A^{-1}$，$D_3=O$，将其代入第二式得 $D_2=-A^{-1}CB^{-1}$，再将 $D_3=O$ 代入第四式得 $D_4=B^{-1}$，从而有

$$\begin{pmatrix} A & C \\ O & B \end{pmatrix}^{-1} = \begin{pmatrix} A^{-1} & -A^{-1}CB^{-1} \\ O & B^{-1} \end{pmatrix}.$$

例 25 设 A,B,C,D 为 n 阶方阵，且 $AC=CA$，若 A 可逆，证明：$\begin{vmatrix} A & B \\ C & D \end{vmatrix} = |AD-CB|$.

证明 由于 A 为可逆矩阵，故我们构造初等分块矩阵 $P=\begin{pmatrix} E & O \\ -CA^{-1} & E \end{pmatrix}$，于是

$$\begin{pmatrix} E & O \\ -CA^{-1} & E \end{pmatrix}\begin{pmatrix} A & B \\ C & D \end{pmatrix} = \begin{pmatrix} A & B \\ O & D-CA^{-1}B \end{pmatrix}.$$

上式两端取行列式，并注意到 $\begin{vmatrix} E & O \\ -CA^{-1} & E \end{vmatrix}=1$，得

$$\begin{aligned} \begin{vmatrix} A & B \\ C & D \end{vmatrix} &= \begin{vmatrix} A & B \\ O & D-CA^{-1}B \end{vmatrix} = |A|\,|D-CA^{-1}B| = |A(D-CA^{-1}B)| \\ &= |AD-ACA^{-1}B|. \end{aligned}$$

又因为 $AC=CA$，所以

$$|AD-ACA^{-1}B| = |AD-CAA^{-1}B| = |AD-CB|.$$

从而

$$\begin{vmatrix} A & B \\ C & D \end{vmatrix} = |AD-CB|.$$

例 26 设矩阵 $F=\begin{pmatrix} A & C \\ B & D \end{pmatrix}$ 为对称矩阵，且 $|A|\neq 0$，证明：存在矩阵 $P=\begin{pmatrix} E & X \\ O & E \end{pmatrix}$，使得

$$P^{\mathrm{T}}\begin{pmatrix} A & C \\ B & D \end{pmatrix}P = \begin{pmatrix} A & O \\ O & G \end{pmatrix}$$

其中矩阵 G 为对称矩阵，且其阶数与 D 的阶数相同.

证明 因为矩阵 $F=\begin{pmatrix} A & C \\ B & D \end{pmatrix}$ 是一对称矩阵，所以 $A^{\mathrm{T}}=A,D^{\mathrm{T}}=D,B^{\mathrm{T}}=C$，或 $C^{\mathrm{T}}=B$.

令

$$P=\begin{pmatrix} E & -A^{-1}C \\ O & E \end{pmatrix}, P^{\mathrm{T}}=\begin{pmatrix} E & O \\ -BA^{-1} & E \end{pmatrix}$$

于是

$$\boldsymbol{P}^{\mathrm{T}}\boldsymbol{F}\boldsymbol{P}=\begin{pmatrix}\boldsymbol{E} & \boldsymbol{O}\\ -\boldsymbol{B}\boldsymbol{A}^{-1} & \boldsymbol{E}\end{pmatrix}\begin{pmatrix}\boldsymbol{A} & \boldsymbol{C}\\ \boldsymbol{B} & \boldsymbol{D}\end{pmatrix}\begin{pmatrix}\boldsymbol{E} & -\boldsymbol{A}^{-1}\boldsymbol{C}\\ \boldsymbol{O} & \boldsymbol{E}\end{pmatrix}=\begin{pmatrix}\boldsymbol{A} & \boldsymbol{O}\\ \boldsymbol{O} & \boldsymbol{G}\end{pmatrix}.$$

其中 $\boldsymbol{G}=\boldsymbol{D}-\boldsymbol{B}\boldsymbol{A}^{-1}\boldsymbol{C}$，由于 $\boldsymbol{B}^{\mathrm{T}}=\boldsymbol{C}$，$\boldsymbol{D}^{\mathrm{T}}=\boldsymbol{D}$，$(\boldsymbol{A}^{-1})^{\mathrm{T}}=(\boldsymbol{A}^{\mathrm{T}})^{-1}=\boldsymbol{A}^{-1}$，从而 $\boldsymbol{G}^{\mathrm{T}}=\boldsymbol{D}^{\mathrm{T}}-\boldsymbol{C}^{\mathrm{T}}(\boldsymbol{A}^{-1})^{\mathrm{T}}\boldsymbol{B}^{\mathrm{T}}=\boldsymbol{D}-\boldsymbol{B}\boldsymbol{A}^{-1}\boldsymbol{C}=\boldsymbol{G}$，即矩阵 $\boldsymbol{G}$ 是对称矩阵，且其阶数与 $\boldsymbol{D}$ 的阶数相同.

习题 2.5

1. $\boldsymbol{A}=\begin{pmatrix}1 & 0 & 0 & 0\\ 0 & 1 & 0 & 0\\ 0 & 0 & 1 & -1\\ 1 & 0 & -1 & 0\end{pmatrix}$，$\boldsymbol{B}=\begin{pmatrix}1 & 0 & 1 & 0\\ 0 & 0 & 0 & 1\\ 0 & 0 & 1 & 2\\ 0 & 0 & 0 & -1\end{pmatrix}$，利用分块矩阵求 $\boldsymbol{A}+\boldsymbol{B}$，$\boldsymbol{AB}$.

2. $\boldsymbol{A}=\begin{pmatrix}1 & 0 & 0 & 0\\ 0 & 1 & 0 & 0\\ -1 & 2 & 1 & 0\\ 1 & 1 & 0 & 1\end{pmatrix}$，$\boldsymbol{B}=\begin{pmatrix}1 & 0 & 1 & 0\\ -1 & 2 & 0 & 1\\ 1 & 0 & 4 & 1\\ -1 & -1 & 2 & 0\end{pmatrix}$，求 $\boldsymbol{AB}$.

3. 用矩阵分块的方法，证明下列矩阵可逆，并求其逆矩阵.

(1) $\begin{pmatrix}1 & 2 & 0 & 0 & 0\\ 2 & 5 & 0 & 0 & 0\\ 0 & 0 & 3 & 0 & 0\\ 0 & 0 & 0 & 1 & 0\\ 0 & 0 & 0 & 0 & 1\end{pmatrix}$；(2) $\begin{pmatrix}0 & 0 & 3 & -1\\ 0 & 0 & 2 & 1\\ 2 & 1 & 0 & 0\\ -2 & 3 & 0 & 0\end{pmatrix}$；(3) $\begin{pmatrix}2 & 0 & 1 & 0 & 2\\ 0 & 2 & 0 & 1 & 3\\ 0 & 0 & 1 & 0 & 0\\ 0 & 0 & 0 & 1 & 0\\ 0 & 0 & 0 & 0 & 1\end{pmatrix}$.

4. 设 n 阶方阵 $\boldsymbol{A}$ 及 s 阶方阵 $\boldsymbol{B}$ 都可逆，求

(1) $\begin{pmatrix}\boldsymbol{O} & \boldsymbol{A}\\ \boldsymbol{B} & \boldsymbol{O}\end{pmatrix}^{-1}$；　　(2) $\begin{pmatrix}\boldsymbol{A} & \boldsymbol{O}\\ \boldsymbol{C} & \boldsymbol{B}\end{pmatrix}^{-1}$.

5*. 设 $\alpha_1,\alpha_2,\alpha_3$ 为 3 维列向量，记矩阵 $\boldsymbol{A}=(\alpha_1,\alpha_2,\alpha_3)$，$\boldsymbol{B}=(\alpha_1+\alpha_2+\alpha_3,\alpha_1+2\alpha_2+4\alpha_3,\alpha_1+3\alpha_2+9\alpha_3)$，如果 $|\boldsymbol{A}|=1$，求 $|\boldsymbol{B}|$.

总习题二

1. 填空题

(1) 设三阶方阵 $\boldsymbol{A}$，$\boldsymbol{B}$ 满足 $\boldsymbol{A}^2\boldsymbol{B}-\boldsymbol{A}-\boldsymbol{B}=\boldsymbol{E}$，其中 $\boldsymbol{E}$ 为三阶单位矩阵，若 $\boldsymbol{A}=\begin{pmatrix}2 & 0 & 0\\ 0 & 2 & 0\\ 0 & 0 & 3\end{pmatrix}$，则 $\boldsymbol{B}=$ ________.

(2) 设矩阵 $\boldsymbol{A}=\begin{pmatrix}2 & 1 & 0\\ 1 & 2 & 0\\ 0 & 0 & 1\end{pmatrix}$，$\boldsymbol{A}^*$ 为 $\boldsymbol{A}$ 的伴随矩阵，则 $\boldsymbol{A}^*$ ________.

(3) 设矩阵 $A=\begin{pmatrix}2&1\\-1&2\end{pmatrix}$，$E$ 为 2 阶单位矩阵，矩阵 B 满足 $BA=B+2E$，则 $|B|=$________.

(4) 设矩阵 $A=\begin{pmatrix}0&1&0&0\\0&0&1&0\\0&0&0&1\\0&0&0&0\end{pmatrix}$，则 A^3 的秩为________.

2. 选择题

(1) 设 A 是 3 阶方阵，将 A 的第 2 列的每个元素乘以 3 得 B，$P=\begin{pmatrix}1&0&0\\0&3&0\\0&0&1\end{pmatrix}$，$Q=\begin{pmatrix}1&0&0\\3&1&0\\0&0&1\end{pmatrix}$ 则矩阵 $B=$(　　).

(A) PA；　(B) AP；　(C) QA；　(D) AQ.

(2) 设矩阵 A 的伴随矩阵 $A^*=\begin{pmatrix}1&2\\3&4\end{pmatrix}$，则 $A^{-1}=$(　　).

(A) $-\frac{1}{2}\begin{pmatrix}4&-3\\-2&1\end{pmatrix}$；　(B) $-\frac{1}{2}\begin{pmatrix}1&-2\\-3&4\end{pmatrix}$；

(C) $-\frac{1}{2}\begin{pmatrix}1&2\\3&4\end{pmatrix}$；　(D) $-\frac{1}{2}\begin{pmatrix}4&2\\3&1\end{pmatrix}$.

(3) 设 A 为 3 阶方阵，将 A 的第 2 行加到第 1 行得 B，再将 B 的第 2 列加到第 1 列得 C，记 $P=\begin{pmatrix}1&1&0\\0&1&0\\0&0&1\end{pmatrix}$，则(　　).

(A) $C=P^{-1}AP$；　(B) $C=PAP^{-1}$；

(C) $C=P^{T}AP$；　(D) $C=PAP^{T}$.

(4) 设 A 为 n 阶方阵，E 为 n 阶单位矩阵. 若 $A^2=0$，且 $A\neq 0$ 则(　　).

(A) $E-A$，$E+A$ 均不可逆；　(B) $E-A$ 不可逆，$E+A$ 可逆；

(C) $E-A$，$E+A$ 均可逆；　(D) $E-A$ 可逆，$E+A$ 不可逆.

(5) 设矩阵 A,B,C,X 均为同阶方阵，且 A,B 可逆，$AXB=C$，则矩阵 $X=$(　　).

(A) $A^{-1}CB^{-1}$；　(B) $CA^{-1}B^{-1}$；

(C) $B^{-1}A^{-1}C$；　(D) $CB^{-1}A^{-1}$.

(6) 设 A 是 $m\times n$ 矩阵，B 是 $n\times m$ 矩阵，且 $AB=E$，$n\neq m$，其中 E 为 m 阶单位矩阵，则(　　)

(A) $r(A)=r(B)=m$；　(B) $r(A)=m$，$r(B)=n$；

(C) $r(A)=n$，$r(B)=m$；　(D) $r(A)=r(B)=n$.

(7) 设 A,P 均为 3 阶方阵，P^{T} 为 P 的转置矩阵，且 $P^{T}AP=\begin{pmatrix}1&0&0\\0&1&0\\0&0&2\end{pmatrix}$，若 $P=$

$(\alpha_1,\alpha_2,\alpha_3)$，$\boldsymbol{Q}=(\alpha_1+\alpha_2,\alpha_2,\alpha_3)$，则 $\boldsymbol{Q}^{\mathrm{T}}\boldsymbol{A}\boldsymbol{Q}$ 为（　　）.

(A) $\begin{pmatrix}2&1&0\\1&1&0\\0&0&2\end{pmatrix}$；　(B) $\begin{pmatrix}1&1&0\\1&2&0\\0&0&2\end{pmatrix}$；　(C) $\begin{pmatrix}2&0&0\\0&1&0\\0&0&2\end{pmatrix}$；　(D) $\begin{pmatrix}1&0&0\\0&2&0\\0&0&2\end{pmatrix}$.

(8) 设矩阵 $\boldsymbol{A}$ 是一个 3×4 矩阵，下列结论正确的是（　　）.

(A) 若矩阵 $\boldsymbol{A}$ 中所有 3 阶子式都为 0，则矩阵 $\boldsymbol{A}$ 的秩为 2；

(B) 若矩阵 $\boldsymbol{A}$ 的秩为 2，则矩阵 $\boldsymbol{A}$ 中所有 3 阶子式都为 0；

(C) 若矩阵 $\boldsymbol{A}$ 的秩为 2，则矩阵 $\boldsymbol{A}$ 中所有 2 阶子式都不为 0；

(D) 若矩阵 $\boldsymbol{A}$ 中存在 2 阶子式不为 0，则矩阵 $\boldsymbol{A}$ 的秩为 2.

(9) 设 n 阶方阵 $\boldsymbol{A}$ 与 $\boldsymbol{B}$ 等价，则必有（　　）

(A) 当 $|\boldsymbol{A}|=a(a\neq0)$ 时，$|\boldsymbol{B}|=a$；(B) 当 $|\boldsymbol{A}|=a(a\neq0)$ 时，$|\boldsymbol{B}|=-a$；

(C) 当 $|\boldsymbol{A}|\neq0$ 时，$|\boldsymbol{B}|=0$；　　(D) 当 $|\boldsymbol{A}|=0$ 时，$|\boldsymbol{B}|=0$.

(10) 设矩阵 $\boldsymbol{A}$ 为三阶方阵，满足 $\boldsymbol{A}^*=\boldsymbol{A}^{\mathrm{T}}$，且 $\boldsymbol{A}\neq0$，其中 $\boldsymbol{A}^*$ 是 $\boldsymbol{A}$ 的伴随矩阵，$\boldsymbol{A}^{\mathrm{T}}$ 为 $\boldsymbol{A}$ 的转置矩阵，则 $|\boldsymbol{A}|=$（　　）.

(A) 0；　(B) 1；　(C) 2；　(D) 3.

3. 计算题

(1) $\begin{bmatrix}2&1&4&0\\1&-1&3&4\end{bmatrix}\begin{pmatrix}1&3&1\\0&-1&2\\1&-3&1\\4&0&-2\end{pmatrix}$；　(2) $(x_1\quad x_2\quad x_3)\begin{pmatrix}a_{11}&a_{12}&a_{13}\\a_{12}&a_{22}&a_{23}\\a_{13}&a_{23}&a_{33}\end{pmatrix}\begin{pmatrix}x_1\\x_2\\x_3\end{pmatrix}$；

(3) $\begin{pmatrix}\lambda&1&0\\0&\lambda&1\\0&0&\lambda\end{pmatrix}^k$；　(4) 设 $\boldsymbol{A}=\begin{pmatrix}1&0&2\\-1&2&4\\3&1&1\end{pmatrix}$，$\boldsymbol{B}=\begin{pmatrix}2&1\\-1&3\\0&3\end{pmatrix}$，求 $(2\boldsymbol{E}-\boldsymbol{A}^{\mathrm{T}})\boldsymbol{B}$.

4. 设 $\boldsymbol{A},\boldsymbol{B}$ 为 n 阶方阵，且 $\boldsymbol{A}$ 为对称矩阵，证明 $\boldsymbol{B}^{\mathrm{T}}\boldsymbol{A}\boldsymbol{B}$ 也是对称矩阵.

5. 设 $\boldsymbol{A}=\begin{pmatrix}1&0&0&0\\a&1&0&0\\a^2&a&1&0\\a^3&a^2&a&1\end{pmatrix}$，试用初等变换法求 $\boldsymbol{A}^{-1}$.

6. 解下列矩阵方程：

(1) $\begin{pmatrix}1&0&1\\2&1&0\\-3&2&-5\end{pmatrix}\boldsymbol{X}=\begin{pmatrix}1&-2&-1\\4&-5&2\\1&-4&-1\end{pmatrix}$；

(2) 设 $\boldsymbol{A}=\begin{pmatrix}0&3&3\\1&1&0\\-1&2&3\end{pmatrix}$，$\boldsymbol{A}\boldsymbol{X}=\boldsymbol{A}+2\boldsymbol{X}$，求 $\boldsymbol{X}$.

7. 设方阵 $\boldsymbol{A}$ 满足 $\boldsymbol{A}^2-\boldsymbol{A}-2\boldsymbol{E}=0$，证明：$\boldsymbol{A}$ 及 $\boldsymbol{A}+2\boldsymbol{E}$ 都可逆，并求 $\boldsymbol{A}^{-1}$ 及 $(\boldsymbol{A}+2\boldsymbol{E})^{-1}$.

8. 设 $\boldsymbol{A}$ 为 3 阶矩阵，$|\boldsymbol{A}|=\dfrac{1}{2}$，求 $|(2\boldsymbol{A})^{-1}-5\boldsymbol{A}^*|$.

9. 设 $\boldsymbol{P}^{-1}\boldsymbol{A}\boldsymbol{P}=\boldsymbol{\Lambda}$，其中 $\boldsymbol{P}=\begin{pmatrix}-1&-4\\1&1\end{pmatrix}$，$\boldsymbol{\Lambda}=\begin{pmatrix}-1&0\\0&2\end{pmatrix}$，求 $\boldsymbol{A}^{11}$.

10. 设 $\boldsymbol{P}^{-1}\boldsymbol{A}\boldsymbol{P}=\boldsymbol{\Lambda}$，其中 $\boldsymbol{P}=\begin{pmatrix}-1 & 1 & 1\\ 0 & 1 & 2\\ 1 & 0 & -1\end{pmatrix}$，$\boldsymbol{\Lambda}=\begin{pmatrix}0 & 0 & 0\\ 0 & 0 & 0\\ 0 & 0 & -2\end{pmatrix}$，试计算（1）$\boldsymbol{P}^{-1}$；（2）$\boldsymbol{A}$；（3）$\varphi(\boldsymbol{A})=\boldsymbol{A}^5+5\boldsymbol{A}^4+5\boldsymbol{A}^3$.

11. 求下列矩阵的秩：

(1) $\boldsymbol{A}=\begin{pmatrix}1 & 1 & 2 & 2 & 1\\ 0 & 2 & 1 & 5 & -1\\ 2 & 0 & 3 & -1 & 3\\ 1 & 1 & 0 & 4 & -1\end{pmatrix}$；(2) $\boldsymbol{A}=\begin{pmatrix}1 & 0 & -1 & -1 & 2\\ 0 & -1 & 2 & 3 & 1\\ 1 & -1 & 1 & 2 & 3\\ 1 & 2 & -5 & -7 & 0\end{pmatrix}$.

12. 设 $\boldsymbol{A}$ 是 n 阶方阵，证明：

（1）若 $\boldsymbol{A}^2=\boldsymbol{E}$，则 $R(\boldsymbol{A}+\boldsymbol{E})+R(\boldsymbol{A}-\boldsymbol{E})=n$；

（2）若 $\boldsymbol{A}^2=\boldsymbol{A}$，则 $R(\boldsymbol{A})+R(\boldsymbol{A}-\boldsymbol{E})=n$.

13. 设 $\boldsymbol{A}$ 为 n 阶可逆矩阵，证明：

(1) $(\boldsymbol{A}^{-1})^{\mathrm{T}}=(\boldsymbol{A}^{\mathrm{T}})^{-1}$； (2) $(\boldsymbol{A}^*)^{\mathrm{T}}=(\boldsymbol{A}^{\mathrm{T}})^*$；

(3) $(\boldsymbol{A}^{-1})^*=(\boldsymbol{A}^*)^{-1}$； (4) $[(\boldsymbol{A}^{-1})^{\mathrm{T}}]^*=[(\boldsymbol{A}^*)^{\mathrm{T}}]^{-1}$.

14. 利用分块矩阵求下列矩阵的逆矩阵：

(1) $\boldsymbol{A}=\begin{pmatrix}1 & 0 & 0 & 0\\ 0 & 2 & 0 & 0\\ 0 & 0 & 3 & 1\\ 0 & 0 & 3 & 3\end{pmatrix}$； (2) $\boldsymbol{B}=\begin{pmatrix}0 & 0 & 2 & 1\\ 0 & 0 & 1 & 1\\ 1 & 2 & 0 & 0\\ 1 & 3 & 0 & 0\end{pmatrix}$.

15. 设 $\boldsymbol{A},\boldsymbol{B}$ 都是 n 阶方阵，试利用分块矩阵证明：$\begin{vmatrix}\boldsymbol{A} & \boldsymbol{E}\\ \boldsymbol{E} & \boldsymbol{B}\end{vmatrix}=|\boldsymbol{A}\boldsymbol{B}-\boldsymbol{E}|$.

16. 已知 $\boldsymbol{A}_1,\boldsymbol{A}_3$ 分别为 m 阶和 n 阶可逆矩阵，试利用分块矩阵证明：分块矩阵 $\boldsymbol{M}=\begin{pmatrix}\boldsymbol{A}_1 & \boldsymbol{O}\\ \boldsymbol{A}_2 & \boldsymbol{A}_3\end{pmatrix}$ 可逆，并求 $\boldsymbol{M}^{-1}$.

3　向量与线性方程组

本章将介绍如何用初等行变换求解一个线性方程组，并且进一步研究线性方程组的解的理论，这些理论离不开线性代数中另一个重要的概念——向量，因此本章还要研究有关向量和向量组的一些概念和结论，借助这些结论讨论线性方程组解的结构.

3.1　线性方程组

前面我们介绍了求解线性方程组的克莱姆法则，这个法则是以行列式为工具求解线性方程组的方法，虽然方法比较简单，但是却有局限性：它要求方程组中方程的个数和未知量的个数必须相等，而且系数行列式不为零. 在科学试验或工业生产管理中遇到的往往是大型方程组，方程的个数很难保证恰好等于未知量的个数，因此这一节中我们将研究求解线性方程组的更一般的方法——初等行变换法.

3.1.1　线性方程组的概念

由含有 n 个未知量 $x_1,x_2,\cdots,x_n$ 的 m 个线性方程构成的方程组称为 n 元线性方程组. n 元线性方程组的一般形式为

$$\begin{cases} a_{11}x_1+a_{12}x_2+\cdots+a_{1n}x_n=b_1, \\ a_{21}x_1+a_{22}x_2+\cdots+a_{2n}x_n=b_2, \\ \qquad\vdots \\ a_{m1}x_1+a_{m2}x_2+\cdots+a_{mn}x_n=b_m. \end{cases} \tag{1}$$

其中 $a_{ij}(i=1,2,\cdots,m;j=1,2,\cdots,n)$ 称为第 i 个方程中第 j 个未知量 x_j 的系数，b_i 称为第 i 个方程的常数项（$i=1,2,\cdots,m$），m,n 为正整数.

若方程组中每个方程的常数项都是零，即 $b_i=0(i=1,2,\cdots,m)$，则有

$$\begin{cases} a_{11}x_1+a_{12}x_2+\cdots+a_{1n}x_n=0, \\ a_{21}x_1+a_{22}x_2+\cdots+a_{2n}x_n=0, \\ \qquad\vdots \\ a_{m1}x_1+a_{m2}x_2+\cdots+a_{mn}x_n=0. \end{cases} \tag{2}$$

线性方程组（2）称为齐次线性方程组. 若方程组（1）的常数项 $b_i(i=1,2,\cdots,m)$ 中至少有一个不为零，则称方程组（1）为非齐次线性方程组.

如果引入三个矩阵

$$A=\begin{pmatrix}a_{11} & a_{12} & \cdots & a_{1n}\\ a_{21} & a_{22} & \cdots & a_{2n}\\ \vdots & \vdots & \vdots & \vdots\\ a_{m1} & a_{m2} & \cdots & a_{mn}\end{pmatrix},\ b=\begin{pmatrix}b_1\\ b_2\\ \vdots\\ b_m\end{pmatrix},\ x=\begin{pmatrix}x_1\\ x_2\\ \vdots\\ x_n\end{pmatrix}.$$

根据矩阵的乘法运算，线性方程组（1）可表示为

$$Ax=b. \tag{3}$$

上式（3）称为线性方程组的矩阵表示，其中矩阵 A 称为方程组的系数矩阵，b 称为常数项矩阵，x 称为未知量矩阵. 由此齐次线性方程组就可以表示为 $Ax=0$.

根据求解线性方程组的需求，再构造一个新的矩阵，记

$$B=\begin{pmatrix}a_{11} & a_{12} & \cdots a_{1n} & b_1\\ a_{21} & a_{22} & \cdots a_{2n} & b_2\\ \vdots & \vdots & \vdots & \vdots\\ a_{m1} & a_{m2} & \cdots a_{mn} & b_m\end{pmatrix},$$

称为非齐次线性方程组（3）的增广矩阵.

3.1.2 线性方程组的求解方法

在中学阶段，我们已经知道可以用消元法求解线性方程组，下面就用消元法求解一个线性方程组，同时观察消元过程中增广矩阵的变化过程.

例 1 求解线性方程组 $\begin{cases}x_1+x_2+x_3-4x_4=1, & (1)\\ 2x_1+3x_2+x_3-5x_4=4, & (2)\\ x_1+2x_3-7x_4=-1. & (3)\end{cases}$

用消元法求解这个方程组，为方便对比，在消元的过程中同时列出方程组的增广矩阵的变化情况.

解

$$\begin{cases}x_1+x_2+x_3-4x_4=1 & (1)\\ 2x_1+3x_2+x_3-5x_4=4 & (2)\\ x_1+2x_3-7x_4=-1 & (3)\end{cases}\quad \text{方程组的增广矩阵}\begin{pmatrix}1 & 1 & 1 & -4 & 1\\ 2 & 3 & 1 & -5 & 4\\ 1 & 0 & 2 & -7 & -1\end{pmatrix}$$

$$\Big\downarrow{\scriptstyle (2)-2\times(1),\ (3)-(1)} \qquad\qquad \overset{r_2-2r_1}{\underset{r_3-r_1}{\sim}}$$

$$\begin{cases}x_1+x_2+x_3-4x_4=1 & (1)\\ x_2-x_3+3x_4=2 & (2)\\ -x_2+x_3-3x_4=-2 & (3)\end{cases}\qquad \begin{pmatrix}1 & 1 & 1 & -4 & 1\\ 0 & 1 & -1 & 3 & 2\\ 0 & -1 & 1 & -3 & -2\end{pmatrix}$$

$$\Big\downarrow{\scriptstyle (3)+(2)} \qquad\qquad \overset{r_3+r_1}{\sim}$$

$$\begin{cases}x_1+x_2+x_3-4x_4=1 & (1)\\ x_2-x_3+3x_4=2 & (2)\\ 0=0 & (3)\end{cases}\qquad \begin{pmatrix}1 & 1 & 1 & -4 & 1\\ 0 & 1 & -1 & 3 & 2\\ 0 & 0 & 0 & 0 & 0\end{pmatrix}$$

$$\Big\downarrow{\scriptstyle (1)-(2)} \qquad\qquad \overset{r_1-r_2}{\sim}$$

$$\begin{cases}x_1+2x_3-7x_4=-1\\ x_2-x_3+3x_4=2\\ 0=0\end{cases}\qquad \begin{pmatrix}1 & 0 & 2 & -7 & -1\\ 0 & 1 & -1 & 3 & 2\\ 0 & 0 & 0 & 0 & 0\end{pmatrix}$$

现在的方程组有 4 个未知量、2 个方程，可以把 x_3，x_4 看做可以任意取值的量，我们称之为自由未知量，则可以解出 $\begin{cases} x_1=-2x_3+7x_4-1 \\ x_2=x_3-3x_4+2 \end{cases}$，令 $x_3=c_1$，$x_4=c_2$，得到方程组的解 $\begin{cases} x_1=-2c_1+7c_2-1 \\ x_2=c_1-3c_2+2 \\ x_3=c_1 \\ x_4=c_2 \end{cases}$ (c_1,c_2 为任意常数)，这个解包含方程组的全部解，我们称之为方程组的通解，一般可以表示为矩阵形式：

$$\begin{pmatrix} x_1 \\ x_2 \\ x_3 \\ x_4 \end{pmatrix}=c_1\begin{pmatrix} -2 \\ 1 \\ 1 \\ 0 \end{pmatrix}+c_2\begin{pmatrix} 7 \\ -3 \\ 0 \\ 1 \end{pmatrix}+\begin{pmatrix} -1 \\ 2 \\ 0 \\ 0 \end{pmatrix},(c_1,c_2 \text{ 为任意常数}).$$

不难发现，在用消元法求解的过程中，未知量 $x_i(i=1,2,3,4)$ 其实并没有参与运算，发生变化的仅仅是各个未知量的系数和常数项，也就是说只要对系数和常数项进行计算就可以求解方程组. 而且通过对增广矩阵变化过程的观察发现，消元的过程相当于对增广矩阵施行初等行变换使之化为行阶梯形矩阵或行最简形矩阵的过程. 由此可以得到用初等行变换方法求解线性方程组的步骤如下.

(1) 对方程组的增广矩阵做初等行变换化为行阶梯形矩阵，再化为行最简形矩阵；

(2) 写出行最简形矩阵对应的方程组，就是原方程组的同解方程组；

(3) 根据同解方程组的解得到原方程组的解.

只要掌握了矩阵的初等行变换，求解方程组就是比较简单的事情，但求解过程中可能会遇到一些问题，比如将上述例题做一点变化，将第三个方程的常数项改一下，有

例 2　求解线性方程组 $\begin{cases} x_1+x_2+x_3-4x_4=1, \\ 2x_1+3x_2+x_3-5x_4=4, \\ x_1+2x_3-7x_4=2. \end{cases}$

解　增广矩阵 $\begin{pmatrix} 1 & 1 & 1 & -4 & 1 \\ 2 & 3 & 1 & -5 & 4 \\ 1 & 0 & 2 & -7 & 2 \end{pmatrix} \underset{r_3-r_1}{\overset{r_2-2r_1}{\sim}} \begin{pmatrix} 1 & 1 & 1 & -4 & 1 \\ 0 & 1 & -1 & 3 & 2 \\ 0 & -1 & 1 & -3 & 1 \end{pmatrix}$

$$\overset{r_3+r_2}{\sim} \begin{pmatrix} 1 & 1 & 1 & -4 & 1 \\ 0 & 1 & -1 & 3 & 2 \\ 0 & 0 & 0 & 0 & 3 \end{pmatrix}$$

增广矩阵化为行阶梯形矩阵时发现，第三行恢复成方程时方程变成 $0=3$，这是一个矛盾的方程. 如果做增广矩阵的初等行变换时出现了 $0=c$ (c 是某个非

零常数）这种情况，说明方程组无解. 如果方程组有解，称方程组是相容的，否则称方程组是不相容的，例 2 的方程组就是不相容的.

3.1.3 线性方程组可解性的判定

根据常数项矩阵的特点，方程组可以分为齐次线性方程组和非齐次线性方程组，下面讨论关于线性方程组可解性的判定方法.

在第 2 章已经知道用初等行变换可以求出矩阵的秩，记方程组的系数矩阵为 $\boldsymbol{A}$，增广矩阵为 $\boldsymbol{B}$. 由例 1 可见，未知量的个数为 4，$R(\boldsymbol{A})=R(\boldsymbol{B})=2<4$，即系数矩阵的秩等于增广矩阵的秩小于方程组中未知量的个数，这时方程组有无穷多个解；从例 2 可以看到，$R(\boldsymbol{A})=2$，$R(\boldsymbol{B})=3$，$R(\boldsymbol{A})<R(\boldsymbol{B})$，这时方程组无解；还有一些可以用克莱姆法则求解的线性方程组满足 $R(\boldsymbol{A})=R(\boldsymbol{B})$，而且这个秩恰巧等于未知量的个数，则方程组有唯一的一组解. 以上结论并不是偶然的，我们有

定理 1 n 元线性方程组 $\boldsymbol{Ax}=\boldsymbol{b}$，增广矩阵为 $\boldsymbol{B}$，方程组无解的充要条件是 $R(\boldsymbol{A})<R(\boldsymbol{B})$；方程组有唯一解的充要条件是 $R(\boldsymbol{A})=R(\boldsymbol{B})=n$；方程组有无穷多个解的充要条件是 $R(\boldsymbol{A})=R(\boldsymbol{B})<n$.

例 3 给定线性方程组 $\begin{cases} ax_1+x_2+x_3=1, \\ x_1+ax_2+x_3=1, \\ x_1+x_2+ax_3=-2. \end{cases}$ 讨论当 a 取何值时，方程组有唯一解、无解、有无穷多解？并在有无穷多解时求出通解.

解法一 对该方程组的增广矩阵施行初等行变换化为行阶梯形矩阵

$$\boldsymbol{B}=\begin{pmatrix} a & 1 & 1 & 1 \\ 1 & a & 1 & 1 \\ 1 & 1 & a & -2 \end{pmatrix} \underset{\sim}{\xrightarrow{r_1 \leftrightarrow r_3}} \begin{pmatrix} 1 & 1 & a & -2 \\ 1 & a & 1 & 1 \\ a & 1 & 1 & 1 \end{pmatrix}$$

$$\underset{\sim}{\xrightarrow[r_3-ar_1]{r_2-r_1}} \begin{pmatrix} 1 & 1 & a & -2 \\ 0 & a-1 & 1-a & 3 \\ 0 & 1-a & 1-a^2 & 1+2a \end{pmatrix}$$

$$\underset{\sim}{\xrightarrow{r_3+r_2}} \begin{pmatrix} 1 & 1 & a & -2 \\ 0 & a-1 & 1-a & 3 \\ 0 & 0 & 2-a-a^2 & 4+2a \end{pmatrix},$$

设 $2-a-a^2=0$ 得 $a=1$ 或 $a=-2$.

(1) 当 $a\neq 1$，$a\neq -2$ 时，$R(\boldsymbol{A})=R(\boldsymbol{B})=3$，方程组有唯一解；

(2) 当 $a=1$ 时，

$$\boldsymbol{B}=\begin{pmatrix} 1 & 1 & 1 & -2 \\ 0 & 0 & 0 & 3 \\ 0 & 0 & 0 & 6 \end{pmatrix} \sim \begin{pmatrix} 1 & 1 & 1 & -2 \\ 0 & 0 & 0 & 3 \\ 0 & 0 & 0 & 0 \end{pmatrix},$$

$R(\boldsymbol{A})=1$，$R(\boldsymbol{B})=2$，$R(\boldsymbol{A})<R(\boldsymbol{B})$，方程组无解；

(3) 当 $a=-2$ 时，

$$\boldsymbol{B}=\begin{pmatrix}1&1&-2&-2\\0&-3&3&3\\0&0&0&0\end{pmatrix}\underset{\sim}{\overset{r_2\div(-3)}{}}\begin{pmatrix}1&1&1&-2\\0&1&-1&-1\\0&0&0&0\end{pmatrix}\underset{\sim}{\overset{r_1-r_2}{}}\begin{pmatrix}1&0&2&-1\\0&1&-1&-1\\0&0&0&0\end{pmatrix}.$$

$R(\boldsymbol{A})=R(\boldsymbol{B})=2<3$，方程组有无穷多解，其同解方程组为$\begin{cases}x_1+2x_3=-1\\x_2-x_3=-1\end{cases}$，

则$\begin{cases}x_1=-2x_3-1\\x_2=x_3-1\\x_3=x_3\end{cases}$，令 $x_3=c$，方程组的通解为$\begin{pmatrix}x_1\\x_2\\x_3\end{pmatrix}=c\begin{pmatrix}-2\\1\\1\end{pmatrix}+\begin{pmatrix}-1\\-1\\0\end{pmatrix}$.

解法二　由于方程组中方程的个数恰好等于未知量的个数，因此可以借助于克莱姆法则. 先求系数行列式，

$$|\boldsymbol{A}|=\begin{vmatrix}a&1&1\\1&a&1\\1&1&a\end{vmatrix}=\begin{vmatrix}a+2&a+2&a+2\\1&a&1\\1&1&a\end{vmatrix}=(a+2)\begin{vmatrix}1&1&1\\1&a&1\\1&1&a\end{vmatrix}=(a+2)\begin{vmatrix}1&1&1\\0&a-1&0\\0&0&a-1\end{vmatrix}$$

$$=(a+2)(a-1)^2$$

(1) 当 $a\neq1$，$a\neq-2$ 时，$|\boldsymbol{A}|\neq0$，由克莱姆法则知，方程组有唯一解；

(2) 当 $a=1$ 时，

$$\boldsymbol{B}=\begin{pmatrix}1&1&1&1\\1&1&1&1\\1&1&1&-2\end{pmatrix}\sim\begin{pmatrix}1&1&1&1\\0&0&0&1\\0&0&0&0\end{pmatrix},$$

$R(\boldsymbol{A})=1$，$R(\boldsymbol{B})=2$，$R(\boldsymbol{A})<R(\boldsymbol{B})$，方程组无解；

(3) 当 $a=-2$ 时，

$$\boldsymbol{B}=\begin{pmatrix}-2&1&1&1\\1&-2&1&1\\1&1&-2&-2\end{pmatrix}\sim\begin{pmatrix}1&0&2&-1\\0&1&-1&-1\\0&0&0&0\end{pmatrix},$$

$R(\boldsymbol{A})=R(\boldsymbol{B})=2<3$，方程组有无穷多解，同解方程组为$\begin{cases}x_1+2x_3=-1\\x_2-x_3=-1\end{cases}$，

则$\begin{cases}x_1=-2x_3-1\\x_2=x_3-1\\x_3=x_3\end{cases}$，令 $x_3=c$，方程组的通解为$\begin{pmatrix}x_1\\x_2\\x_3\end{pmatrix}=c\begin{pmatrix}-2\\1\\1\end{pmatrix}+\begin{pmatrix}-1\\-1\\0\end{pmatrix}$.

下面考虑齐次线性方程组

$$\begin{cases} a_{11}x_1+a_{12}x_2+\cdots+a_{1n}x_n=0, \\ a_{21}x_1+a_{22}x_2+\cdots+a_{2n}x_n=0, \\ \qquad\vdots \\ a_{m1}x_1+a_{m2}x_2+\cdots+a_{mn}x_n=0. \end{cases}$$

简记为 $\boldsymbol{Ax}=\boldsymbol{0}$. 显然 $x_i=0(i=1,2,\cdots n)$ 是方程组的一组解，称之为齐次线性方程组的零解，如果一组解不全为零，称之为非零解.

对于齐次线性方程组，我们关心的是它是否有非零解，由于齐次线性方程组是 $\boldsymbol{Ax}=\boldsymbol{b}$ 的特殊情况，当 $\boldsymbol{b}=\boldsymbol{0}$ 时，总有 $R(\boldsymbol{A})=R(\boldsymbol{B})$，因此得到定理 1 的推论.

推论 n 元齐次线性方程组 $\boldsymbol{Ax}=\boldsymbol{0}$ 只有零解的充要条件是 $R(\boldsymbol{A})=n$；方程组有非零解的充要条件是 $R(\boldsymbol{A})<n$.

根据推论，求解齐次线性方程组时，只要对系数矩阵施行初等行变换化为行最简形矩阵就可以了.

例 4 求解齐次线性方程组 $\begin{cases} x_1+2x_2-x_3=0, \\ 2x_1-3x_2+x_3=0, \\ 4x_1+x_2-x_3=0. \end{cases}$

解 系数矩阵 $\boldsymbol{A}=\begin{pmatrix} 1 & 2 & -1 \\ 2 & -3 & 1 \\ 4 & 1 & -1 \end{pmatrix} \xrightarrow[r_3-4r_1]{r_2-2r_1} \begin{pmatrix} 1 & 2 & -1 \\ 0 & -7 & 3 \\ 0 & -7 & 3 \end{pmatrix} \xrightarrow{r_3-r_2}$

$$\begin{pmatrix} 1 & 2 & -1 \\ 0 & -7 & 3 \\ 0 & 0 & 0 \end{pmatrix} \xrightarrow{r_2\div(-7)} \begin{pmatrix} 1 & 2 & -1 \\ 0 & 1 & -\frac{3}{7} \\ 0 & 0 & 0 \end{pmatrix} \xrightarrow{r_1-2r_2} \begin{pmatrix} 1 & 0 & -\frac{1}{7} \\ 0 & 1 & -\frac{3}{7} \\ 0 & 0 & 0 \end{pmatrix},$$

由于 $R(\boldsymbol{A})=2<3$，所以方程组有非零解，同解方程组为 $\begin{cases} x_1-\frac{1}{7}x_3=0 \\ x_2-\frac{3}{7}x_3=0 \end{cases}$，

则 $\begin{cases} x_1=\frac{1}{7}x_3 \\ x_2=\frac{3}{7}x_3 \\ x_3=x_3 \end{cases}$，令 $x_3=7c$，方程组的通解为 $\begin{pmatrix} x_1 \\ x_2 \\ x_3 \end{pmatrix}=c\begin{pmatrix} 1 \\ 3 \\ 7 \end{pmatrix}$，$c$ 为任意常数.

如果进一步观察方程组可以发现，方程组的第一个方程的2倍加上第二个方程恰巧变成第三个方程，事实上，我们求解前两个方程构成的方程组也可以得到同样的解，也就是说第三个方程是多余的方程，对于一般的线性方程组也存在类似的问题，因此研究线性方程组的时候就需要考虑：如何判别方程组中是否有多余的方程？哪些方程是多余的？为了研究这些问题，需要先了解有关向量与向量组的线性相关性的理论，下一节将讨论这些问题.

习题 3.1

1. 求下列齐次线性方程组的通解：

(1) $\begin{cases} x_1-2x_2+4x_3-7x_4=0, \\ 2x_1+x_2-2x_3+x_4=0, \\ 3x_1-x_2+2x_3-4x_4=0; \end{cases}$ (2) $\begin{cases} x_1-2x_2+x_3-x_4+x_5=0, \\ 2x_1+x_2-x_3+2x_4-3x_5=0, \\ 3x_1-2x_2-x_3+x_4-2x_5=0, \\ 2x_1-5x_2+x_3-2x_4+2x_5=0. \end{cases}$

2. 求解下列非齐次线性方程组：

(1) $\begin{cases} x_1-2x_2+2x_3-x_4=1, \\ 2x_1-4x_2+8x_3=2, \\ -2x_1+4x_2-2x_3+3x_4=3, \\ 3x_1-6x_2-6x_4=4; \end{cases}$ (2) $\begin{cases} x_1-x_2+x_3=1, \\ x_1-2x_2-x_3=2, \\ 3x_1-x_2+6x_3=3, \\ 2x_1-2x_2+3x_3=0; \end{cases}$

(3) $\begin{cases} x_1+x_2+x_3+x_4+x_5=2, \\ 2x_1+3x_2+x_3+x_4-3x_5=0, \\ x_1+2x_3+2x_4+6x_5=6, \\ 4x_1+5x_2+3x_3+3x_4-x_5=4. \end{cases}$

3. 设 $\begin{cases} (2-\lambda)x_1+2x_2-2x_3=1, \\ 2x_1+(5-\lambda)x_2-4x_3=2, \\ -2x_1-4x_2+(5-\lambda)x_3=-\lambda-1, \end{cases}$ 问 λ 为何值时，此方程组有唯一解、无解或有无穷多解？并在有无穷多解时求其通解.

4. 当 λ 为何值时，方程组 $\begin{cases} -2x_1+x_2+x_3=-2 \\ x_1-2x_2+x_3=\lambda \\ x_1+x_2-2x_3=\lambda^2 \end{cases}$ 有解，并求出它的解.

5. 求 λ 使齐次线性方程组 $\begin{cases} (3+\lambda)x_1+x_2+2x_3=0 \\ \lambda x_1+(\lambda-1)x_2+x_3=0 \\ 3(\lambda+1)x_1+\lambda x_2+(3+\lambda)x_3=0 \end{cases}$ 有非零解，并求其通解.

3.2 向量组及其线性相关性

3.2.1 n 维向量

定义1 n 个数 $a_1,a_2,\cdots,a_n$ 组成的有序数组 $(a_1,a_2,\cdots,a_n)$ 称为一个 n 维向量，其中第 i 个数 a_i 称为这个向量的第 i 个分量.

通常一个向量可以写成一行或一列，称 $(a_1,a_2,\cdots,a_n)$ 为 n 维行向量，称 $\begin{pmatrix}a_1\\a_2\\\vdots\\a_n\end{pmatrix}$ 为 n 维列向量，显然 $(a_1,a_2,\cdots,a_n)=\begin{pmatrix}a_1\\a_2\\\vdots\\a_n\end{pmatrix}^{\mathrm{T}}$，按照向量的定义，行向量和列向量实际是一样的，但如果把向量的表示看成行矩阵或列矩阵，行向量和列向量就是不同的向量，在线性代数中我们认为行向量和列向量是不同的向量，在本书中，不做特别说明的话，用希腊字母 $\boldsymbol{\alpha},\boldsymbol{\beta},\boldsymbol{\gamma}$ 等表示 n 维列向量，用 $\boldsymbol{\alpha}^{\mathrm{T}},\boldsymbol{\beta}^{\mathrm{T}},\boldsymbol{\gamma}^{\mathrm{T}}$ 等表示 n 维行向量.

分量都为实数的向量称为实向量，至少有一个分量为复数的向量称为复向量. 本书仅讨论实向量.

如果有两个向量 $\boldsymbol{\alpha}=\begin{pmatrix}a_1\\a_2\\\vdots\\a_n\end{pmatrix}$，$\boldsymbol{\beta}=\begin{pmatrix}b_1\\b_2\\\vdots\\b_n\end{pmatrix}$，其对应分量分别相等，即 $a_i=b_i(i=1,2,\cdots,n)$，则称向量 $\boldsymbol{\alpha}$ 和向量 $\boldsymbol{\beta}$ 相等，记为 $\boldsymbol{\alpha}=\boldsymbol{\beta}$.

分量全是零的向量 $\begin{pmatrix}0\\0\\\vdots\\0\end{pmatrix}$ 称为零向量，记为 $\mathbf{0}$.

3.2.2 向量组及其线性表示

由若干个同维数的行向量或列向量组成的向量集合称为向量组，通常用大写字母 $\boldsymbol{A},\boldsymbol{B},\boldsymbol{C}$ 等表示. 有些向量组中含有有限个向量，如：$\boldsymbol{e}_1=\begin{pmatrix}1\\0\\\vdots\\0\end{pmatrix}$，$\boldsymbol{e}_2=\begin{pmatrix}0\\1\\\vdots\\0\end{pmatrix}$，$\cdots$，$\boldsymbol{e}_n=\begin{pmatrix}0\\0\\\vdots\\1\end{pmatrix}$，这个向量组称为 n 维单位坐标向量组.

再如，一个 $m\times n$ 矩阵 $\boldsymbol{A}=\begin{pmatrix} a_{11} & a_{12} & \cdots & a_{1n} \\ a_{21} & a_{22} & \cdots & a_{2n} \\ \cdots & \cdots & \cdots & \cdots \\ a_{m1} & a_{m2} & \cdots & a_{mn} \end{pmatrix}$，每一行都是一个行向量，则所有的行向量构成一个向量组：$(a_{11}\ a_{12}\ \cdots\ a_{1n}),(a_{21}\ a_{22}\ \cdots\ a_{2n}),\cdots,(a_{m1}\ a_{m2}\ \cdots\ a_{mn})$，称为矩阵 $\boldsymbol{A}$ 的行向量组，所有的列向量构成一个向量组：$\begin{pmatrix} a_{11} \\ a_{21} \\ \vdots \\ a_{m1} \end{pmatrix},\begin{pmatrix} a_{12} \\ a_{22} \\ \vdots \\ a_{m2} \end{pmatrix},\cdots,\begin{pmatrix} a_{1n} \\ a_{2n} \\ \vdots \\ a_{mn} \end{pmatrix}$，称为矩阵 $\boldsymbol{A}$ 的列向量组.

有些向量组中可能有无穷多个向量，如全体 n 维实向量组成的向量组，一般称它为 n 维向量空间，表示为 $\boldsymbol{R}^n$.

由于向量本身就是矩阵，因此向量的运算法则和矩阵的运算法则是一致的，向量之间可以进行加法和数乘运算（注：只有同维数的向量才可以相加减）.

设 $\boldsymbol{\alpha}=\begin{pmatrix} a_1 \\ a_2 \\ \vdots \\ a_n \end{pmatrix},\boldsymbol{\beta}=\begin{pmatrix} b_1 \\ b_2 \\ \vdots \\ b_n \end{pmatrix},k\in\boldsymbol{R}$，则 $\boldsymbol{\alpha}+\boldsymbol{\beta}=\begin{pmatrix} a_1+b_1 \\ a_2+b_2 \\ \vdots \\ a_n+b_n \end{pmatrix},k\boldsymbol{\alpha}=\begin{pmatrix} ka_1 \\ ka_2 \\ \vdots \\ ka_n \end{pmatrix}$.

若记 $\boldsymbol{\beta}=k\boldsymbol{\alpha}$，则表示向量 $\boldsymbol{\alpha}$ 和 $\boldsymbol{\beta}$ 之间存在线性关系，即 $\boldsymbol{\beta}$ 可以由 $\boldsymbol{\alpha}$ 线性表示，现将这个线性表示的概念推广到多个向量的情况.

定义 2 设 $\boldsymbol{\alpha}_1,\boldsymbol{\alpha}_2,\cdots,\boldsymbol{\alpha}_m\in\boldsymbol{R}^n,k_1,k_2,\cdots,k_m\in\boldsymbol{R}$，则表达式 $k_1\boldsymbol{\alpha}_1+k_2\boldsymbol{\alpha}_2+\cdots+k_m\boldsymbol{\alpha}_m$ 称为向量组 $\boldsymbol{\alpha}_1,\boldsymbol{\alpha}_2,\cdots,\boldsymbol{\alpha}_m$ 的一个线性组合，$k_1,k_2,\cdots,k_m$ 称为这个组合的系数.

如果 $\boldsymbol{\beta}\in\boldsymbol{R}^n$，若存在一组数 λ_1，λ_2，$\cdots$，λ_m 使得 $\boldsymbol{\beta}=\lambda_1\boldsymbol{\alpha}_1+\lambda_2\boldsymbol{\alpha}_2+\cdots+\lambda_m\boldsymbol{\alpha}_m$，则称向量 $\boldsymbol{\beta}$ 可以由向量组 $\boldsymbol{\alpha}_1$，$\boldsymbol{\alpha}_2$，$\cdots$，$\boldsymbol{\alpha}_m$ 线性表示.

例 5 设 $\boldsymbol{\alpha}_1=\begin{pmatrix} 1 \\ 2 \\ 3 \end{pmatrix},\boldsymbol{\alpha}_2=\begin{pmatrix} 2 \\ 3 \\ 1 \end{pmatrix},\boldsymbol{\alpha}_3=\begin{pmatrix} 3 \\ 1 \\ 2 \end{pmatrix},\boldsymbol{\beta}=\begin{pmatrix} 0 \\ 4 \\ 2 \end{pmatrix}$，试判断 $\boldsymbol{\beta}$ 能否由向量组 $\boldsymbol{\alpha}_1,\boldsymbol{\alpha}_2,\boldsymbol{\alpha}_3$ 线性表示，若能，写出表示式.

解 设有 x_1，x_2，x_3 使得 $\boldsymbol{\beta}=x_1\boldsymbol{\alpha}_1+x_2\boldsymbol{\alpha}_2+x_3\boldsymbol{\alpha}_3$，即

$$x_1\begin{pmatrix} 1 \\ 2 \\ 3 \end{pmatrix}+x_2\begin{pmatrix} 2 \\ 3 \\ 1 \end{pmatrix}+x_3\begin{pmatrix} 3 \\ 1 \\ 2 \end{pmatrix}=\begin{pmatrix} 0 \\ 4 \\ 2 \end{pmatrix},$$

也就是有非齐次线性方程组 $\begin{cases} x_1+2x_2+3x_3=0, \\ 2x_1+3x_2+x_3=4, \\ 3x_1+x_2+2x_3=2, \end{cases}$

增广矩阵 $$B=\begin{pmatrix}1&2&3&0\\2&3&1&4\\3&1&2&2\end{pmatrix}\sim\begin{pmatrix}1&0&0&1\\0&1&0&1\\0&0&1&-1\end{pmatrix},$$

方程组的解为 $$\begin{cases}x_1=1\\x_2=1\\x_3=-1\end{cases}$$

所以 $\boldsymbol{\beta}$ 能由向量组 $\boldsymbol{\alpha}_1,\boldsymbol{\alpha}_2,\boldsymbol{\alpha}_3$ 线性表示，且 $\boldsymbol{\beta}=\boldsymbol{\alpha}_1+\boldsymbol{\alpha}_2-\boldsymbol{\alpha}_3$.

由此例可以看到，只要方程组 $\begin{cases}x_1+2x_2+3x_3=0\\2x_1+3x_2+x_3=4\\3x_1+x_2+2x_3=2\end{cases}$ 有解，$\boldsymbol{\beta}$ 就能由向量组 $\boldsymbol{\alpha}_1,\boldsymbol{\alpha}_2,\boldsymbol{\alpha}_3$ 线性表示，这个方程组的系数矩阵就是以向量组 $\boldsymbol{\alpha}_1,\boldsymbol{\alpha}_2,\boldsymbol{\alpha}_3$ 作为矩阵的列向量组构成的矩阵.

一般地，若有向量组 $\boldsymbol{A}:\boldsymbol{\alpha}_1,\boldsymbol{\alpha}_2,\cdots,\boldsymbol{\alpha}_n$ 和向量 $\boldsymbol{b}$，则线性方程组 $\boldsymbol{Ax}=(\boldsymbol{\alpha}_1,\boldsymbol{\alpha}_2,\cdots,\boldsymbol{\alpha}_n)\begin{pmatrix}x_1\\x_2\\\vdots\\x_n\end{pmatrix}=\boldsymbol{b}$ 可表示为向量形式 $x_1\boldsymbol{\alpha}_1+x_2\boldsymbol{\alpha}_2+\cdots+x_n\boldsymbol{\alpha}_n=\boldsymbol{b}$，讨论向量 $\boldsymbol{b}$ 是否可由向量组 $\boldsymbol{\alpha}_1,\boldsymbol{\alpha}_2,\cdots,\boldsymbol{\alpha}_n$ 线性表示的问题，相当于研究方程组 $\boldsymbol{Ax}=\boldsymbol{b}$ 是否有解的问题，其中系数矩阵 $\boldsymbol{A}=(\boldsymbol{\alpha}_1,\boldsymbol{\alpha}_2,\cdots,\boldsymbol{\alpha}_n)$，增广矩阵 $\boldsymbol{B}=(\boldsymbol{\alpha}_1,\boldsymbol{\alpha}_2,\cdots,\boldsymbol{\alpha}_n,\boldsymbol{b})$. 由定理 1 可得

定理 2 向量 $\boldsymbol{b}$ 可由向量组 $\boldsymbol{A}:\boldsymbol{\alpha}_1,\boldsymbol{\alpha}_2,\cdots,\boldsymbol{\alpha}_n$ 线性表示的充要条件是矩阵 $\boldsymbol{A}=(\boldsymbol{\alpha}_1,\boldsymbol{\alpha}_2,\cdots,\boldsymbol{\alpha}_n)$ 的秩等于矩阵 $\boldsymbol{B}=(\boldsymbol{\alpha}_1,\boldsymbol{\alpha}_2,\cdots,\boldsymbol{\alpha}_n,\boldsymbol{b})$ 的秩，即 $R(\boldsymbol{A})=R(\boldsymbol{B})$.

定义 3 设两个向量组 $\boldsymbol{A}:\boldsymbol{\alpha}_1,\boldsymbol{\alpha}_2,\cdots\boldsymbol{\alpha}_m$ 和 $\boldsymbol{B}:\boldsymbol{b}_1,\boldsymbol{b}_2,\cdots\boldsymbol{b}_l$，若向量组 $\boldsymbol{B}$ 中的每一个向量 $\boldsymbol{b}_i\ (i=1,2,\cdots,l)$ 都可以由向量组 $\boldsymbol{A}$ 线性表示，则称向量组 $\boldsymbol{B}$ 可由向量组 $\boldsymbol{A}$ 线性表示. 若向量组 $\boldsymbol{A}$ 与向量组 $\boldsymbol{B}$ 可以相互线性表示，则称向量组 $\boldsymbol{A}$ 与向量组 $\boldsymbol{B}$ 等价.

根据定义，等价向量组具有如下三条性质.

(1) 反身性：任意一个向量组与自身等价.

(2) 对称性：若向量组 $\boldsymbol{A}$ 与向量组 $\boldsymbol{B}$ 等价，则向量组 $\boldsymbol{B}$ 与向量组 $\boldsymbol{A}$ 等价.

(3) 传递性：若向量组 $\boldsymbol{A}$ 与向量组 $\boldsymbol{B}$ 等价，向量组 $\boldsymbol{B}$ 与向量组 $\boldsymbol{C}$ 等价，则向量组 $\boldsymbol{A}$ 与向量组 $\boldsymbol{C}$ 等价.

可将定理 2 推广到向量组由向量组线性表示.

定理 3 向量组 $\boldsymbol{B}:\boldsymbol{b}_1,\boldsymbol{b}_2,\cdots\boldsymbol{b}_l$ 可由向量组 $\boldsymbol{A}:\boldsymbol{\alpha}_1,\boldsymbol{\alpha}_2,\cdots,\boldsymbol{\alpha}_n$ 线性表示的充要条件是矩阵 $\boldsymbol{A}=(\boldsymbol{\alpha}_1,\boldsymbol{\alpha}_2,\cdots,\boldsymbol{\alpha}_n)$ 的秩等于矩阵 $(\boldsymbol{A},\boldsymbol{B})=(\boldsymbol{\alpha}_1,\boldsymbol{\alpha}_2,\cdots,\boldsymbol{\alpha}_n,\boldsymbol{b}_1,\boldsymbol{b},\cdots\boldsymbol{b}_l)$ 的秩，即 $\boldsymbol{R}(\boldsymbol{A})=\boldsymbol{R}(\boldsymbol{A},\boldsymbol{B})$.

证明 若向量组 $\boldsymbol{B}$ 可由向量组 $\boldsymbol{A}$ 线性表示，则对每一个 $\boldsymbol{b}_j\ (j=1,2,\cdots,l)$，存在 $k_{1j},k_{2j},\cdots k_{nj}\ (j=1,2,\cdots,l)$，使得 $b_j=k_{1j}\alpha_1+k_{2j}\alpha_2+\cdots k_{nj}\alpha_n$.

对矩阵 $(\boldsymbol{A},\boldsymbol{B})$ 的第 $n+1,n+2,\cdots n+l$ 列分别做初等列变换 $c_{n+j}-k_{1j}c_1-k_{2j}c_2-\cdots k_{nj}c_n$，就可将矩阵的第 $n+1$，$n+2$，$\cdots n+l$ 列的元素全部变成 0，即 $(\boldsymbol{A},\boldsymbol{B})$ 等价于 $(\boldsymbol{A},\boldsymbol{O})$. 由于初等列变换不改变矩阵的秩，所以 $R(\boldsymbol{A},\boldsymbol{B})=R(\boldsymbol{A},\boldsymbol{O})=R(\boldsymbol{A})$.

根据定理 3，若向量组 $\boldsymbol{A}$ 和向量组 $\boldsymbol{B}$ 等价，即它们可以相互线性表示，其充要条件有 $R(\boldsymbol{A})=R(\boldsymbol{A},\boldsymbol{B})$ 且 $R(\boldsymbol{B})=R(\boldsymbol{B},\boldsymbol{A})$，由于 $R(\boldsymbol{A},\boldsymbol{B})=R(\boldsymbol{B},\boldsymbol{A})$，于是有

推论 向量组 $\boldsymbol{A}:\boldsymbol{\alpha}_1,\boldsymbol{\alpha}_2,\cdots,\boldsymbol{\alpha}_n$ 与向量组 $\boldsymbol{B}:\boldsymbol{b}_1,\boldsymbol{b}_2,\cdots\boldsymbol{b}_l$ 等价的充要条件是 $R(\boldsymbol{A})=R(\boldsymbol{B})=R(\boldsymbol{A},\boldsymbol{B})$.

例 6 设 $\boldsymbol{\alpha}_1=\begin{pmatrix}1\\-1\\1\\-1\end{pmatrix}$，$\boldsymbol{\alpha}_2=\begin{pmatrix}3\\1\\1\\3\end{pmatrix}$，$\boldsymbol{\beta}_1=\begin{pmatrix}2\\0\\1\\1\end{pmatrix}$，$\boldsymbol{\beta}_2=\begin{pmatrix}1\\1\\0\\2\end{pmatrix}$，$\boldsymbol{\beta}_3=\begin{pmatrix}3\\-1\\2\\0\end{pmatrix}$，证明向量组 $\boldsymbol{\alpha}_1,\boldsymbol{\alpha}_2$ 与向量组 $\boldsymbol{\beta}_1,\boldsymbol{\beta}_2,\boldsymbol{\beta}_3$ 等价.

证明 记 $\boldsymbol{A}=(\boldsymbol{\alpha}_1,\boldsymbol{\alpha}_2)$，$\boldsymbol{B}=(\boldsymbol{\beta}_1,\boldsymbol{\beta}_2,\boldsymbol{\beta}_3)$，则对矩阵 $(\boldsymbol{A},\boldsymbol{B})$ 做初等行变换化为行阶梯形矩阵有

$$(\boldsymbol{A},\boldsymbol{B})=\begin{pmatrix}1&3&2&1&3\\-1&1&0&1&-1\\1&1&1&0&2\\-1&3&1&2&0\end{pmatrix}\sim\begin{pmatrix}1&3&2&1&3\\0&2&1&1&1\\0&0&0&0&0\\0&0&0&0&0\end{pmatrix},$$

则可看到 $R(\boldsymbol{A})=R(\boldsymbol{A},\boldsymbol{B})=2$，又通过 $(\boldsymbol{A},\boldsymbol{B})$ 的行阶梯形矩阵的后三列可见，$R(\boldsymbol{B})=2$，于是得 $R(\boldsymbol{A})=R(\boldsymbol{B})=R(\boldsymbol{A},\boldsymbol{B})$，由定理 3 推论可得向量组 $\boldsymbol{\alpha}_1,\boldsymbol{\alpha}_2$ 与向量组 $\boldsymbol{\beta}_1,\boldsymbol{\beta}_2,\boldsymbol{\beta}_3$ 等价.

3.2.3 线性相关与线性无关

向量 $\boldsymbol{\beta}$ 可以由向量组 $\boldsymbol{\alpha}_1,\boldsymbol{\alpha}_2,\cdots,\boldsymbol{\alpha}_m$ 线性表示，说明向量组 $\boldsymbol{\alpha}_1,\boldsymbol{\alpha}_2,\cdots,\boldsymbol{\alpha}_m,\boldsymbol{\beta}$ 中至少有一个向量可以由其它的向量线性表示，而向量组 $\boldsymbol{e}_1=\begin{pmatrix}1\\0\\0\\0\end{pmatrix}$，$\boldsymbol{e}_2=\begin{pmatrix}0\\1\\0\\0\end{pmatrix}$，$\boldsymbol{e}_3=\begin{pmatrix}0\\0\\1\\0\end{pmatrix}$ 中就没有一个向量可由其它的向量线性表示. 一个向量组中有没有某个

向量能由其它的向量线性表示，是向量组自身的一种属性，称之为向量组的线性相关性.

定义 4 给定向量组 $\boldsymbol{A}:\boldsymbol{\alpha}_1,\boldsymbol{\alpha}_2,\cdots,\boldsymbol{\alpha}_l(l\geqslant 1)$，如果存在一组不全为零的数 $k_1,k_2,\cdots,k_l$，使得

$$k_1\boldsymbol{\alpha}_1+k_2\boldsymbol{\alpha}_2+\cdots+k_l\boldsymbol{\alpha}_l=0,$$

则称向量组 $\boldsymbol{A}:\boldsymbol{\alpha}_1,\boldsymbol{\alpha}_2,\cdots,\boldsymbol{\alpha}_l$ 线性相关，否则称向量组 $\boldsymbol{A}$ 线性无关.

容易验证，对于向量组 $\boldsymbol{\alpha}_1=\begin{pmatrix}0\\1\\1\end{pmatrix}$，$\boldsymbol{\alpha}_2=\begin{pmatrix}1\\0\\2\end{pmatrix}$，$\boldsymbol{\alpha}_3=\begin{pmatrix}2\\3\\7\end{pmatrix}$，有 $\boldsymbol{\alpha}_3=3\boldsymbol{\alpha}_1+2\boldsymbol{\alpha}_2$，从而有 $3\boldsymbol{\alpha}_1+2\boldsymbol{\alpha}_2-\boldsymbol{\alpha}_3=0$，即存在不全为零的数 $k_1=3,k_2=2,k_3=-1$，使得 $k_1\boldsymbol{\alpha}_1+k_2\boldsymbol{\alpha}_2+k_3\boldsymbol{\alpha}_3=0$，根据线性相关的定义，向量组 $\boldsymbol{\alpha}_1,\boldsymbol{\alpha}_2,\boldsymbol{\alpha}_3$ 线性相关.

而 n 维单位坐标向量组 $\boldsymbol{e}_1,\boldsymbol{e}_2,\cdots,\boldsymbol{e}_n$ 是线性无关的向量组. 事实上，设有 k_1，$k_2,\cdots,k_n$ 使得 $k_1\boldsymbol{e}_1+k_2\boldsymbol{e}_2+\cdots+k_n\boldsymbol{e}_n=0$，这恰好是以 $k_1,k_2,\cdots,k_n$ 为未知量的 n 元齐次线性方程组，由于它的系数行列式 $D=\begin{vmatrix}1&0&\cdots&0\\0&1&\cdots&0\\\vdots&\vdots&\ddots&\vdots\\0&0&\cdots&1\end{vmatrix}=1\neq 0$，所以方程组有唯一零解，即仅存在 $k_i=0(i=1,2,\cdots,n)$，使得 $k_1\boldsymbol{e}_1+k_2\boldsymbol{e}_2+\cdots+k_n\boldsymbol{e}_n=0$. 按照定义，$n$ 维单位坐标向量组 $\boldsymbol{e}_1,\boldsymbol{e}_2,\cdots,\boldsymbol{e}_n$ 是线性无关的向量组.

也就是说，如果等式 $k_1\boldsymbol{\alpha}_1+k_2\boldsymbol{\alpha}_2+\cdots+k_l\boldsymbol{\alpha}_l=0$ 只有当 $k_1=k_2=\cdots=k_l=0$ 时才成立，则向量组 $\boldsymbol{A}:\boldsymbol{\alpha}_1,\boldsymbol{\alpha}_2,\cdots,\boldsymbol{\alpha}_l$ 线性无关.

向量组的线性相关和线性无关这个概念也可以用于线性方程组，如果方程组中的某个方程是其它方程的线性组合，我们就认为这个方程是多余的方程. 如本章 3.1 的例 4，第三个方程是第一个方程和第二个方程的线性组合，所以它是多余的方程，这时我们称方程组是线性相关的，如果方程组中没有多余的方程，我们就称方程组是线性无关的. 因此，讨论线性相关性对研究方程组的解的理论有实际意义.

3.2.4 线性相关性的判别

关于向量组的线性相关性的判别是研究向量组的一个重要的问题，下面就来探讨判别方法.

3.2.4.1 根据线性相关和线性无关的定义判别

根据定义 4，如果向量组线性相关，则可以找到不全为零的一组数 k_1，$k_2,\cdots,k_l$，使得 $k_1\boldsymbol{\alpha}_1+k_2\boldsymbol{\alpha}_2+\cdots+k_l\boldsymbol{\alpha}_l=0$ 成立；如果向量组线性无关，则找不到这样的一组数，也就是只有 $k_1=k_2=\cdots=k_l=0$ 时才有 $k_1\boldsymbol{\alpha}_1+k_2\boldsymbol{\alpha}_2+\cdots+$

$k_l\boldsymbol{\alpha}_l=0$，因此判断向量组 $\boldsymbol{\alpha}_1,\boldsymbol{\alpha}_2,\cdots,\boldsymbol{\alpha}_l$ 的线性相关性可以按照下列步骤进行：

第一步，设存在一组数 $x_1,x_2,\cdots,x_l$，使得 $x_1\boldsymbol{\alpha}_1+x_2\boldsymbol{\alpha}_2+\cdots+x_l\boldsymbol{\alpha}_l=0$，这恰好构成齐次线性方程组；

第二步，判断方程组有没有非零解；

第三步，如果方程组有非零解，则向量组线性相关；否则，向量组线性无关.

例 7 讨论向量组 (1) $\boldsymbol{\alpha}_1=\begin{pmatrix}2\\3\\1\end{pmatrix}$，$\boldsymbol{\alpha}_2=\begin{pmatrix}1\\2\\1\end{pmatrix}$，$\boldsymbol{\alpha}_3=\begin{pmatrix}3\\2\\-1\end{pmatrix}$ 和向量组

(2) $\boldsymbol{\alpha}_1=\begin{pmatrix}1\\1\\1\end{pmatrix}$，$\boldsymbol{\alpha}_2=\begin{pmatrix}1\\3\\6\end{pmatrix}$，$\boldsymbol{\alpha}_3=\begin{pmatrix}1\\1\\2\end{pmatrix}$ 的线性相关性.

解 (1) 设有一组数 x_1,x_2,x_3，使得 $x_1\boldsymbol{\alpha}_1+x_2\boldsymbol{\alpha}_2+x_3\boldsymbol{\alpha}_3=0$，即

$$\begin{cases}2x_1+x_2+3x_3=0,\\3x_1+2x_2+2x_3=0,\\x_1+x_2-x_3=0,\end{cases}$$

方程组的系数矩阵为 $\boldsymbol{A}=\begin{pmatrix}2&1&3\\3&2&2\\1&1&-1\end{pmatrix}\sim\begin{pmatrix}1&1&-1\\0&1&-5\\0&0&0\end{pmatrix}$.

显然，$R(\boldsymbol{A})=2<3$，故方程组有非零解，所以根据线性相关的定义，向量组 $\boldsymbol{\alpha}_1,\boldsymbol{\alpha}_2,\boldsymbol{\alpha}_3$ 线性相关.

(2) 设有一组数 x_1,x_2,x_3，使得 $x_1\boldsymbol{\alpha}_1+x_2\boldsymbol{\alpha}_2+x_3\boldsymbol{\alpha}_3=0$，即

$$\begin{cases}x_1+x_2+x_3=0,\\x_1+3x_2+x_3=0,\\x_1+6x_2+2x_3=0,\end{cases}$$

方程组的系数矩阵为 $\boldsymbol{A}=\begin{pmatrix}1&1&1\\1&3&1\\1&6&2\end{pmatrix}\sim\begin{pmatrix}1&1&1\\0&1&0\\0&0&1\end{pmatrix}$.

显然，$R(\boldsymbol{A})=3$，系数矩阵的秩等于未知量个数，故方程组只有零解，所以根据线性无关的定义，向量组 $\boldsymbol{\alpha}_1,\boldsymbol{\alpha}_2,\boldsymbol{\alpha}_3$ 线性无关.

由例 7 看到，我们根据定义判断线性相关性的时候，并没有求解方程组，仅仅根据系数矩阵的秩判别了齐次线性方程组有无非零解的情况，而方程组的系数矩阵，恰好是用所给向量组作为矩阵的列向量组构成的矩阵，因此根据齐次线性方程组解的理论，不难得到利用矩阵的秩判别向量组的线性相关性的方法.

3.2.4.2 根据矩阵的秩判别

定理 4 向量组 $\boldsymbol{A}:\boldsymbol{\alpha}_1,\boldsymbol{\alpha}_2,\cdots,\boldsymbol{\alpha}_l$ 线性相关的充要条件是矩阵 $\boldsymbol{A}=(\boldsymbol{\alpha}_1,\boldsymbol{\alpha}_2,\cdots,\boldsymbol{\alpha}_l)$ 的秩小于向量的个数 l；线性无关的充要条件是矩阵 $\boldsymbol{A}=(\boldsymbol{\alpha}_1,\boldsymbol{\alpha}_2,\cdots,\boldsymbol{\alpha}_l)$ 的秩等于向量的个数 l.

假设一个向量组中的向量都是 n 维向量，向量组中向量的个数是 l，以它为列向量组构成的矩阵 $\boldsymbol{A}$ 是 $n\times l$ 矩阵，由矩阵的性质可知，$R(\boldsymbol{A})\leqslant\min\{n,l\}$，如果 $n<l$，则有 $R(\boldsymbol{A})<l$，根据定理 4，向量组必定线性相关，所以我们在这里给出一个推论.

推论 l 个 n 维向量组成的向量组，当维数 n 小于向量的个数 l 时一定线性相关.

例 8 讨论向量组 $\begin{pmatrix}2\\3\\1\end{pmatrix},\begin{pmatrix}1\\2\\2\end{pmatrix},\begin{pmatrix}3\\2\\-1\end{pmatrix},\begin{pmatrix}1\\1\\1\end{pmatrix}$ 的线性相关性.

解 这个向量组中含有 4 个 3 维向量，维数小于向量的个数，由推论知向量组线性相关.

例 9 设向量组 $\boldsymbol{\alpha}_1,\boldsymbol{\alpha}_2,\boldsymbol{\alpha}_3$ 线性无关，$\boldsymbol{\beta}_1=\boldsymbol{\alpha}_1+\boldsymbol{\alpha}_2$，$\boldsymbol{\beta}_2=\boldsymbol{\alpha}_2+\boldsymbol{\alpha}_3$，$\boldsymbol{\beta}_3=\boldsymbol{\alpha}_3+\boldsymbol{\alpha}_1$，证明 $\boldsymbol{\beta}_1,\boldsymbol{\beta}_2,\boldsymbol{\beta}_3$ 也线性无关.

证明一 将向量组按照列向量组构成矩阵，按照矩阵的乘法有

$$(\boldsymbol{\beta}_1,\boldsymbol{\beta}_2,\boldsymbol{\beta}_3)=(\boldsymbol{\alpha}_1,\boldsymbol{\alpha}_2,\boldsymbol{\alpha}_3)\begin{pmatrix}1&0&1\\1&1&0\\0&1&1\end{pmatrix},$$

记 $\boldsymbol{A}=(\boldsymbol{\alpha}_1,\boldsymbol{\alpha}_2,\boldsymbol{\alpha}_3)$，$\boldsymbol{B}=(\boldsymbol{\beta}_1,\boldsymbol{\beta}_2,\boldsymbol{\beta}_3)$，$\boldsymbol{K}=\begin{pmatrix}1&0&1\\1&1&0\\0&1&1\end{pmatrix}$，则 $\boldsymbol{B}=\boldsymbol{AK}$，

由于 $|\boldsymbol{K}|=2\neq0$，所以矩阵 $\boldsymbol{K}$ 可逆，根据上一章矩阵秩的性质 2，$R(\boldsymbol{A})=R(\boldsymbol{B})$，由于 $\boldsymbol{\alpha}_1,\boldsymbol{\alpha}_2,\boldsymbol{\alpha}_3$ 线性无关，所以 $R(\boldsymbol{A})=3$，故 $R(\boldsymbol{B})=3$，由定理 4，$\boldsymbol{\beta}_1,\boldsymbol{\beta}_2,\boldsymbol{\beta}_3$ 也线性无关.

另外，本例也可以用线性无关的定义证明.

证明二 设有一组数 x_1,x_2,x_3，使得 $x_1\boldsymbol{\beta}_1+x_2\boldsymbol{\beta}_2+x_3\boldsymbol{\beta}_3=0$，

即 $$x_1(\boldsymbol{\alpha}_1+\boldsymbol{\alpha}_2)+x_2(\boldsymbol{\alpha}_2+\boldsymbol{\alpha}_3)+x_3(\boldsymbol{\alpha}_3+\boldsymbol{\alpha}_1)=0$$

整理得 $$(x_1+x_3)\boldsymbol{\alpha}_1+(x_1+x_2)\boldsymbol{\alpha}_2+(x_2+x_3)\boldsymbol{\alpha}_3=0$$

由于 $\boldsymbol{\alpha}_1,\boldsymbol{\alpha}_2,\boldsymbol{\alpha}_3$ 线性无关，按照线性无关的定义，应有 $\begin{cases}x_1+x_3=0,\\x_1+x_2=0,\\x_2+x_3=0,\end{cases}$

方程组的系数行列式为$D=\begin{vmatrix}1&0&1\\1&1&0\\0&1&1\end{vmatrix}=2\neq0$，由克莱姆法则知，方程组只有唯一零解，由线性无关的定义，$\boldsymbol{\beta}_1,\boldsymbol{\beta}_2,\boldsymbol{\beta}_3$也线性无关.

3.2.4.3　几种特殊情况下线性相关性的判别

线性相关性的判别主要是通过线性相关和线性无关的定义与矩阵的秩，另外我们还可以推导出几种特殊情况下判断线性相关性的较简单方法，这里给出几个结论.

(1) 任何一个包含零向量的向量组必线性相关.

证明　不妨设向量组$\boldsymbol{A}:\boldsymbol{\alpha}_1=0,\boldsymbol{\alpha}_2,\cdots,\boldsymbol{\alpha}_l$. 必有$\boldsymbol{\alpha}_1+0\boldsymbol{\alpha}_2+\cdots+0\boldsymbol{\alpha}_l=0$，根据线性相关的定义知，向量组$\boldsymbol{A}:\boldsymbol{\alpha}_1=0,\boldsymbol{\alpha}_2,\cdots,\boldsymbol{\alpha}_l$线性相关.

(2) 两个非零向量$\boldsymbol{\alpha},\boldsymbol{\beta}$线性相关的充分必要条件是这两个向量的对应分量成比例.

证明　若非零向量$\boldsymbol{\alpha},\boldsymbol{\beta}$线性相关，按照线性相关的定义，存在不全为零的数$k,l$使得$k\boldsymbol{\alpha}+l\boldsymbol{\beta}=0$，不妨设$k\neq0$，有$\boldsymbol{\alpha}=-\dfrac{l}{k}\boldsymbol{\beta}$，即非零向量$\boldsymbol{\alpha},\boldsymbol{\beta}$的对应分量成比例，反之也成立.

(3) 如果向量组中向量的个数和向量的维数相同，由向量组构成行列式，若行列式为零，向量组线性相关；若行列式不为零，向量组线性无关.

这个结论由定理4容易证明，不再赘述.

(4) 根据一个向量组和它的部分组的线性相关性的关系判别，这一点给出一个定理.

定理5　若$\boldsymbol{\alpha}_1,\boldsymbol{\alpha}_2,\cdots,\boldsymbol{\alpha}_r$线性相关，则$\boldsymbol{\alpha}_1,\boldsymbol{\alpha}_2,\cdots,\boldsymbol{\alpha}_r,\boldsymbol{\alpha}_{r+1},\cdots,\boldsymbol{\alpha}_m$也线性相关；若$\boldsymbol{\alpha}_1,\boldsymbol{\alpha}_2,\cdots,\boldsymbol{\alpha}_m$线性无关，则它的任何一个非空部分组必线性无关.

证明　设$\boldsymbol{\alpha}_1,\boldsymbol{\alpha}_2,\cdots,\boldsymbol{\alpha}_r$线性相关，按照定义，存在不全为零的数$k_1,k_2,\cdots,k_r$使得

$$k_1\boldsymbol{\alpha}_1+k_2\boldsymbol{\alpha}_2+\cdots+k_r\boldsymbol{\alpha}_r=0$$

从而

$$k_1\boldsymbol{\alpha}_1+k_2\boldsymbol{\alpha}_2+\cdots+k_r\boldsymbol{\alpha}_r+0\boldsymbol{\alpha}_{r+1}+\cdots+0\boldsymbol{\alpha}_m=0$$

由于m个数$k_1,k_2,\cdots,k_r,0,\cdots0$不全为零，按照线性相关的定义，有$\boldsymbol{\alpha}_1,\boldsymbol{\alpha}_2,\cdots,\boldsymbol{\alpha}_r,\boldsymbol{\alpha}_{r+1},\cdots,\boldsymbol{\alpha}_m$线性相关.

定理的第二个结论用反证法不难证得.

为方便记忆，这个定理可以用一段话概括为“部分相关$\Rightarrow$全部相关、全部无关$\Rightarrow$部分无关”.

(5) 如果一个向量组是由另一个向量组添加分量产生的，那么这两个向量组之间的线性相关性也有关系.

定理 6 设有两个向量组

$$\boldsymbol{A}:\boldsymbol{\alpha}_j=(a_{1j},a_{2j},\cdots,a_{nj})^{\mathrm{T}},\qquad j=1,2,\cdots,r$$

$$\boldsymbol{B}:\boldsymbol{\beta}_j=(a_{1j},a_{2j},\cdots,a_{nj},a_{n+1j})^{\mathrm{T}},\quad j=1,2,\cdots,r,$$

即向量组 $\boldsymbol{B}$ 中的向量是由向量组 $\mathbf{A}$ 中的向量添加一个分量产生的，如果向量组 $\mathbf{A}$ 线性无关，则向量组 $\boldsymbol{B}$ 也线性无关；如果向量组 $\boldsymbol{B}$ 线性相关，则向量组 $\mathbf{A}$ 也线性相关.

根据线性相关和线性无关的定义可以证明这个定理，读者可以自行证明.

例 10 讨论下列各向量组的线性相关性：

(1) $\boldsymbol{\alpha}_1=\begin{pmatrix}2\\3\\1\end{pmatrix}$，$\boldsymbol{\alpha}_2=\begin{pmatrix}4\\6\\2\end{pmatrix}$；　(2) $\boldsymbol{\alpha}_1=\begin{pmatrix}1\\1\\1\end{pmatrix}$，$\boldsymbol{\alpha}_2=\begin{pmatrix}2\\2\\2\end{pmatrix}$，$\boldsymbol{\alpha}_3=\begin{pmatrix}1\\1\\2\end{pmatrix}$；

(3) $\boldsymbol{\alpha}_1=\begin{pmatrix}1\\0\\0\\1\end{pmatrix}$，$\boldsymbol{\alpha}_2=\begin{pmatrix}0\\1\\0\\1\end{pmatrix}$，$\boldsymbol{\alpha}_3=\begin{pmatrix}0\\0\\1\\0\end{pmatrix}$.

解 (1) 由于 $\boldsymbol{\alpha}_1,\boldsymbol{\alpha}_2$ 的对应分量成比例，所以它们线性相关；

(2) 由于 $\boldsymbol{\alpha}_1,\boldsymbol{\alpha}_2$ 的对应分量成比例，所以 $\boldsymbol{\alpha}_1,\boldsymbol{\alpha}_2$ 线性相关，再增加一个向量，由定理 5 知 $\boldsymbol{\alpha}_1,\boldsymbol{\alpha}_2,\boldsymbol{\alpha}_3$ 线性相关；

(3) 由于单位坐标向量组 $\begin{pmatrix}1\\0\\0\end{pmatrix}$，$\begin{pmatrix}0\\1\\0\end{pmatrix}$，$\begin{pmatrix}0\\0\\1\end{pmatrix}$ 线性无关，由定理 6 知 $\boldsymbol{\alpha}_1,\boldsymbol{\alpha}_2,\boldsymbol{\alpha}_3$ 线性无关.

3.2.5 线性相关与线性表示之间的联系

定理 7 设 $\boldsymbol{\alpha}_1,\boldsymbol{\alpha}_2,\cdots,\boldsymbol{\alpha}_r$ 线性无关，$\boldsymbol{\alpha}_1,\boldsymbol{\alpha}_2,\cdots,\boldsymbol{\alpha}_r,\boldsymbol{\beta}$ 线性相关，则 $\boldsymbol{\beta}$ 必能由 $\boldsymbol{\alpha}_1,\boldsymbol{\alpha}_2,\cdots,\boldsymbol{\alpha}_r$ 线性表示，且表示式唯一.

证明 设有 $x_1,x_2,\cdots,x_r$ 使得 $x_1\boldsymbol{\alpha}_1+x_2\boldsymbol{\alpha}_2+\cdots+x_r\boldsymbol{\alpha}_r=\boldsymbol{\beta}$，这是一个 r 元线性方程组，系数矩阵 $\mathbf{A}=(\boldsymbol{\alpha}_1,\boldsymbol{\alpha}_2,\cdots,\boldsymbol{\alpha}_r)$，增广矩阵 $\boldsymbol{B}=(\boldsymbol{\alpha}_1,\boldsymbol{\alpha}_2,\cdots,\boldsymbol{\alpha}_r,\boldsymbol{\beta})$. 因为 $\boldsymbol{\alpha}_1,\boldsymbol{\alpha}_2,\cdots,\boldsymbol{\alpha}_r$ 线性无关，则由定理 4，$R(\mathbf{A})=r$；因为 $\boldsymbol{\alpha}_1,\boldsymbol{\alpha}_2,\cdots,\boldsymbol{\alpha}_r,\boldsymbol{\beta}$ 线性相关，故 $R(\boldsymbol{B})<r+1$，而 $R(\mathbf{A})\leqslant R(\boldsymbol{B})$. 综上有 $r=R(\mathbf{A})\leqslant R(\boldsymbol{B})<r+1$，所以 $R(\mathbf{A})=R(\boldsymbol{B})=r$，根据定理 1，方程组有唯一解，所以，$\boldsymbol{\beta}$ 必能由 $\boldsymbol{\alpha}_1,\boldsymbol{\alpha}_2,\cdots,\boldsymbol{\alpha}_r$ 线性表示，且表示式唯一.

习题 3.2

1. 设 $\boldsymbol{\alpha}=(1,1,0)^{\mathrm{T}}$，$\boldsymbol{\beta}=(0,1,1)^{\mathrm{T}}$，$\boldsymbol{\gamma}=(3,4,0)^{\mathrm{T}}$，求 $\boldsymbol{\alpha}-\boldsymbol{\beta}$ 及 $3\boldsymbol{\alpha}+2\boldsymbol{\beta}-\boldsymbol{\gamma}$.

2. 已知向量 $\boldsymbol{\alpha}_1=(1,0,2,3)^{\mathrm{T}}$，$\boldsymbol{\alpha}_2=(-1,3,0,2)^{\mathrm{T}}$，$\boldsymbol{\alpha}_3=(0,2,-1,0)^{\mathrm{T}}$，求满足下

列条件的$\boldsymbol{\beta},\boldsymbol{\gamma}$：(1) $\frac{1}{2}(2\boldsymbol{\beta}-\boldsymbol{\alpha}_1+\boldsymbol{\alpha}_3)=\frac{1}{3}(3\boldsymbol{\alpha}_2-\boldsymbol{\beta}+2\boldsymbol{\alpha}_1)$；

(2) $\begin{cases}\boldsymbol{\beta}-2\boldsymbol{\gamma}=\boldsymbol{\alpha}_1+\boldsymbol{\alpha}_2, \\ 3\boldsymbol{\beta}+4\boldsymbol{\gamma}=2\boldsymbol{\alpha}_1-\boldsymbol{\alpha}_2-\boldsymbol{\alpha}_3.\end{cases}$

3. 已知$\boldsymbol{\beta}=(3,5,-6)^{\mathrm{T}}$，$\boldsymbol{\alpha}_1=(1,0,1)^{\mathrm{T}}$，$\boldsymbol{\alpha}_2=(1,1,1)^{\mathrm{T}}$，$\boldsymbol{\alpha}_3=(0,-1,-1)^{\mathrm{T}}$，判断$\boldsymbol{\beta}$能否由$\boldsymbol{\alpha}_1,\boldsymbol{\alpha}_2,\boldsymbol{\alpha}_3$线性表示，如果能，请用$\boldsymbol{\alpha}_1,\boldsymbol{\alpha}_2,\boldsymbol{\alpha}_3$表示$\boldsymbol{\beta}$.

4. 已知向量组$\boldsymbol{A}$:$\boldsymbol{\alpha}_1=\begin{pmatrix}0\\1\\2\\3\end{pmatrix}$，$\boldsymbol{\alpha}_2=\begin{pmatrix}3\\0\\1\\2\end{pmatrix}$，$\boldsymbol{\alpha}_3=\begin{pmatrix}2\\3\\0\\1\end{pmatrix}$，$\boldsymbol{B}$:$\boldsymbol{\beta}_1=\begin{pmatrix}2\\1\\1\\2\end{pmatrix}$，$\boldsymbol{\beta}_2=\begin{pmatrix}0\\-2\\1\\1\end{pmatrix}$，$\boldsymbol{\beta}_3=\begin{pmatrix}4\\4\\1\\3\end{pmatrix}$，证明向量组$\boldsymbol{B}$能由向量组$\boldsymbol{A}$线性表示，而向量组$\boldsymbol{A}$不能由向量组$\boldsymbol{B}$线性表示.

5. 判断

(1) $\boldsymbol{\alpha}_1,\boldsymbol{\alpha}_2,\cdots,\boldsymbol{\alpha}_s$均不为零向量，则向量组$\boldsymbol{\alpha}_1,\boldsymbol{\alpha}_2,\cdots,\boldsymbol{\alpha}_s$线性无关；（ ）

(2) $\boldsymbol{\alpha}_1,\boldsymbol{\alpha}_2,\cdots,\boldsymbol{\alpha}_s$中任何两个分量不成比例，则向量组$\boldsymbol{\alpha}_1,\boldsymbol{\alpha}_2,\cdots,\boldsymbol{\alpha}_s$线性无关；（ ）

(3) $\boldsymbol{\alpha}_1,\boldsymbol{\alpha}_2,\cdots,\boldsymbol{\alpha}_s$中任意一个向量均不能由其余$s-1$个向量线性表示，则向量组$\boldsymbol{\alpha}_1,\boldsymbol{\alpha}_2,\cdots,\boldsymbol{\alpha}_s$线性无关；（ ）

(4) 向量组$\boldsymbol{\alpha}_1,\boldsymbol{\alpha}_2,\cdots,\boldsymbol{\alpha}_s$线性无关，则$\boldsymbol{\alpha}_1,\boldsymbol{\alpha}_2,\cdots,\boldsymbol{\alpha}_s$中任一部分向量组线性无关；（ ）

(5) 若$\boldsymbol{\alpha}_1,\boldsymbol{\alpha}_2,\cdots,\boldsymbol{\alpha}_s$线性相关，则存在全不为零的$k_1,k_2,\cdots k_s$使得$k_1\boldsymbol{\alpha}_1+k_2\boldsymbol{\alpha}_2+\cdots+k_s\boldsymbol{\alpha}_s=\mathbf{0}$；（ ）

(6) $\boldsymbol{\alpha}_1,\boldsymbol{\alpha}_2,\cdots,\boldsymbol{\alpha}_s$线性无关，$\boldsymbol{\beta}_1,\boldsymbol{\beta}_2,\cdots,\boldsymbol{\beta}_r$线性无关，则$\boldsymbol{\alpha}_1,\boldsymbol{\alpha}_2,\cdots,\boldsymbol{\alpha}_s$，$\boldsymbol{\beta}_1,\boldsymbol{\beta}_2,\cdots,\boldsymbol{\beta}_r$线性无关.（ ）

6. 判定下列向量组的线性相关性

(1) $\boldsymbol{\alpha}_1=\begin{pmatrix}1\\0\\-1\end{pmatrix},\boldsymbol{\alpha}_2=\begin{pmatrix}-2\\2\\0\end{pmatrix},\boldsymbol{\alpha}_3=\begin{pmatrix}3\\-5\\2\end{pmatrix}$；(2) $\boldsymbol{\alpha}_1=\begin{pmatrix}1\\1\\3\\1\end{pmatrix},\boldsymbol{\alpha}_2=\begin{pmatrix}3\\-1\\2\\4\end{pmatrix},\boldsymbol{\alpha}_3=\begin{pmatrix}2\\2\\7\\-1\end{pmatrix}$.

7. 设$\boldsymbol{\alpha}_1=\begin{pmatrix}1\\2\\3\end{pmatrix},\boldsymbol{\alpha}_2=\begin{pmatrix}2\\1\\6\end{pmatrix},\boldsymbol{\alpha}_3=\begin{pmatrix}3\\4\\a\end{pmatrix}$，问$a$取何值时$\boldsymbol{\alpha}_1,\boldsymbol{\alpha}_2,\boldsymbol{\alpha}_3$线性相关？$a$取何值时$\boldsymbol{\alpha}_1,\boldsymbol{\alpha}_2,\boldsymbol{\alpha}_3$线性无关？

8. 如果向量组 $\boldsymbol{\alpha}_1,\boldsymbol{\alpha}_2,\boldsymbol{\alpha}_3$ 线性无关，试证向量组 $\boldsymbol{\alpha}_1,\boldsymbol{\alpha}_1+\boldsymbol{\alpha}_2,\boldsymbol{\alpha}_1+\boldsymbol{\alpha}_2+\boldsymbol{\alpha}_3$ 也线性无关.
9. 设向量组 $\boldsymbol{\alpha}_1,\boldsymbol{\alpha}_2,\boldsymbol{\alpha}_3$ 线性相关，$\boldsymbol{\alpha}_2,\boldsymbol{\alpha}_3,\boldsymbol{\alpha}_4$ 线性无关，证明：(1) $\boldsymbol{\alpha}_1$ 能由 $\boldsymbol{\alpha}_2$，$\boldsymbol{\alpha}_3$ 线性表示；(2) $\boldsymbol{\alpha}_4$ 不能由 $\boldsymbol{\alpha}_1,\boldsymbol{\alpha}_2,\boldsymbol{\alpha}_3$ 线性表示.
10. 设 n 维单位坐标向量组 $(\boldsymbol{e}_1,\boldsymbol{e}_2,\cdots,\boldsymbol{e}_n)$ 可由向量组 $(\boldsymbol{\alpha}_1,\boldsymbol{\alpha}_2,\cdots,\boldsymbol{\alpha}_n)$ 线性表示，证明 $(\boldsymbol{\alpha}_1,\boldsymbol{\alpha}_2,\cdots,\boldsymbol{\alpha}_n)$ 线性无关.

3.3 向量组的秩 矩阵的行秩与列秩

考察向量组 $\boldsymbol{\alpha}_1=\begin{pmatrix}1\\0\end{pmatrix},\boldsymbol{\alpha}_2=\begin{pmatrix}0\\1\end{pmatrix},\boldsymbol{\alpha}_3=\begin{pmatrix}1\\1\end{pmatrix},\boldsymbol{\alpha}_4=\begin{pmatrix}2\\3\end{pmatrix},\boldsymbol{\alpha}_5=\begin{pmatrix}4\\6\end{pmatrix}$ 不难发现，这个向量组中有许多线性无关的部分组，从中可以至少找出一个含两个向量的部分组，如 $\boldsymbol{\alpha}_1,\boldsymbol{\alpha}_2$，它本身是线性无关的，只要在它中间再添加 $\boldsymbol{\alpha}_3,\boldsymbol{\alpha}_4,\boldsymbol{\alpha}_5$ 中的任何一个，就变成了线性相关的向量组，也就是说，向量组中的任何一个向量都可以由 $\boldsymbol{\alpha}_1,\boldsymbol{\alpha}_2$ 线性表示出来，这个部分组称为向量组 $\boldsymbol{\alpha}_1,\boldsymbol{\alpha}_2,\boldsymbol{\alpha}_3,\boldsymbol{\alpha}_4,\boldsymbol{\alpha}_5$ 的一个极大线性无关组. 这种向量组对于线性代数的理论研究非常重要，下面给出它的定义.

3.3.1 极大线性无关组和向量组的秩

定义 5 给定向量组 $\boldsymbol{A}$，若存在 $\boldsymbol{A}$ 的一个部分组 $\boldsymbol{\alpha}_1,\boldsymbol{\alpha}_2,\cdots,\boldsymbol{\alpha}_r$，满足

(1) 向量组 $\boldsymbol{\alpha}_1,\boldsymbol{\alpha}_2,\cdots,\boldsymbol{\alpha}_r$ 线性无关；

(2) 向量组 $\boldsymbol{A}$ 可以由向量组 $\boldsymbol{\alpha}_1,\boldsymbol{\alpha}_2,\cdots,\boldsymbol{\alpha}_r$ 线性表示.

则称向量组 $\boldsymbol{\alpha}_1,\boldsymbol{\alpha}_2,\cdots,\boldsymbol{\alpha}_r$ 是向量组 $\boldsymbol{A}$ 的一个极大线性无关组，简称极大无关组，极大无关组中所含的向量的个数称为向量组的秩，向量组 $\boldsymbol{A}:\boldsymbol{\alpha}_1,\boldsymbol{\alpha}_2,\cdots,\boldsymbol{\alpha}_m$ 的秩可以记为 $R(\boldsymbol{\alpha}_1,\boldsymbol{\alpha}_2,\cdots,\boldsymbol{\alpha}_m)$ 或 $R(\boldsymbol{A})$.

利用定义不难得到以下结论：

(1) 只含零向量的向量组没有极大无关组，规定它的秩为 0；

(2) 向量组的极大无关组与向量组自身等价；

(3) 线性无关向量组的极大无关组就是它本身，它的秩就等于它包含的向量的个数.

一般地，向量组的极大无关组不是唯一的，如向量组

$$\boldsymbol{\alpha}_1=\begin{pmatrix}1\\0\end{pmatrix},\boldsymbol{\alpha}_2=\begin{pmatrix}0\\1\end{pmatrix},\boldsymbol{\alpha}_3=\begin{pmatrix}1\\1\end{pmatrix},\boldsymbol{\alpha}_4=\begin{pmatrix}2\\3\end{pmatrix},\boldsymbol{\alpha}_5=\begin{pmatrix}4\\6\end{pmatrix}$$

$\boldsymbol{\alpha}_1,\boldsymbol{\alpha}_2$ 是一个极大无关组，$\boldsymbol{\alpha}_3,\boldsymbol{\alpha}_4$ 也是它的极大无关组. 但可以证明，极大无关组里所含的向量个数是唯一的，也就是向量组的秩是唯一的.

我们寻找极大无关组的意义在于：研究线性方程组时，将每个方程的未知量

系数和常数项构成一个向量，则各个方程组就对应一个向量组. 寻找到极大无关组后，极大无关组所对应的方程就是方程组里有效的方程，其它的方程就是多余的方程，由这些有效的方程所构成的方程组与原方程组同解，这也为用初等行变换法求解线性方程组提供了理论依据.

3.3.2 向量组的秩与矩阵秩的关系

设有 $m\times n$ 矩阵 $\boldsymbol{A}=\begin{pmatrix} a_{11} & a_{12} & \cdots & a_{1n} \\ a_{21} & a_{22} & \cdots & a_{2n} \\ \vdots & \vdots & \vdots & \vdots \\ a_{m1} & a_{m2} & \cdots & a_{mn} \end{pmatrix}$，$\boldsymbol{A}$ 的 n 个列向量构成列向量组，列向量组的秩称为矩阵 $\boldsymbol{A}$ 的列秩；$\boldsymbol{A}$ 的 m 个行向量构成行向量组，行向量组的秩称为矩阵 $\boldsymbol{A}$ 的行秩. 关于矩阵的行秩和列秩有下面的定理.

定理 8 矩阵的秩等于它的行秩也等于它的列秩.

证明 设矩阵 $\boldsymbol{A}$ 的列向量组为 $\boldsymbol{\alpha}_1,\boldsymbol{\alpha}_2,\cdots,\boldsymbol{\alpha}_n$，若 $R(\boldsymbol{A})=r$，按照矩阵秩的定义，有一个不为零的 r 阶子式 $D_r\neq 0$，设 D_r 所在的 r 列构成向量组 $\boldsymbol{\beta}_1,\boldsymbol{\beta}_2,\cdots,\boldsymbol{\beta}_r$，显然 $\boldsymbol{\beta}_1,\boldsymbol{\beta}_2,\cdots,\boldsymbol{\beta}_r$ 是 $\boldsymbol{\alpha}_1,\boldsymbol{\alpha}_2,\cdots,\boldsymbol{\alpha}_n$ 的一个部分组. 记 $\boldsymbol{B}=(\boldsymbol{\beta}_1,\boldsymbol{\beta}_2,\cdots,\boldsymbol{\beta}_r)$，则 $R(\boldsymbol{B})=r$，由定理 4 知，$\boldsymbol{\beta}_1,\boldsymbol{\beta}_2,\cdots,\boldsymbol{\beta}_r$ 线性无关. 再考虑由 $r+1$ 个列向量组成的向量组 $\boldsymbol{\beta}_1,\boldsymbol{\beta}_2,\cdots,\boldsymbol{\beta}_r,\boldsymbol{\alpha}_i(i=1,2,\cdots,n)$，如果 $\boldsymbol{\alpha}_i$ 与 $\boldsymbol{\beta}_1,\boldsymbol{\beta}_2,\cdots,\boldsymbol{\beta}_r$ 中的某个向量相同，则显然 $\boldsymbol{\alpha}_i$ 可由 $\boldsymbol{\beta}_1,\boldsymbol{\beta}_2,\cdots,\boldsymbol{\beta}_r$ 线性表示；如果 $\boldsymbol{\alpha}_i$ 不是取自 $\boldsymbol{\beta}_1,\boldsymbol{\beta}_2,\cdots,\boldsymbol{\beta}_r$ 中的向量，记 $\boldsymbol{C}=(\boldsymbol{\beta}_1,\boldsymbol{\beta}_2,\cdots,\boldsymbol{\beta}_r,\boldsymbol{\alpha}_i)$，按照矩阵秩的定义，$\boldsymbol{A}$ 的任何 $r+1$ 阶子式都是零，因此，$R(\boldsymbol{C})=r$. 由定理 4 知，$\boldsymbol{\beta}_1,\boldsymbol{\beta}_2,\cdots,\boldsymbol{\beta}_r,\boldsymbol{\alpha}_i$ 线性相关，而 $\boldsymbol{\beta}_1,\boldsymbol{\beta}_2,\cdots,\boldsymbol{\beta}_r$ 线性无关，故 $\boldsymbol{\alpha}_i$ 可由 $\boldsymbol{\beta}_1,\boldsymbol{\beta}_2,\cdots,\boldsymbol{\beta}_r$ 线性表示，即 $\boldsymbol{A}$ 的列向量组都可由它的一个部分组 $\boldsymbol{\beta}_1,\boldsymbol{\beta}_2,\cdots,\boldsymbol{\beta}_r$ 线性表示，则 $\boldsymbol{\beta}_1,\boldsymbol{\beta}_2,\cdots,\boldsymbol{\beta}_r$ 是 $\boldsymbol{A}$ 的列向量组的极大线性无关组，所以，矩阵 $\boldsymbol{A}$ 的列秩为 r.

同理可证，矩阵 $\boldsymbol{A}$ 的行秩为 r，即**矩阵的秩＝行秩＝列秩**.

由定理 8 可知，上一节提到的与向量组的线性相关性有关的定理 2、定理 3、定理 3 推论、定理 4 都可以用向量组的秩表述出来，请读者自行表述.

定理 8 的证明过程，给出了一种较简单的求向量组的秩和寻找极大无关组的方法：将所给的向量组按照列向量组构成矩阵，由于矩阵的秩可以通过初等行变换求得，所以对矩阵施行初等行变换，化为行阶梯形，则非零行的行数就是矩阵的秩也是向量组的秩；由非零行的首个非零元所在的列对应的向量构成的向量组，就是所找的极大线性无关组. 如果把矩阵化为行最简形，还可将其它向量表示成极大无关组的线性组合.

例 11 求向量组 $\boldsymbol{\alpha}_1=\begin{pmatrix}2\\1\\4\\3\end{pmatrix},\boldsymbol{\alpha}_2=\begin{pmatrix}-1\\1\\-6\\6\end{pmatrix},\boldsymbol{\alpha}_3=\begin{pmatrix}-1\\-2\\2\\-9\end{pmatrix},\boldsymbol{\alpha}_4=\begin{pmatrix}1\\1\\-2\\7\end{pmatrix},\boldsymbol{\alpha}_5=\begin{pmatrix}2\\4\\4\\9\end{pmatrix}$ 的秩

和一个极大线性无关组，并将其它向量用极大线性无关组线性表示出来.

解　首先将向量组按照列向量组构成矩阵，并对矩阵施行初等行变换化为行阶梯形矩阵，

$$A=\begin{pmatrix}2&-1&-1&1&2\\1&1&-2&1&4\\4&-6&2&-2&4\\3&6&9&7&9\end{pmatrix}\sim\begin{pmatrix}1&1&-2&1&4\\0&1&-1&1&0\\0&0&0&1&-3\\0&0&0&0&0\end{pmatrix},$$

由于行阶梯形矩阵的非零行的行数为3，所以，向量组的秩是3.

行阶梯形矩阵非零行的首个非零元分别位于1，2，4列，因此$\boldsymbol{\alpha}_1,\boldsymbol{\alpha}_2,\boldsymbol{\alpha}_4$是向量组的极大线性无关组.

若要寻找5个向量之间的线性关系，需要将行阶梯形矩阵继续化为行最简形矩阵，

$$\begin{pmatrix}1&1&-2&1&4\\0&1&-1&1&0\\0&0&0&1&-3\\0&0&0&0&0\end{pmatrix}\sim\begin{pmatrix}1&0&-1&0&4\\0&1&-1&0&3\\0&0&0&1&-3\\0&0&0&0&0\end{pmatrix}.$$

若将行最简形矩阵设为$\boldsymbol{B}$，它的列向量组记为$\boldsymbol{\beta}_1,\boldsymbol{\beta}_2,\boldsymbol{\beta}_3,\boldsymbol{\beta}_4,\boldsymbol{\beta}_5$，直接观察这几个向量之间的关系，有$\boldsymbol{\beta}_3=-\boldsymbol{\beta}_1-\boldsymbol{\beta}_2$，$\boldsymbol{\beta}_5=4\boldsymbol{\beta}_1+3\boldsymbol{\beta}_2-3\boldsymbol{\beta}_4$，因此

$$\boldsymbol{\alpha}_3=-\boldsymbol{\alpha}_1-\boldsymbol{\alpha}_2,\ \boldsymbol{\alpha}_5=4\boldsymbol{\alpha}_1+3\boldsymbol{\alpha}_2-3\boldsymbol{\alpha}_4.$$

下面介绍为什么$\boldsymbol{\alpha}_1,\boldsymbol{\alpha}_2,\boldsymbol{\alpha}_3,\boldsymbol{\alpha}_4,\boldsymbol{\alpha}_5$与$\boldsymbol{\beta}_1,\boldsymbol{\beta}_2,\boldsymbol{\beta}_3,\boldsymbol{\beta}_4,\boldsymbol{\beta}_5$之间的线性关系是一致的.

设有x_1,x_2,x_3,x_4,x_5使得$x_1\boldsymbol{\alpha}_1+x_2\boldsymbol{\alpha}_2+x_3\boldsymbol{\alpha}_3+x_4\boldsymbol{\alpha}_4+x_5\boldsymbol{\alpha}_5=\boldsymbol{0}$，即$x_1,x_2,x_3,x_4,x_5$是线性方程组$\boldsymbol{Ax}=\boldsymbol{0}$的解. 由于$\boldsymbol{B}$是$\boldsymbol{A}$的行最简形矩阵，按照第2章定理3的推论1，则必存在可逆矩阵$\boldsymbol{P}$，使$\boldsymbol{PA}=\boldsymbol{B}$，在矩阵方程$\boldsymbol{Ax}=\boldsymbol{0}$的两边左乘矩阵$\boldsymbol{P}$，有$\boldsymbol{Bx}=\boldsymbol{0}$，因此方程组$x_1\boldsymbol{\alpha}_1+x_2\boldsymbol{\alpha}_2+x_3\boldsymbol{\alpha}_3+x_4\boldsymbol{\alpha}_4+x_5\boldsymbol{\alpha}_5=\boldsymbol{0}$与$x_1\boldsymbol{\beta}_1+x_2\boldsymbol{\beta}_2+x_3\boldsymbol{\beta}_3+x_4\boldsymbol{\beta}_4+x_5\boldsymbol{\beta}_5=\boldsymbol{0}$同解，所以，$\boldsymbol{\alpha}_1,\boldsymbol{\alpha}_2,\boldsymbol{\alpha}_3,\boldsymbol{\alpha}_4,\boldsymbol{\alpha}_5$与$\boldsymbol{\beta}_1,\boldsymbol{\beta}_2,\boldsymbol{\beta}_3,\boldsymbol{\beta}_4,\boldsymbol{\beta}_5$之间的线性关系是一致的.

习题 3.3

1. 已知向量组$\boldsymbol{\alpha}_1=\begin{pmatrix}1\\2\\-1\\1\end{pmatrix},\boldsymbol{\alpha}_2=\begin{pmatrix}2\\0\\k\\0\end{pmatrix},\boldsymbol{\alpha}_3=\begin{pmatrix}0\\-4\\5\\-2\end{pmatrix}$的秩为2，求$k$的值.

2. 当a取何值时，向量组$\boldsymbol{\alpha}_1=\begin{pmatrix}1\\0\\1\\2\end{pmatrix},\boldsymbol{\alpha}_2=\begin{pmatrix}0\\1\\1\\2\end{pmatrix},\boldsymbol{\alpha}_3=\begin{pmatrix}-1\\1\\0\\a\end{pmatrix},\boldsymbol{\alpha}_4=\begin{pmatrix}1\\2\\a\\6\end{pmatrix},\boldsymbol{\alpha}_5=\begin{pmatrix}1\\1\\2\\4\end{pmatrix}$的

秩为 3.

3. 求下列向量组的秩，说明向量组是线性相关还是线性无关，若是线性相关，求它的一个极大无关组，并将其余向量用极大无关组线性表示：

(1) $\boldsymbol{\alpha}_1=\begin{pmatrix}-1\\3\\1\end{pmatrix},\boldsymbol{\alpha}_2=\begin{pmatrix}2\\1\\0\end{pmatrix},\boldsymbol{\alpha}_3=\begin{pmatrix}1\\4\\1\end{pmatrix}$；

(2) $\boldsymbol{\alpha}_1=\begin{pmatrix}1\\1\\3\\1\end{pmatrix},\boldsymbol{\alpha}_2=\begin{pmatrix}-1\\1\\-1\\3\end{pmatrix},\boldsymbol{\alpha}_3=\begin{pmatrix}5\\-2\\8\\-9\end{pmatrix},\boldsymbol{\alpha}_4=\begin{pmatrix}-1\\3\\1\\7\end{pmatrix}$.

4. 求下列矩阵的列向量组的秩和一个极大线性无关组.

(1) $\begin{pmatrix}25&31&17&43\\75&94&53&132\\75&94&54&134\\25&32&20&48\end{pmatrix}$；　　(2) $\begin{pmatrix}1&1&2&2&1\\0&2&1&5&-1\\2&0&3&-1&3\\1&1&0&4&-1\end{pmatrix}$.

5. 设向量组 $\boldsymbol{\alpha}_1=\begin{pmatrix}1\\1\\1\\3\end{pmatrix},\boldsymbol{\alpha}_2=\begin{pmatrix}-1\\-3\\5\\1\end{pmatrix},\boldsymbol{\alpha}_3=\begin{pmatrix}3\\2\\-1\\a+2\end{pmatrix},\boldsymbol{\alpha}_4=\begin{pmatrix}-2\\-6\\10\\a\end{pmatrix}$，当 a 取何值时，向量组线性无关，此时用这个向量组表示向量 $\boldsymbol{\alpha}=\begin{pmatrix}4\\1\\6\\10\end{pmatrix}$.

6. 设 4 维向量组 $\boldsymbol{\alpha}_1=(1+a,1,1,1)^{\mathrm{T}},\boldsymbol{\alpha}_2=(2,2+a,2,2)^{\mathrm{T}},\boldsymbol{\alpha}_3=(3,3,3+a,3)^{\mathrm{T}},\boldsymbol{\alpha}_4=(4,4,4,4+a)^{\mathrm{T}}$，问 a 为何值时 $\boldsymbol{\alpha}_1,\boldsymbol{\alpha}_2,\boldsymbol{\alpha}_3,\boldsymbol{\alpha}_4$ 线性相关？当 $\boldsymbol{\alpha}_1,\boldsymbol{\alpha}_2,\boldsymbol{\alpha}_3,\boldsymbol{\alpha}_4$ 线性相关时，求其一个极大线性无关组，并将其余向量用该极大线性无关组线性表出.

7. 设 $\boldsymbol{\alpha}_1,\boldsymbol{\alpha}_2,\cdots,\boldsymbol{\alpha}_s$ 的秩为 r 且其中每个向量都可由 $\boldsymbol{\alpha}_1,\boldsymbol{\alpha}_2,\cdots,\boldsymbol{\alpha}_r$ 线性表出. 证明：$\boldsymbol{\alpha}_1,\boldsymbol{\alpha}_2,\cdots,\boldsymbol{\alpha}_r$ 为 $\boldsymbol{\alpha}_1,\boldsymbol{\alpha}_2,\cdots,\boldsymbol{\alpha}_s$ 的一个极大线性无关组.

3.4 向量空间

前面 3.2 节、3.3 节讨论的向量组都是有限个向量构成的向量组，事实上可以把向量组中向量的个数推广到无限，就是这一节要介绍的向量空间.

定义 6 设 $\boldsymbol{V}$ 是 n 维向量的集合，且 $\boldsymbol{V}$ 非空，R 为实数域，若 $\boldsymbol{V}$ 满足两个条件：

(1) $\forall \boldsymbol{\alpha},\boldsymbol{\beta} \in \mathbf{V}$，有 $\boldsymbol{\alpha}+\boldsymbol{\beta} \in \mathbf{V}$；

(2) $\forall \boldsymbol{\alpha} \in \mathbf{V}$ 以及 $\forall k \in \mathbf{R}$，有 $k\boldsymbol{\alpha} \in \mathbf{V}$.

则称 $\mathbf{V}$ 为 R 上的向量空间.

条件（1）、（2）分别表示 $\mathbf{V}$ 关于向量的加法和数乘运算封闭.

容易证明 n 维向量的全体构成向量空间，称为 n 维向量空间，记为 R^n.

例 12 证明集合 $\mathbf{V}=\{x=(x_1,x_2,\cdots,x_{n-1},0) \mid x_i \in R, i=1,2,\cdots,n-1\}$ 是一个向量空间.

证明 若 $\boldsymbol{\alpha}=(a_1,a_2,\cdots,a_{n-1},0) \in \mathbf{V}$，$\boldsymbol{\beta}=(b_1,b_2,\cdots,b_{n-1},0) \in \mathbf{V}$，则

$$\boldsymbol{\alpha}+\boldsymbol{\beta}=(a_1+b_1,a_2+b_2,\cdots,a_{n-1}+b_{n-1},0) \in \mathbf{V},$$
$$k\boldsymbol{\alpha}=(ka_1,ka_2,\cdots,ka_{n-1},0) \in \mathbf{V}, \forall k \in R.$$

由定义 6 知，$\mathbf{V}$ 是一个向量空间.

但集合 $\mathbf{V}=\{x=(x_1,x_2,\cdots,x_{n-1},1) \mid x_i \in R, i=1,2,\cdots,n-1\}$ 却不是向量空间，读者自己证明.

定义 7 给定向量组 $\mathbf{A}:\boldsymbol{\alpha}_1,\boldsymbol{\alpha}_2,\cdots,\boldsymbol{\alpha}_s$，

$$\mathbf{V}=\{k_1\boldsymbol{\alpha}_1+k_2\boldsymbol{\alpha}_2+\cdots k_s\boldsymbol{\alpha}_s \mid k_j \in R, j=1,2,\cdots,s\}$$

称为由向量组 $\mathbf{A}:\boldsymbol{\alpha}_1,\boldsymbol{\alpha}_2,\cdots,\boldsymbol{\alpha}_s$ 生成的向量空间.

定义 8 设 $\mathbf{V}$ 是一个向量空间，如果 $\mathbf{V}$ 中有 r 个线性无关的向量，且 $\mathbf{V}$ 中任意向量都可以用这 r 个向量线性表示，则称 $\mathbf{V}$ 是 r 维向量空间，数 r 称为 $\mathbf{V}$ 的维数，记为 $\dim\mathbf{V}=r$. 这 r 个线性无关的向量称为 $\mathbf{V}$ 的一组基.

由定义可见，向量空间可看作由无穷多个向量构成的向量组，向量空间的基就是向量组的极大无关组，向量空间的维数就是向量组的秩，向量组的极大无关组一般不唯一，所以向量空间的基也不唯一，但向量空间的维数是唯一的.

$\mathbf{V}=\{\mathbf{0}\}$ 也是一个向量空间，它不存在基，此时 $\dim\mathbf{V}=0$.

定义 9 设向量组 $\boldsymbol{\alpha}_1,\boldsymbol{\alpha}_2,\cdots,\boldsymbol{\alpha}_n$ 是向量空间 $\mathbf{V}$ 的一个基，对于任意 $\boldsymbol{\alpha} \in \mathbf{V}$，必存在唯一的一组数 $x_1,x_2,\cdots,x_n$，使得 $\boldsymbol{\alpha}=x_1\boldsymbol{\alpha}_1+x_2\boldsymbol{\alpha}_2+\cdots+x_n\boldsymbol{\alpha}_n$，称 $(x_1,x_2,\cdots,x_n)$ 为向量 $\boldsymbol{\alpha}$ 在基 $\boldsymbol{\alpha}_1,\boldsymbol{\alpha}_2,\cdots,\boldsymbol{\alpha}_n$ 下的坐标.

此时，向量空间 $\mathbf{V}$ 可以表示为

$$\mathbf{V}=\{\boldsymbol{\alpha}=x_1\boldsymbol{\alpha}_1+x_2\boldsymbol{\alpha}_2+\cdots+x_n\boldsymbol{\alpha}_n \mid x_1,x_2,\cdots x_n \in R\}$$

从这里可以较直观地看到向量空间的构造.

对三维向量空间而言，向量组 $\boldsymbol{e}_1=\begin{pmatrix}1\\0\\0\end{pmatrix},\boldsymbol{e}_2=\begin{pmatrix}0\\1\\0\end{pmatrix},\boldsymbol{e}_3=\begin{pmatrix}0\\0\\1\end{pmatrix}$ 是 R^3 的一个极大线性无关组，故它是 R^3 的一个基；而向量组 $\boldsymbol{\alpha}_1=\begin{pmatrix}1\\0\\0\end{pmatrix},\boldsymbol{\alpha}_2=\begin{pmatrix}1\\1\\0\end{pmatrix},\boldsymbol{\alpha}_3=\begin{pmatrix}1\\1\\1\end{pmatrix}$ 也是

R^3 的一个极大线性无关组，故它也是 R^3 的一个基. 所以三维向量空间可以表示为

$$R^3=\{\boldsymbol{\alpha}=x_1\boldsymbol{\alpha}_1+x_2\boldsymbol{\alpha}_2+x_3\boldsymbol{\alpha}_3 \mid x_1,x_2,x_3\in R\},$$

也可以表示为 $R^3=\{\boldsymbol{\alpha}=x_1\boldsymbol{e}_1+x_2\boldsymbol{e}_2+x_3\boldsymbol{e}_3 \mid x_1,x_2,x_3\in R\}$,

对于第二种表示法，R^3 中任何一个向量的分量就是向量在基下的坐标，此时称 $\boldsymbol{e}_1,\boldsymbol{e}_2,\boldsymbol{e}_3$ 为 R^3 的自然基，向量空间的自然基是唯一的.

若 $\boldsymbol{\alpha}_1,\boldsymbol{\alpha}_2,\cdots,\boldsymbol{\alpha}_n$ 与 $\boldsymbol{\beta}_1,\boldsymbol{\beta}_2,\cdots,\boldsymbol{\beta}_n$ 是 R^n 的两组基，则存在一个 n 阶可逆矩阵 $\boldsymbol{P}$，使得

$$(\boldsymbol{\beta}_1,\boldsymbol{\beta}_2,\cdots,\boldsymbol{\beta}_n)=(\boldsymbol{\alpha}_1,\boldsymbol{\alpha}_2,\cdots,\boldsymbol{\alpha}_n)\begin{pmatrix} p_{11} & p_{12} & \cdots & p_{1n} \\ p_{21} & p_{22} & \cdots & p_{2n} \\ \cdots & \cdots & \cdots & \cdots \\ p_{n1} & p_{n2} & \cdots & p_{nn} \end{pmatrix}=(\boldsymbol{\alpha}_1,\boldsymbol{\alpha}_2,\cdots,\boldsymbol{\alpha}_n)\boldsymbol{P}.$$

式 $(\boldsymbol{\beta}_1,\boldsymbol{\beta}_2,\cdots,\boldsymbol{\beta}_n)=(\boldsymbol{\alpha}_1,\boldsymbol{\alpha}_2,\cdots,\boldsymbol{\alpha}_n)\boldsymbol{P}$ 称为基变换公式，矩阵 $\boldsymbol{P}$ 称为由基 $\boldsymbol{\alpha}_1,\boldsymbol{\alpha}_2,\cdots,\boldsymbol{\alpha}_n$ 到基 $\boldsymbol{\beta}_1,\boldsymbol{\beta}_2,\cdots,\boldsymbol{\beta}_n$ 的过渡矩阵.

例 13 给定 R^3 的两组基

$$(1)\ \boldsymbol{\alpha}_1=\begin{pmatrix}1\\1\\1\end{pmatrix},\boldsymbol{\alpha}_2=\begin{pmatrix}0\\1\\1\end{pmatrix},\boldsymbol{\alpha}_3=\begin{pmatrix}0\\0\\1\end{pmatrix};\ (2)\ \boldsymbol{\beta}_1=\begin{pmatrix}1\\0\\1\end{pmatrix},\boldsymbol{\beta}_2=\begin{pmatrix}0\\1\\-1\end{pmatrix},\boldsymbol{\beta}_3=\begin{pmatrix}1\\2\\0\end{pmatrix}.$$

求由基 $\boldsymbol{\alpha}_1,\boldsymbol{\alpha}_2,\boldsymbol{\alpha}_3$ 到基 $\boldsymbol{\beta}_1,\boldsymbol{\beta}_2,\boldsymbol{\beta}_3$ 的过渡矩阵.

解 令 $\boldsymbol{A}=(\boldsymbol{\alpha}_1,\boldsymbol{\alpha}_2,\boldsymbol{\alpha}_3)$，$\boldsymbol{B}=(\boldsymbol{\beta}_1,\boldsymbol{\beta}_2,\boldsymbol{\beta}_3)$. 根据过渡矩阵 $\boldsymbol{P}$ 满足 $\boldsymbol{B}=\boldsymbol{AP}$，知 $\boldsymbol{P}=\boldsymbol{A}^{-1}\boldsymbol{B}$. 对矩阵 $(\boldsymbol{A},\boldsymbol{B})$ 实施初等行变换，有

$$(\boldsymbol{A},\boldsymbol{B})=\begin{pmatrix}1&0&0&1&0&1\\1&1&0&0&1&2\\1&1&1&1&-1&0\end{pmatrix}\sim\begin{pmatrix}1&0&0&1&0&1\\0&1&0&-1&1&1\\0&1&1&0&-1&-1\end{pmatrix}$$

$$\sim\begin{pmatrix}1&0&0&1&0&1\\0&1&0&-1&1&1\\0&0&1&1&-2&-2\end{pmatrix},$$

故过渡矩阵为

$$\begin{pmatrix}1&0&1\\-1&1&1\\1&-2&-2\end{pmatrix}.$$

习题 3.4

1. 判断下列向量的集合是否为向量空间：

(1) 所有形如 $(a,0,0)$ 的向量集合，其中 a 为任意实数；

(2) 所有形如 $(a,1,1)$ 的向量集合，其中 a 为任意实数；

(3) 所有形如 (a,b,c) 的向量集合，a,b,c 满足 $b=a+c$ 的任意实数.

2. 设 R 为全体实数的集合，并且设

$$\boldsymbol{V}_1=\{\boldsymbol{X}=(x_1,x_2,\cdots,x_n)\mid x_1,\cdots,x_n\in R,\text{满足 } x_1+\cdots+x_n=0\},$$
$$\boldsymbol{V}_2=\{\boldsymbol{X}=(x_1,x_2,\cdots,x_n)\mid x_1,\cdots,x_n\in R,\text{满足 } x_1+\cdots+x_n=1\},$$

问 $\boldsymbol{V}_1,\boldsymbol{V}_2$ 是不是向量空间？为什么？

3. 验证 $\boldsymbol{\alpha}_1=\begin{pmatrix}1\\-1\\0\end{pmatrix}$，$\boldsymbol{\alpha}_2=\begin{pmatrix}2\\1\\3\end{pmatrix}$，$\boldsymbol{\alpha}_3=\begin{pmatrix}3\\1\\2\end{pmatrix}$ 是 R^3 的一个基，并把 $\boldsymbol{\beta}=\begin{pmatrix}5\\0\\7\end{pmatrix}$ 用这个基线性表示.

4. 求由向量组 $\boldsymbol{\alpha}_1=\begin{pmatrix}1\\3\\1\\-1\end{pmatrix}$，$\boldsymbol{\alpha}_2=\begin{pmatrix}2\\-1\\-1\\4\end{pmatrix}$，$\boldsymbol{\alpha}_3=\begin{pmatrix}5\\1\\-1\\7\end{pmatrix}$，$\boldsymbol{\alpha}_4=\begin{pmatrix}2\\6\\2\\-3\end{pmatrix}$ 生成的向量空间的维数.

3.5 线性方程组解的结构

本章 3.1 节介绍了用初等行变换法求解线性方程组，并给出了方程组的解存在的充要条件，本节将应用向量组的线性相关性理论进一步探讨线性方程组解的结构.

3.5.1 齐次线性方程组解的性质与结构

对于齐次线性方程组

$$\begin{cases}a_{11}x_1+a_{12}x_2+\cdots+a_{1n}x_n=0,\\a_{21}x_1+a_{22}x_2+\cdots+a_{2n}x_n=0,\\\qquad\vdots\\a_{m1}x_1+a_{m2}x_2+\cdots+a_{mn}x_n=0,\end{cases}\tag{4}$$

记为

$$\boldsymbol{Ax}=\boldsymbol{0}$$

若 $x_1=\xi_{11},x_2=\xi_{21},\cdots,x_n=\xi_{n1}$ 是方程组的一组解，常记为 $\boldsymbol{x}=\boldsymbol{\xi}=\begin{pmatrix}\xi_{11}\\\xi_{21}\\\vdots\\\xi_{n1}\end{pmatrix}$，称向量 $\boldsymbol{\xi}$ 为方程组 (4) 的一个解向量，齐次线性方程组的解向量具有以下两个性质：

性质 1 若 $\boldsymbol{\xi}$ 是 $\boldsymbol{Ax}=\boldsymbol{0}$ 的解，k 为任意实数，则 $k\boldsymbol{\xi}$ 也是 $\boldsymbol{Ax}=\boldsymbol{0}$ 的解；

性质 2 若 $\boldsymbol{\xi}_1, \boldsymbol{\xi}_2$ 都是 $\boldsymbol{Ax}=\boldsymbol{0}$ 的解，则 $\boldsymbol{\xi}_1+\boldsymbol{\xi}_2$ 也是 $\boldsymbol{Ax}=\boldsymbol{0}$ 的解.

由这两个性质可以看到，齐次线性方程组只要有一个非零解，就会有无穷多个非零解，所以齐次线性方程组的解的情况可以分为：只有零解、有无穷多个非零解. 如果它有无穷多个非零解，则它所有的解向量就可以构成一个向量集合 $\boldsymbol{S}$，由性质 1、性质 2 知 $\boldsymbol{S}$ 对加法和数乘运算封闭，则 $\boldsymbol{S}$ 是一个向量空间，称为齐次线性方程组的解空间.

定义 10 齐次线性方程组的解空间的基，称为齐次线性方程组的基础解系.

根据向量空间基的定义，如果齐次线性方程组 $\boldsymbol{Ax}=\boldsymbol{0}$ 只有零解，则它没有基础解系；如果 $\boldsymbol{Ax}=\boldsymbol{0}$ 有非零解，则它必定存在基础解系，如果基础解系为 $\boldsymbol{\xi}_1$，$\boldsymbol{\xi}_2, \cdots, \boldsymbol{\xi}_s$，则 $\boldsymbol{Ax}=\boldsymbol{0}$ 的全部解可以表示为 $\boldsymbol{x}=c_1\boldsymbol{\xi}_1+c_2\boldsymbol{\xi}_2+\cdots+c_s\boldsymbol{\xi}_s$，称为齐次线性方程组 $\boldsymbol{Ax}=\boldsymbol{0}$ 的通解.

也就是，只要找到 $\boldsymbol{Ax}=\boldsymbol{0}$ 的基础解系，就可以求出它的通解.

下面应用矩阵的初等行变换寻找 $\boldsymbol{Ax}=\boldsymbol{0}$ 的基础解系.

设系数矩阵 $\boldsymbol{A}$ 的秩为 r，且 $r<n$，不妨设 $\boldsymbol{A}$ 的前 r 个列向量线性无关，对 $\boldsymbol{A}$ 实施初等行变换将其化为行最简形矩阵，有

$$\boldsymbol{A} \sim \begin{pmatrix} 1 & 0 & \cdots & 0 & c_{11} & c_{12} & \cdots & c_{1n-r} \\ 0 & 1 & \cdots & 0 & c_{21} & c_{22} & \cdots & c_{2n-r} \\ \cdots & \cdots & \cdots & \cdots & \cdots & \cdots & \cdots & \cdots \\ 0 & 0 & \cdots & 1 & c_{r1} & c_{r2} & \cdots & c_{rn-r} \\ 0 & 0 & \cdots & 0 & 0 & 0 & \cdots & 0 \\ 0 & 0 & \cdots & 0 & 0 & 0 & \cdots & 0 \\ \cdots & \cdots & \cdots & \cdots & \cdots & \cdots & \cdots & \cdots \\ 0 & 0 & \cdots & 0 & 0 & 0 & \cdots & 0 \end{pmatrix},$$

从而得 $\boldsymbol{Ax}=\boldsymbol{0}$ 的同解方程组为

$$\begin{cases} x_1+c_{11}x_{r+1}+c_{12}x_{r+2}+\cdots+c_{1n-r}x_n=0, \\ x_2+c_{21}x_{r+1}+c_{22}x_{r+2}+\cdots+c_{2n-r}x_n=0, \\ \qquad\cdots \\ x_r+c_{r1}x_{r+1}+c_{r2}x_{r+2}+\cdots+c_{rn-r}x_n=0, \end{cases} \tag{5}$$

其中 $x_{r+1}, x_{r+2}, \cdots, x_n$ 为自由未知量.

现令自由未知量向量 $\begin{pmatrix} x_{r+1} \\ x_{r+2} \\ \vdots \\ x_{r+n} \end{pmatrix}$ 分别取 $\begin{pmatrix} 1 \\ 0 \\ \vdots \\ 0 \end{pmatrix}, \begin{pmatrix} 0 \\ 1 \\ \vdots \\ 0 \end{pmatrix}, \cdots, \begin{pmatrix} 0 \\ 0 \\ \vdots \\ 1 \end{pmatrix}$ (6)

代入式（5），得非自由未知量$\begin{pmatrix} x_1 \\ x_2 \\ \vdots \\ x_r \end{pmatrix}$分别为$\begin{pmatrix} -c_{11} \\ -c_{21} \\ \vdots \\ -c_{r1} \end{pmatrix}, \begin{pmatrix} -c_{12} \\ -c_{22} \\ \vdots \\ -c_{r2} \end{pmatrix}, \cdots, \begin{pmatrix} -c_{1n-r} \\ -c_{2n-r} \\ \vdots \\ -c_{rn-r} \end{pmatrix}$，

这样就得到方程组的 $n-r$ 个解：

$$\boldsymbol{\xi}_1=\begin{pmatrix} -c_{11} \\ -c_{21} \\ \vdots \\ -c_{r1} \\ 1 \\ 0 \\ \vdots \\ 0 \end{pmatrix}, \boldsymbol{\xi}_2=\begin{pmatrix} -c_{12} \\ -c_{22} \\ \vdots \\ -c_{r2} \\ 0 \\ 1 \\ \vdots \\ 0 \end{pmatrix}, \cdots, \boldsymbol{\xi}_{n-r}=\begin{pmatrix} -c_{1n-r} \\ -c_{2n-r} \\ \vdots \\ -c_{rn-r} \\ 0 \\ 0 \\ \vdots \\ 1 \end{pmatrix}.$$

下面证这 $n-r$ 个解就是 $\boldsymbol{Ax}=\boldsymbol{0}$ 的基础解系.

由于$\begin{pmatrix} 1 \\ 0 \\ \vdots \\ 0 \end{pmatrix}, \begin{pmatrix} 0 \\ 1 \\ \vdots \\ 0 \end{pmatrix}, \cdots, \begin{pmatrix} 0 \\ 0 \\ \vdots \\ 1 \end{pmatrix}$线性无关，根据本章定理 6 知 $\boldsymbol{\xi}_1, \boldsymbol{\xi}_2, \cdots, \boldsymbol{\xi}_{n-r}$ 线性无关.

由式（5）可得方程组的解为
$$\begin{cases} x_1=-c_{11}x_{r+1}-c_{12}x_{r+2}-\cdots-c_{1n-r}x_n, \\ x_2=-c_{21}x_{r+1}-c_{22}x_{r+2}-\cdots-c_{2n-r}x_n, \\ \cdots \\ x_r=-c_{r1}x_{r+1}-c_{r2}x_{r+2}-\cdots-c_{rn-r}x_n, \\ x_{r+1}=x_{r+1}, \\ x_{r+2}=x_{r+2}, \\ \cdots \\ x_n=x_n, \end{cases}$$

表示为向量形式，并令 $x_{r+1}=k_1$，$x_{r+2}=k_2$，$\cdots$，$x_n=k_{n-r}$，有

$$\begin{pmatrix} x_1 \\ x_2 \\ \vdots \\ x_r \\ x_{r+1} \\ x_{r+2} \\ \vdots \\ x_n \end{pmatrix} = k_1 \begin{pmatrix} -c_{11} \\ -c_{21} \\ \vdots \\ -c_{r1} \\ 1 \\ 0 \\ \vdots \\ 0 \end{pmatrix} + k_2 \begin{pmatrix} -c_{12} \\ -c_{22} \\ \vdots \\ -c_{r2} \\ 0 \\ 1 \\ \vdots \\ 0 \end{pmatrix} + \cdots + k_{n-r} \begin{pmatrix} -c_{1n-r} \\ -c_{2n-r} \\ \vdots \\ -c_{rn-r} \\ 0 \\ 0 \\ \vdots \\ 1 \end{pmatrix},$$

即方程组的任意一个解可表示为 $\boldsymbol{x} = k_1\boldsymbol{\xi}_1 + k_2\boldsymbol{\xi}_2 + \cdots + k_{n-r}\boldsymbol{\xi}_{n-r}$，这就证明了 $\boldsymbol{\xi}_1, \boldsymbol{\xi}_2, \cdots, \boldsymbol{\xi}_{n-r}$ 是解空间的基，也就是线性方程组的基础解系，同时也说明解空间的维数为 $n-r$.

定理 9 若 n 元齐次线性方程组 $\mathbf{A}\boldsymbol{x} = \mathbf{0}$ 的系数矩阵的秩 $R(\mathbf{A}) = r < n$，则方程组有基础解系，且基础解系含 $n-r$ 个解向量.

这样，通过寻找基础解系可以求齐次线性方程组的通解，具体步骤为：

(1) 将齐次线性方程组 $\mathbf{A}\boldsymbol{x} = \mathbf{0}$ 的系数矩阵 $\mathbf{A}$ 用初等行变换化为行最简形；

(2) 根据行最简形写出对应的方程组 (5)，并确定自由未知量，将自由未知量按照式 (6) 取值，求出非自由未知量，得到的 $n-r$ 个线性无关的解即为 $\mathbf{A}\boldsymbol{x} = \mathbf{0}$ 的基础解系.

(3) 基础解系的线性组合就是方程组的通解.

例 14 求解齐次线性方程组 $\begin{cases} x_1 + x_2 + x_5 = 0, \\ x_1 + x_2 - x_3 = 0, \\ x_3 + x_4 + x_5 = 0. \end{cases}$

解 对系数矩阵实施初等行变换化为行最简形：

$$\mathbf{A} = \begin{pmatrix} 1 & 1 & 0 & 0 & 1 \\ 1 & 1 & -1 & 0 & 0 \\ 0 & 0 & 1 & 1 & 1 \end{pmatrix} \sim \begin{pmatrix} 1 & 1 & 0 & 0 & 1 \\ 0 & 0 & 1 & 0 & 1 \\ 0 & 0 & 0 & 1 & 0 \end{pmatrix},$$

对应的同解方程组为 $\begin{cases} x_1 + x_2 + x_5 = 0, \\ x_3 + x_5 = 0, \\ x_4 = 0, \end{cases}$ 自由未知量为 x_2, x_5. 分别取 $\begin{pmatrix} x_2 \\ x_5 \end{pmatrix}$ 为 $\begin{pmatrix} 1 \\ 0 \end{pmatrix}, \begin{pmatrix} 0 \\ 1 \end{pmatrix}$，得基础解系：$\boldsymbol{\xi}_1 = \begin{pmatrix} -1 \\ 1 \\ 0 \\ 0 \\ 0 \end{pmatrix}, \boldsymbol{\xi}_2 = \begin{pmatrix} -1 \\ 0 \\ -1 \\ 0 \\ 1 \end{pmatrix}$.

方程组的通解为 $\boldsymbol{x}=k_1\boldsymbol{\xi}_1+k_2\boldsymbol{\xi}_2=k_1\begin{pmatrix}-1\\1\\0\\0\\0\end{pmatrix}+k_2\begin{pmatrix}-1\\0\\-1\\0\\1\end{pmatrix}$（$k_1,k_2$ 为任意常数）.

3.5.2 非齐次线性方程组解的性质与结构

下面讨论一般的 n 元非齐次线性方程组解的结构. 其一般形式为

$$\begin{cases}a_{11}x_1+a_{12}x_2+\cdots+a_{1n}x_n=b_1,\\a_{21}x_1+a_{22}x_2+\cdots+a_{2n}x_n=b_2,\\\qquad\vdots\\a_{m1}x_1+a_{m2}x_2+\cdots+a_{mn}x_n=b_m.\end{cases}$$

记为 $\boldsymbol{Ax}=\boldsymbol{b}$，若将 $\boldsymbol{Ax}=\boldsymbol{b}$ 的常数项全部用零代替，就是它所对应的齐次线性方程组 $\boldsymbol{Ax}=\boldsymbol{0}$.

非齐次线性方程组 $\boldsymbol{Ax}=\boldsymbol{b}$ 的解也具有以下两个性质.

性质 3 若 $\boldsymbol{\eta}_1,\boldsymbol{\eta}_2$ 是 $\boldsymbol{Ax}=\boldsymbol{b}$ 的解，则 $\boldsymbol{\eta}_1-\boldsymbol{\eta}_2$ 是对应的 $\boldsymbol{Ax}=\boldsymbol{0}$ 的解；

性质 4 若 $\boldsymbol{\eta}$ 是 $\boldsymbol{Ax}=\boldsymbol{b}$ 的解，$\boldsymbol{\xi}$ 是对应的 $\boldsymbol{Ax}=\boldsymbol{0}$ 的解，则 $\boldsymbol{\xi}+\boldsymbol{\eta}$ 是 $\boldsymbol{Ax}=\boldsymbol{b}$ 的解.

由性质 1 可知，若 $\boldsymbol{\eta}^*$ 是 $\boldsymbol{Ax}=\boldsymbol{b}$ 的一个解（称为特解），那么非齐次线性方程组 $\boldsymbol{Ax}=\boldsymbol{b}$ 的任一解向量可表示为 $\boldsymbol{\eta}=\boldsymbol{\eta}^*+\boldsymbol{\xi}$，其中 $\boldsymbol{\xi}$ 是其对应的线性方程组 $\boldsymbol{Ax}=\boldsymbol{0}$ 的一个解.

如果 $\boldsymbol{Ax}=\boldsymbol{0}$ 的通解为 $\boldsymbol{x}=k_1\boldsymbol{\xi}_1+k_2\boldsymbol{\xi}_2+\cdots+k_{n-r}\boldsymbol{\xi}_{n-r}$，则非齐次线性方程组 $\boldsymbol{Ax}=\boldsymbol{b}$ 的通解就可表示为 $\boldsymbol{x}=k_1\boldsymbol{\xi}_1+k_2\boldsymbol{\xi}_2+\cdots+k_{n-r}\boldsymbol{\xi}_{n-r}+\boldsymbol{\eta}^*$.

于是得到非齐次线性方程组的解的结构：

非齐次线性方程组的通解＝对应齐次线性方程组的通解＋非齐次线性方程组的一个特解

求解非齐次线性方程组的通解的步骤如下.

（1）写出方程组的增广矩阵，化为行最简形矩阵；

（2）根据系数矩阵、增广矩阵的秩判别解的情况；

（3）如果有解，根据行最简形写出同解方程组；

（4）如果没有自由未知量，得到唯一解；

（5）如果有自由未知量，将自由未知量全部设为 0，得到一个特解 $\boldsymbol{\eta}^*$；

（6）根据系数矩阵的行最简形写出 $\boldsymbol{Ax}=\boldsymbol{0}$ 的同解方程组，按照确定齐次线性方程组通解的方法得到 $\boldsymbol{Ax}=\boldsymbol{0}$ 的通解；

（7）将（5）、（6）步的结果相加即得非齐次线性方程组的通解.

例 15 求解线性方程组 $\begin{cases} x_1+2x_2-x_3+2x_4=1, \\ 2x_1+4x_2+x_3+x_4=5, \\ -x_1-2x_2-2x_3+x_4=-4. \end{cases}$

解 对增广矩阵实施行初等变换将其化为行最简形.

$$\boldsymbol{B}=\begin{pmatrix} 1 & 2 & -1 & 2 & 1 \\ 2 & 4 & 1 & 1 & 5 \\ -1 & -2 & -2 & 1 & -4 \end{pmatrix} \sim \begin{pmatrix} 1 & 2 & 0 & 1 & 2 \\ 0 & 0 & 1 & -1 & 1 \\ 0 & 0 & 0 & 0 & 0 \end{pmatrix}.$$

据行最简形知 $R(\boldsymbol{A})=R(\boldsymbol{B})=2$，方程组有无穷多解.

对应的同解方程组为 $\begin{cases} x_1+2x_2+x_4=2, \\ x_3-x_4=1, \end{cases}$

令 $x_2=0, x_4=0$，得非齐次线性方程组的一个特解 $\boldsymbol{\eta}^*=\begin{pmatrix} 2 \\ 0 \\ 1 \\ 0 \end{pmatrix}$.

据系数矩阵的行最简形矩阵（即增广矩阵行最简形矩阵的前 4 列）知对应齐次线性方程组的同解方程组为 $\begin{cases} x_1=-2x_2-x_4 \\ x_3=x_4 \end{cases}$，自由未知量是 x_2, x_4. 令自由未知量 x_2, x_4 分别取值 $\begin{pmatrix} x_2 \\ x_4 \end{pmatrix}=\begin{pmatrix} 1 \\ 0 \end{pmatrix}, \begin{pmatrix} 0 \\ 1 \end{pmatrix}$，得对应齐次线性方程组的基础解系

$\boldsymbol{\xi}_1=\begin{pmatrix} -2 \\ 1 \\ 0 \\ 0 \end{pmatrix}$，$\boldsymbol{\xi}_2=\begin{pmatrix} -1 \\ 0 \\ 1 \\ 1 \end{pmatrix}$，所以非齐次方程组的通解为

$$\boldsymbol{\eta}=\boldsymbol{\eta}^*+k_1\boldsymbol{\xi}_1+k_2\boldsymbol{\xi}_2=\begin{pmatrix} 2 \\ 0 \\ 1 \\ 0 \end{pmatrix}+k_1\begin{pmatrix} -2 \\ 1 \\ 0 \\ 0 \end{pmatrix}+k_2\begin{pmatrix} -1 \\ 0 \\ 1 \\ 1 \end{pmatrix} \quad (k_1, k_2 \text{ 为任意常数}).$$

习题 3.5

1. 求下列齐次线性方程组的一个基础解系并求通解：

(1) $\begin{cases} x_1-x_2+5x_3-x_4=0, \\ x_1+x_2-2x_3+3x_4=0, \\ 3x_1-x_2+8x_3+x_4=0, \\ x_1+3x_2-9x_3+7x_4=0; \end{cases}$ (2) $\begin{cases} x_1-2x_2+x_3+x_4-x_5=0, \\ 2x_1-x_2-x_3-x_4+x_5=0, \\ x_1+7x_2-5x_3-5x_4+5x_5=0, \\ 3x_1-2x_2-2x_3+x_4-x_5=0. \end{cases}$

2. 求下列非齐次线性方程组的一个特解并求通解：

(1) $\begin{cases} 2x_1+7x_2+3x_3+x_4=6, \\ 3x_1+5x_2+2x_3+2x_4=4, \\ 9x_1+4x_2+x_3+7x_4=2; \end{cases}$ (2) $\begin{cases} x_1+x_2=5, \\ 2x_1+x_2+x_3+2x_4=1, \\ 5x_1+3x_2+2x_3+2x_4=3. \end{cases}$

3. 设 4 元非齐次线性方程组的系数矩阵的秩为 3，已知 $\boldsymbol{\eta}_1,\boldsymbol{\eta}_2,\boldsymbol{\eta}_3$ 是它的三个解向量，且 $\boldsymbol{\eta}_1=\begin{pmatrix}2\\3\\4\\5\end{pmatrix}$，$\boldsymbol{\eta}_2+\boldsymbol{\eta}_3=\begin{pmatrix}1\\2\\3\\4\end{pmatrix}$，求方程组的通解.

4. 设非齐次线性方程组 $\boldsymbol{Ax}=\boldsymbol{b}$ 的系数矩阵的秩为 2，且系数矩阵为 5×3 矩阵，$\boldsymbol{\eta}_1,\boldsymbol{\eta}_2$ 为方程组的两个解，且有 $\boldsymbol{\eta}_1+\boldsymbol{\eta}_2=\begin{pmatrix}1\\3\\0\end{pmatrix}$，$2\boldsymbol{\eta}_1+3\boldsymbol{\eta}_2=\begin{pmatrix}2\\5\\1\end{pmatrix}$，求方程组的通解.

5. 设 $\boldsymbol{A},\boldsymbol{B}$ 都是 n 阶矩阵，且 $\boldsymbol{AB}=0$，证明 $R(\boldsymbol{A})+R(\boldsymbol{B})\leqslant n$.

6. 设 $\boldsymbol{A}$ 为 n 阶矩阵，且 $\boldsymbol{A}^2=\boldsymbol{A}$，证明：$R(\boldsymbol{A})+R(\boldsymbol{A}-\boldsymbol{E})=n$.

总习题三

1. 填空题

(1) 设行向量组 $(2,1,1,1)$，$(2,1,a,a)$，$(3,2,1,a)$，$(4,3,2,1)$ 线性相关，且 $a\neq1$，则 $a=$________，

(2) 设 $\boldsymbol{\alpha}_1=\begin{pmatrix}1\\2\\-1\\0\end{pmatrix}$，$\boldsymbol{\alpha}_2=\begin{pmatrix}1\\1\\0\\2\end{pmatrix}$，$\boldsymbol{\alpha}_3=\begin{pmatrix}2\\1\\1\\a\end{pmatrix}$，由 $\boldsymbol{\alpha}_1,\boldsymbol{\alpha}_2,\boldsymbol{\alpha}_3$ 组成的向量组的秩为 2，则 $a=$________；

(3) 从 R^2 的基 $\boldsymbol{\alpha}_1=\begin{pmatrix}1\\0\end{pmatrix},\boldsymbol{\alpha}_2=\begin{pmatrix}1\\-1\end{pmatrix}$ 到基 $\boldsymbol{\beta}_1=\begin{pmatrix}1\\1\end{pmatrix},\boldsymbol{\beta}_2=\begin{pmatrix}1\\2\end{pmatrix}$ 的过渡矩阵为________.

2. 选择题

(1) 设有齐次线性方程组 $\boldsymbol{Ax}=\boldsymbol{0}$ 和 $\boldsymbol{Bx}=\boldsymbol{0}$，其中 $\boldsymbol{A},\boldsymbol{B}$ 均为 $m\times n$ 矩阵，现有 4 个命题：

① 若 $\boldsymbol{Ax}=\boldsymbol{0}$ 的解均是 $\boldsymbol{Bx}=\boldsymbol{0}$ 的解，则 $R(\boldsymbol{A})\geqslant R(\boldsymbol{B})$；

② 若 $R(\boldsymbol{A})\geqslant R(\boldsymbol{B})$，则 $\boldsymbol{Ax}=\boldsymbol{0}$ 的解均是 $\boldsymbol{Bx}=\boldsymbol{0}$ 的解；

③ 若 $\boldsymbol{Ax}=\boldsymbol{0}$ 与 $\boldsymbol{Bx}=\boldsymbol{0}$ 同解，则 $R(\boldsymbol{A})=R(\boldsymbol{B})$；

④ 若 $R(\boldsymbol{A})=R(\boldsymbol{B})$，则 $\boldsymbol{Ax}=\boldsymbol{0}$ 与 $\boldsymbol{Bx}=\boldsymbol{0}$ 同解.

以上命题中正确的是（　　）.

(A) ①②；　　(B) ①③；　　(C) ②④；　　(D) ③④.

(2) 设矩阵 $\boldsymbol{A}=\begin{pmatrix}1&1&1\\1&2&a\\1&4&a^2\end{pmatrix}$，$\boldsymbol{b}=\begin{pmatrix}1\\d\\d^2\end{pmatrix}$，若集合 $\Omega=\{1,2\}$，则线性方程组 $\boldsymbol{Ax}=\boldsymbol{b}$ 有无穷多解的充要条件是（ ）；

(A) $a\notin\Omega, d\notin\Omega$； (B) $a\notin\Omega, d\in\Omega$；

(C) $a\in\Omega, d\notin\Omega$； (D) $a\in\Omega, d\in\Omega$.

(3) 设 $\boldsymbol{\alpha}_1,\boldsymbol{\alpha}_2,\boldsymbol{\alpha}_3$ 是三维向量，则对任意常数 k,l，向量 $\boldsymbol{\alpha}_1+k\boldsymbol{\alpha}_3$，$\boldsymbol{\alpha}_2+l\boldsymbol{\alpha}_3$ 线性无关是向量 $\boldsymbol{\alpha}_1,\boldsymbol{\alpha}_2,\boldsymbol{\alpha}_3$ 线性无关的（ ）.

(A) 必要非充分条件； (B) 充分非必要条件；

(C) 充分必要条件； (D) 非充分非必要条件.

(4) 设 $\boldsymbol{\alpha}_1=\begin{pmatrix}0\\0\\c_1\end{pmatrix}$，$\boldsymbol{\alpha}_2=\begin{pmatrix}0\\1\\c_2\end{pmatrix}$，$\boldsymbol{\alpha}_3=\begin{pmatrix}1\\-1\\c_3\end{pmatrix}$，$\boldsymbol{\alpha}_4=\begin{pmatrix}-1\\1\\c_4\end{pmatrix}$，其中 c_1,c_2,c_3,c_4 为任意常数，则下列向量组线性相关的是（ ）.

(A) $\boldsymbol{\alpha}_1,\boldsymbol{\alpha}_2,\boldsymbol{\alpha}_3$； (B) $\boldsymbol{\alpha}_1,\boldsymbol{\alpha}_2,\boldsymbol{\alpha}_4$； (C) $\boldsymbol{\alpha}_1,\boldsymbol{\alpha}_3,\boldsymbol{\alpha}_4$； (D) $\boldsymbol{\alpha}_2,\boldsymbol{\alpha}_3,\boldsymbol{\alpha}_4$.

(5) 设向量组Ⅰ：$\boldsymbol{\alpha}_1,\boldsymbol{\alpha}_2,\cdots,\boldsymbol{\alpha}_r$ 可由向量组Ⅱ：$\boldsymbol{\beta}_1,\boldsymbol{\beta}_2,\cdots,\boldsymbol{\beta}_s$ 线性表示，则（ ）.

(A) 当 $r<s$ 时，向量组Ⅱ必线性相关； (B) 当 $r>s$ 时，向量组Ⅱ必线性相关；

(C) 当 $r<s$ 时，向量组Ⅰ必线性相关； (D) 当 $r>s$ 时，向量组Ⅰ必线性相关.

(6) 设向量组Ⅰ：$\boldsymbol{\alpha}_1,\boldsymbol{\alpha}_2,\cdots,\boldsymbol{\alpha}_r$ 可由向量组Ⅱ：$\boldsymbol{\beta}_1,\boldsymbol{\beta}_2,\cdots,\boldsymbol{\beta}_s$ 线性表示，则下列命题正确的是（ ）.

(A) 若向量组Ⅰ线性无关，则 $r\leqslant s$； (B) 若向量组Ⅰ线性相关，则 $r>s$；

(C) 若向量组Ⅱ线性无关，则 $r\leqslant s$； (D) 若向量组Ⅱ线性相关，则 $r<s$.

(7) 设 $\boldsymbol{A},\boldsymbol{B}$ 为满足 $\boldsymbol{AB}=\boldsymbol{0}$ 的任意两个非零矩阵，则必有（ ）.

(A) $\boldsymbol{A}$ 的列向量组线性相关，$\boldsymbol{B}$ 的行向量组线性相关；

(B) $\boldsymbol{A}$ 的列向量组线性相关，$\boldsymbol{B}$ 的列向量组线性相关；

(C) $\boldsymbol{A}$ 的行向量组线性相关，$\boldsymbol{B}$ 的行向量组线性相关；

(D) $\boldsymbol{A}$ 的行向量组线性相关，$\boldsymbol{B}$ 的列向量组线性相关.

(8) 设 $\boldsymbol{\alpha}_1,\boldsymbol{\alpha}_2,\cdots,\boldsymbol{\alpha}_n$ 均为 n 维列向量，$\boldsymbol{A}$ 是 $m\times n$ 矩阵，下列选项正确的是（ ）.

(A) 若 $\boldsymbol{\alpha}_1,\boldsymbol{\alpha}_2,\cdots,\boldsymbol{\alpha}_n$ 线性相关，则 $\boldsymbol{A\alpha}_1,\boldsymbol{A\alpha}_2,\cdots,\boldsymbol{A\alpha}_n$ 线性相关；

(B) 若 $\boldsymbol{\alpha}_1,\boldsymbol{\alpha}_2,\cdots,\boldsymbol{\alpha}_n$ 线性相关，则 $\boldsymbol{A\alpha}_1,\boldsymbol{A\alpha}_2,\cdots,\boldsymbol{A\alpha}_n$ 线性无关；

(C) 若 $\boldsymbol{\alpha}_1,\boldsymbol{\alpha}_2,\cdots,\boldsymbol{\alpha}_n$ 线性无关，则 $\boldsymbol{A\alpha}_1,\boldsymbol{A\alpha}_2,\cdots,\boldsymbol{A\alpha}_n$ 线性相关；

(D) 若 $\boldsymbol{\alpha}_1,\boldsymbol{\alpha}_2,\cdots,\boldsymbol{\alpha}_n$ 线性无关，则 $\boldsymbol{A\alpha}_1,\boldsymbol{A\alpha}_2,\cdots,\boldsymbol{A\alpha}_n$ 线性无关.

(9) 设向量组 $\boldsymbol{\alpha}_1$，$\boldsymbol{\alpha}_2$，$\boldsymbol{\alpha}_3$ 线性无关，则下列向量组线性相关的是（ ）.

(A) $\boldsymbol{\alpha}_1-\boldsymbol{\alpha}_2,\boldsymbol{\alpha}_2-\boldsymbol{\alpha}_3,\boldsymbol{\alpha}_3-\boldsymbol{\alpha}_1$； (B) $\boldsymbol{\alpha}_1+\boldsymbol{\alpha}_2,\boldsymbol{\alpha}_2+\boldsymbol{\alpha}_3,\boldsymbol{\alpha}_3+\boldsymbol{\alpha}_1$；

(C) $\boldsymbol{\alpha}_1-2\boldsymbol{\alpha}_2,\boldsymbol{\alpha}_2-2\boldsymbol{\alpha}_3,\boldsymbol{\alpha}_3-2\boldsymbol{\alpha}_1$； (D) $\boldsymbol{\alpha}_1+2\boldsymbol{\alpha}_2,\boldsymbol{\alpha}_2+2\boldsymbol{\alpha}_3,\boldsymbol{\alpha}_3+2\boldsymbol{\alpha}_1$.

(10) 设 $\boldsymbol{\alpha}_1,\boldsymbol{\alpha}_2,\cdots,\boldsymbol{\alpha}_s$ 均为 n 维向量，下列结论不正确的是（ ）.

(A) 若对于任意一组不全为零的数 $k_1,k_2,\cdots,k_s$，都有 $k_1\boldsymbol{\alpha}_1+k_2\boldsymbol{\alpha}_2+\cdots+k_s\boldsymbol{\alpha}_s\neq 0$，则 $\boldsymbol{\alpha}_1,\boldsymbol{\alpha}_2,\cdots,\boldsymbol{\alpha}_s$ 线性无关；

(B) 若 $\boldsymbol{\alpha}_1,\boldsymbol{\alpha}_2,\cdots,\boldsymbol{\alpha}_s$ 线性相关，则对于任意一组不全为零的数 $k_1,k_2,\cdots,k_s$，都有

$k_1\boldsymbol{\alpha}_1+k_2\boldsymbol{\alpha}_2+\cdots+k_s\boldsymbol{\alpha}_s=\mathbf{0}$；

(C) $\boldsymbol{\alpha}_1,\boldsymbol{\alpha}_2,\cdots,\boldsymbol{\alpha}_s$ 线性无关的充分必要条件是此向量组的秩为 s；

(D) $\boldsymbol{\alpha}_1,\boldsymbol{\alpha}_2,\cdots,\boldsymbol{\alpha}_s$ 线性无关的必要条件是其中任意两个向量线性无关.

(11) 设矩阵 $\boldsymbol{A},\boldsymbol{B},\boldsymbol{C}$ 均为 n 阶方阵，满足 $\boldsymbol{AB}=\boldsymbol{C}$，且 $\boldsymbol{B}$ 可逆，则（　）.

(A) 矩阵 $\boldsymbol{C}$ 的行向量组与矩阵 $\boldsymbol{A}$ 的行向量组等价；

(B) 矩阵 $\boldsymbol{C}$ 的列向量组与矩阵 $\boldsymbol{A}$ 的列向量组等价；

(C) 矩阵 $\boldsymbol{C}$ 的行向量组与矩阵 $\boldsymbol{B}$ 的行向量组等价；

(D) 矩阵 $\boldsymbol{C}$ 的列向量组与矩阵 $\boldsymbol{B}$ 的列向量组等价.

(12) 设 $\boldsymbol{\alpha}_1,\boldsymbol{\alpha}_2,\boldsymbol{\alpha}_3$ 是 3 维向量空间 R^3 的一组基，则由基 $\boldsymbol{\alpha}_1,\frac{1}{2}\boldsymbol{\alpha}_2,\frac{1}{3}\boldsymbol{\alpha}_3$ 到基 $\boldsymbol{\alpha}_1+\boldsymbol{\alpha}_2$，$\boldsymbol{\alpha}_2+\boldsymbol{\alpha}_3,\boldsymbol{\alpha}_3+\boldsymbol{\alpha}_1$ 的过渡矩阵为（　）.

(A) $\begin{pmatrix}1&0&1\\2&2&0\\0&3&3\end{pmatrix}$；　(B) $\begin{pmatrix}1&2&0\\0&2&3\\1&0&3\end{pmatrix}$；

(C) $\begin{pmatrix}\frac{1}{2}&\frac{1}{4}&-\frac{1}{6}\\-\frac{1}{2}&\frac{1}{4}&\frac{1}{6}\\\frac{1}{2}&-\frac{1}{4}&\frac{1}{6}\end{pmatrix}$；　(D) $\begin{pmatrix}\frac{1}{2}&-\frac{1}{2}&\frac{1}{2}\\\frac{1}{4}&\frac{1}{4}&-\frac{1}{4}\\-\frac{1}{6}&\frac{1}{6}&\frac{1}{6}\end{pmatrix}$.

(13) 设 n 阶矩阵 $\boldsymbol{A}$ 的伴随矩阵 $\boldsymbol{A}^*\neq 0$，若 $\boldsymbol{\xi}_1,\boldsymbol{\xi}_2,\boldsymbol{\xi}_3,\boldsymbol{\xi}_4$ 是非齐次线性方程组 $\boldsymbol{Ax}=\boldsymbol{b}$ 的互不相等的解，则对应的齐次线性方程组 $\boldsymbol{Ax}=\mathbf{0}$ 的基础解系（　）.

(A) 不存在；　(B) 仅含一个非零解向量；

(C) 含有两个线性无关的解向量；　(D) 含有三个线性无关的解向量.

(14) 设 $\boldsymbol{A}=(\boldsymbol{a}_1,\boldsymbol{a}_2,\boldsymbol{a}_3,\boldsymbol{a}_4)$ 是 4 阶矩阵，$\boldsymbol{A}^*$ 为 $\boldsymbol{A}$ 的伴随矩阵，若 $(1,0,1,0)^{\mathrm{T}}$ 是方程组 $\boldsymbol{Ax}=\mathbf{0}$ 的一个基础解系，则 $\boldsymbol{A}^*\boldsymbol{x}=\mathbf{0}$ 的基础解系可以为（　）.

(A) $\boldsymbol{a}_1,\boldsymbol{a}_2$；　(B) $\boldsymbol{a}_1,\boldsymbol{a}_3$；　(C) $\boldsymbol{a}_1,\boldsymbol{a}_2,\boldsymbol{a}_3$；　(D) $\boldsymbol{a}_2,\boldsymbol{a}_3,\boldsymbol{a}_4$；

3. 已知 $\boldsymbol{A}=\begin{pmatrix}1&a&0&0\\0&1&a&0\\0&0&1&a\\a&0&0&1\end{pmatrix}$，$\boldsymbol{b}=\begin{pmatrix}1\\-1\\0\\0\end{pmatrix}$. 当 a 为何值时，方程组 $\boldsymbol{Ax}=\boldsymbol{b}$ 有无穷多个解，并求出通解.

4. 设有齐次线性方程组

$$\begin{cases}(1+a)x_1+x_2+\cdots+x_n=0\\2x_1+(2+a)x_2+\cdots+2x_n=0\\\cdots\cdots\cdots\cdots\cdots\cdots\\nx_1+nx_2+\cdots+(n+a)x_n=0\end{cases}\quad(n\geqslant 2)，$$

试问 a 取何值时，该方程组有非零解，并求出其通解.

5. 已知非齐次线性方程组 $\begin{cases}x_1+x_2+x_3+x_4=-1\\4x_1+3x_2+5x_3-x_4=-1\\ax_1+x_2+3x_3-bx_4=1,\end{cases}$ 有 3 个线性无关的解，(1) 证明方程组

系数矩阵 $\boldsymbol{A}$ 的秩 $R(\boldsymbol{A})=2$；（2）求 a,b 的值及方程组的通解.

6. 设线性方程组 $\begin{cases}x_1+x_2+x_3=0\\x_1+2x_2+ax_3=0\\x_1+4x_2+a^2x_3=0\end{cases}$ 与方程 $x_1+2x_2+x_3=a-1$ 有公共解，求 a 的值及所有的公共解.

7. 设矩阵 $\boldsymbol{A}=\begin{pmatrix}2a & 1 & & \\ a^2 & 2a & \ddots & \\ & \ddots & \ddots & 1\\ & & a^2 & 2a\end{pmatrix}_{n\times n}$，现矩阵 $\boldsymbol{A}$ 满足方程 $\boldsymbol{Ax}=\boldsymbol{b}$，其中 $\boldsymbol{x}=(x_1,\cdots,x_n)^{\mathrm{T}}$，$\boldsymbol{b}=(1,0,\cdots,0)$，（1）求证 $|\boldsymbol{A}|=(n+1)a^n$；（2）$a$ 为何值，方程组有唯一解，求 x_1；（3）a 为何值，方程组有无穷多解，求通解.

8. 设 $\boldsymbol{A}=\begin{pmatrix}1 & -1 & -1\\ -1 & 1 & 1\\ 0 & -4 & -2\end{pmatrix}$，$\boldsymbol{\xi}_1=\begin{pmatrix}-1\\1\\-2\end{pmatrix}$.（1）求满足 $\boldsymbol{A\xi}_2=\boldsymbol{\xi}_1$、$\boldsymbol{A}^2\boldsymbol{\xi}_3=\boldsymbol{\xi}_1$ 的所有向量 $\boldsymbol{\xi}_2,\boldsymbol{\xi}_3$；（2）对（1）中的任意向量 $\boldsymbol{\xi}_2,\boldsymbol{\xi}_3$ 证明 $\boldsymbol{\xi}_1,\boldsymbol{\xi}_2,\boldsymbol{\xi}_3$ 线性无关.

9. 设 $\boldsymbol{A}=\begin{pmatrix}\lambda & 1 & 1\\ 0 & \lambda-1 & 0\\ 1 & 1 & \lambda\end{pmatrix}$，$\boldsymbol{b}=\begin{pmatrix}a\\1\\1\end{pmatrix}$，已知线性方程组 $\boldsymbol{Ax}=\boldsymbol{b}$ 存在两个不同解，（1）求 λ，a；（2）求 $\boldsymbol{Ax}=\boldsymbol{b}$ 的通解.

10. 已知平面上三条不同直线的方程分别为

l_1： $ax+2by+3c=0$，

l_2： $bx+2cy+3a=0$，

l_3： $cx+2ay+3b=0$.

试证这三条直线交于一点的充分必要条件为 $a+b+c=0$.

11. 设向量组 $\boldsymbol{\alpha}_1=(1,0,1)^{\mathrm{T}}$，$\boldsymbol{\alpha}_2=(0,1,1)^{\mathrm{T}}$，$\boldsymbol{\alpha}_3=(1,3,5)^{\mathrm{T}}$ 不能由 $\boldsymbol{\beta}_1=(1,1,1)^{\mathrm{T}}$，$\boldsymbol{\beta}_2=(1,2,3)^{\mathrm{T}}$，$\boldsymbol{\beta}_3=(3,4,a)^{\mathrm{T}}$ 线性表示，（1）求 a 的值；（2）将 $\boldsymbol{\beta}_1$，$\boldsymbol{\beta}_2$，$\boldsymbol{\beta}_3$ 用 $\boldsymbol{\alpha}_1$，$\boldsymbol{\alpha}_2$，$\boldsymbol{\alpha}_3$ 线性表示出来.

12. 确定常数 a，使向量组 $\boldsymbol{\alpha}_1=(1,1,a)^{\mathrm{T}}$，$\boldsymbol{\alpha}_2=(1,a,1)^{\mathrm{T}}$，$\boldsymbol{\alpha}_3=(a,1,1)^{\mathrm{T}}$ 可由向量组 $\boldsymbol{\beta}_1=(1,1,a)^{\mathrm{T}}$，$\boldsymbol{\beta}_2=(-2,a,4)^{\mathrm{T}}$，$\boldsymbol{\beta}_3=(-2,a,a)^{\mathrm{T}}$ 线性表示，但向量组 $\boldsymbol{\beta}_1,\boldsymbol{\beta}_2,\boldsymbol{\beta}_3$ 不能由向量组 $\boldsymbol{\alpha}_1,\boldsymbol{\alpha}_2,\boldsymbol{\alpha}_3$ 线性表示.

13. 设 $\boldsymbol{\alpha}_1=(1,2,0)^{\mathrm{T}}$，$\boldsymbol{\alpha}_2=(1,a+2,-3a)^{\mathrm{T}}$，$\boldsymbol{\alpha}_3=(-1,-b-2,a+2b)^{\mathrm{T}}$，$\boldsymbol{\beta}=(1,3,-3)^{\mathrm{T}}$. 试讨论当 a,b 为何值时，(1) $\boldsymbol{\beta}$ 不能由 $\boldsymbol{\alpha}_1,\boldsymbol{\alpha}_2,\boldsymbol{\alpha}_3$ 线性表示；(2) $\boldsymbol{\beta}$ 可由 $\boldsymbol{\alpha}_1,\boldsymbol{\alpha}_2,\boldsymbol{\alpha}_3$ 唯一地线性表示，并求出表示式；(3) $\boldsymbol{\beta}$ 可由 $\boldsymbol{\alpha}_1,\boldsymbol{\alpha}_2,\boldsymbol{\alpha}_3$ 线性表示，但表示式不唯一，并求出表示式.

14. 已知齐次线性方程组 $\begin{cases}x_1+2x_2+3x_3=0\\2x_1+3x_2+5x_3=0\\x_1+x_2+ax_3=0\end{cases}$ 和 $\begin{cases}x_1+bx_2+cx_3=0\\2x_1+b^2x_2+(c+1)x_3=0\end{cases}$ 同解，求 a，b，c 的值.

15. 设向量组 $\boldsymbol{\alpha}_1,\boldsymbol{\alpha}_2,\boldsymbol{\alpha}_3$ 是三维空间的一个基，$\boldsymbol{\beta}_1=2\boldsymbol{\alpha}_1+2k\boldsymbol{\alpha}_3$，$\boldsymbol{\beta}_1=2\boldsymbol{\alpha}_2$，$\boldsymbol{\beta}_3=\boldsymbol{\alpha}_1+(k+$

1)$\boldsymbol{\alpha}_3$. (1) 证明 $\boldsymbol{\beta}_1,\boldsymbol{\beta}_2,\boldsymbol{\beta}_3$ 也是三维空间的一个基；(2) 当 k 为何值时，存在非零向量 $\boldsymbol{\xi}$，且 $\boldsymbol{\xi}$ 在基 $\boldsymbol{\alpha}_1,\boldsymbol{\alpha}_2,\boldsymbol{\alpha}_3$ 与 $\boldsymbol{\beta}_1,\boldsymbol{\beta}_2,\boldsymbol{\beta}_3$ 下的坐标相同，并求出所有的 $\boldsymbol{\xi}$.

16. 已知齐次线性方程组

$$\begin{cases}(a_1+b)x_1+a_2x_2+a_3x_3+\cdots+a_nx_n=0,\\ a_1x_1+(a_2+b)x_2+a_3x_3+\cdots+a_nx_n=0,\\ a_1x_1+a_2x_2+(a_3+b)x_3+\cdots+a_nx_n=0,\\ \cdots\cdots\cdots\cdots\cdots\cdots\cdots\cdots\cdots\\ a_1x_1+a_2x_2+a_3x_3+\cdots+(a_n+b)x_n=0,\end{cases}$$

其中 $\sum_{i=1}^{n}a_i\neq 0$. 试讨论 $a_1,a_2,\cdots,a_n$ 和 b 满足何种关系时，(1) 方程组仅有零解；(2) 方程组有非零解. 在有非零解时，求此方程组的一个基础解系.

4　相似矩阵

本章主要讨论矩阵的特征值、特征向量和矩阵的相似对角化等问题. 这些问题不仅在矩阵理论及数值计算中占有重要地位，而且在许多学科具有广泛的应用.

4.1　向量的内积、长度及正交性

本节将介绍向量的内积、长度等概念，给出向量组单位正交化的施密特(Schmidt) 方法，并讨论正交矩阵及其性质.

4.1.1　内积

定义 1　对于 n 维向量 $\boldsymbol{\alpha}=(a_1,a_2,\cdots,a_n)^{\mathrm{T}},\boldsymbol{\beta}=(b_1,b_2,\cdots,b_n)^{\mathrm{T}}$，

定义
$$[\boldsymbol{\alpha},\boldsymbol{\beta}]=a_1b_1+a_2b_2+\cdots+a_nb_n, \tag{1}$$
称 $[\boldsymbol{\alpha},\boldsymbol{\beta}]$ 为向量 $\boldsymbol{\alpha}$ 与 $\boldsymbol{\beta}$ 的内积.

内积是两个向量之间的一种运算，其运算结果是一个实数. 如用矩阵乘法来表示，有
$$[\boldsymbol{\alpha},\boldsymbol{\beta}]=\boldsymbol{\alpha}^{\mathrm{T}}\boldsymbol{\beta}.$$

当 $\boldsymbol{\alpha}$ 与 $\boldsymbol{\beta}$ 是 n 维行向量时，即 $\boldsymbol{\alpha}=(a_1,a_2,\cdots,a_n)$，$\boldsymbol{\beta}=(b_1,b_2,\cdots,b_n)$ 时，$\boldsymbol{\alpha}$ 与 $\boldsymbol{\beta}$ 的内积仍按（1）式定义，这时 $[\boldsymbol{\alpha},\boldsymbol{\beta}]=\boldsymbol{\alpha}\boldsymbol{\beta}^{\mathrm{T}}$.

内积具有下列简单性质（其中 α,β,γ 为 n 维向量，λ 为实数）：

性质 1　$[\boldsymbol{\alpha},\boldsymbol{\beta}]=[\boldsymbol{\beta},\boldsymbol{\alpha}]$；

性质 2　$[\lambda\boldsymbol{\alpha},\boldsymbol{\beta}]=\lambda[\boldsymbol{\alpha},\boldsymbol{\beta}]$；

性质 3　$[\boldsymbol{\alpha}+\boldsymbol{\beta},\boldsymbol{\gamma}]=[\boldsymbol{\alpha},\boldsymbol{\gamma}]+[\boldsymbol{\beta},\boldsymbol{\gamma}]$；

性质 4　当 $\boldsymbol{\alpha}\neq\mathbf{0}$ 时，$[\boldsymbol{\alpha},\boldsymbol{\alpha}]>0$； $\boldsymbol{\alpha}=\mathbf{0}$ 时，$[\boldsymbol{\alpha},\boldsymbol{\alpha}]=0$.

这些性质可根据内积定义直接证明，请读者自己完成. 利用这些性质，还可以证明施瓦茨（Schwarz）不等式
$$[\boldsymbol{\alpha},\boldsymbol{\beta}]^2\leqslant[\boldsymbol{\alpha},\boldsymbol{\alpha}][\boldsymbol{\beta},\boldsymbol{\beta}].$$

4.1.2　向量的模长和夹角

定义 2　对于 n 维向量 $\boldsymbol{\alpha}=(a_1,a_2,\cdots,a_n)^{\mathrm{T}}$，称实数 $\sqrt{[\boldsymbol{\alpha},\boldsymbol{\alpha}]}$ 为向量 $\boldsymbol{\alpha}$ 的模长. 记为 $\|\boldsymbol{\alpha}\|$，即
$$\|\boldsymbol{\alpha}\|=\sqrt{[\boldsymbol{\alpha},\boldsymbol{\alpha}]}=\sqrt{a_1^2+a_2^2+\cdots a_n^2}.$$

显然，任何非零向量的模长都大于零，只有零向量的模长等于零.

容易证明，对于向量 $\boldsymbol{\alpha}$ 和实数 λ，有

$$\|\lambda\boldsymbol{\alpha}\| = |\lambda|\,\|\boldsymbol{\alpha}\|.$$

模长为 1 的向量称为单位向量. 由非零向量 $\boldsymbol{\alpha}$ 可得到单位向量 $\boldsymbol{e}_\alpha = \dfrac{1}{\|\boldsymbol{\alpha}\|}\boldsymbol{\alpha}$，称 $\boldsymbol{e}_\alpha$ 为向量 $\boldsymbol{\alpha}$ 的单位化.

对两个非零 n 维向量 $\boldsymbol{\alpha},\boldsymbol{\beta}$，由施瓦茨（Schwarz）不等式，可知

$$|[\boldsymbol{\alpha},\boldsymbol{\beta}]| \leqslant \|\boldsymbol{\alpha}\|\,\|\boldsymbol{\beta}\|,$$

即
$$\left|\frac{[\boldsymbol{\alpha},\boldsymbol{\beta}]}{\|\boldsymbol{\alpha}\|\,\|\boldsymbol{\beta}\|}\right| \leqslant 1,$$

于是有下面的定义：当 $\boldsymbol{\alpha} \neq 0, \boldsymbol{\beta} \neq 0$ 时，

$$\theta = \arccos\frac{[\boldsymbol{\alpha},\boldsymbol{\beta}]}{\|\boldsymbol{\alpha}\|\,\|\boldsymbol{\beta}\|}$$

称为向量 $\boldsymbol{\alpha}$ 与 $\boldsymbol{\beta}$ 的夹角.

4.1.3 正交向量组和正交化方法

定义 3 对 n 维向量 $\boldsymbol{\alpha},\boldsymbol{\beta}$，如果 $[\boldsymbol{\alpha},\boldsymbol{\beta}]=0$，则称向量 $\boldsymbol{\alpha}$ 与 $\boldsymbol{\beta}$ 正交.

显然，零向量与任何向量都正交.

定义 4 如果一组非零向量两两正交，则称这组向量为正交向量组.

例 1 已知 $\boldsymbol{R}^3$ 中两个向量 $\boldsymbol{\alpha}_1=(1,1,1)^{\mathrm{T}}, \boldsymbol{\alpha}_2=(1,1,-2)^{\mathrm{T}}$ 正交，试求一个非零向量 $\boldsymbol{\alpha}_3$，使 $\boldsymbol{\alpha}_1,\boldsymbol{\alpha}_2,\boldsymbol{\alpha}_3$ 为正交向量组.

解 设 $\boldsymbol{\alpha}_3=(x_1,x_2,x_3)^{\mathrm{T}}$，由 $[\boldsymbol{\alpha}_1,\boldsymbol{\alpha}_3]=0,[\boldsymbol{\alpha}_2,\boldsymbol{\alpha}_3]=0$，得方程组

$$\begin{cases} x_1+x_2+x_3=0, \\ x_1+x_2-2x_3=0, \end{cases}$$

解得

$$\begin{cases} x_1=-x_2, \\ x_3=0. \end{cases}$$

从而有基础解系 $(-1,1,0)$. 取 $\boldsymbol{\alpha}_3=(-1,1,0)^{\mathrm{T}}$，则 $\boldsymbol{\alpha}_1,\boldsymbol{\alpha}_2,\boldsymbol{\alpha}_3$ 为所求正交向量组.

定理 1 若 n 维向量组 $\boldsymbol{\alpha}_1,\boldsymbol{\alpha}_2,\cdots,\boldsymbol{\alpha}_s$ 是正交向量组，则该向量组线性无关.

证明 设有 $k_1,k_2,\cdots,k_s$ 使

$$k_1\boldsymbol{\alpha}_1+k_2\boldsymbol{\alpha}_2+\cdots+k_s\boldsymbol{\alpha}_s=0,$$

上式两端与 $\boldsymbol{\alpha}_i\,(i=1,2,\cdots,s)$ 作内积可得

$$k_1[\boldsymbol{\alpha}_1,\boldsymbol{\alpha}_i]+k_2[\boldsymbol{\alpha}_2,\boldsymbol{\alpha}_i]+\cdots+k_i[\boldsymbol{\alpha}_i,\boldsymbol{\alpha}_i]+\cdots+k_s[\boldsymbol{\alpha}_s,\boldsymbol{\alpha}_i]=0,$$

当 $i\neq j$ 时，$[\boldsymbol{\alpha}_i,\boldsymbol{\alpha}_j]=0$，于是上式为

$$k_i[\boldsymbol{\alpha}_i,\boldsymbol{\alpha}_i]=0,\quad (i=1,2,\cdots,s)$$

而 $\boldsymbol{\alpha}_i\neq 0$，故 $[\boldsymbol{\alpha}_i,\boldsymbol{\alpha}_i]\neq 0$，从而必有 $k_i=0$. 故 n 维向量组 $\boldsymbol{\alpha}_1,\boldsymbol{\alpha}_2,\cdots,\boldsymbol{\alpha}_s$ 线性无关.

定义 5 如果一个正交向量组中每个向量都是单位向量，则称该向量组为单位正交向量组，简称单位正交组.

对于任意给定的线性无关的向量组 $\boldsymbol{\alpha}_1,\boldsymbol{\alpha}_2,\cdots,\boldsymbol{\alpha}_s$，将其正交化，即可以求出与其等价的正交向量组 $\boldsymbol{\beta}_1,\boldsymbol{\beta}_2,\cdots,\boldsymbol{\beta}_s$. 下面介绍实现正交化的一种方法，称为施密特（Schmidt）正交化方法. 具体步骤如下：

第一步 令 $\boldsymbol{\beta}_1=\boldsymbol{\alpha}_1$；

第二步 令 $\boldsymbol{\beta}_2=\boldsymbol{\alpha}_2+k_{21}\boldsymbol{\beta}_1$，其中 k_{21} 为待定系数. 为保证 $[\boldsymbol{\beta}_1,\boldsymbol{\beta}_2]=0$，即

$$k_{21}[\boldsymbol{\beta}_1,\boldsymbol{\beta}_1]+[\boldsymbol{\beta}_1,\boldsymbol{\alpha}_2]=0,$$

只需令

$$k_{21}=-\frac{[\boldsymbol{\beta}_1,\boldsymbol{\alpha}_2]}{[\boldsymbol{\beta}_1,\boldsymbol{\beta}_1]}.$$

容易验证，此时向量组 $\boldsymbol{\beta}_1,\boldsymbol{\beta}_2$ 是正交组且与向量组 $\boldsymbol{\alpha}_1,\boldsymbol{\alpha}_2$ 等价.

第三步 令 $\boldsymbol{\beta}_3=\boldsymbol{\alpha}_3+k_{31}\boldsymbol{\beta}_1+k_{32}\boldsymbol{\beta}_2$，其中 k_{31},k_{32} 为待定系数. 从条件 $[\boldsymbol{\beta}_1,\boldsymbol{\beta}_3]=0,[\boldsymbol{\beta}_2,\boldsymbol{\beta}_3]=0$ 可推出

$$k_{31}=-\frac{[\boldsymbol{\beta}_1,\boldsymbol{\alpha}_3]}{[\boldsymbol{\beta}_1,\boldsymbol{\beta}_1]},k_{32}=-\frac{[\boldsymbol{\beta}_2,\boldsymbol{\alpha}_3]}{[\boldsymbol{\beta}_2,\boldsymbol{\beta}_2]}.$$

同样易证向量组 $\boldsymbol{\beta}_1,\boldsymbol{\beta}_2,\boldsymbol{\beta}_3$ 是正交组且与向量组 $\boldsymbol{\alpha}_1,\boldsymbol{\alpha}_2,\boldsymbol{\alpha}_3$ 等价.

类推可得一般性结论：当已求得正交组 $\boldsymbol{\beta}_1,\boldsymbol{\beta}_2,\cdots,\boldsymbol{\beta}_j$ 与 $\boldsymbol{\alpha}_1,\boldsymbol{\alpha}_2,\cdots,\boldsymbol{\alpha}_j$ 等价时，若 $j<s$，则可令

$$\boldsymbol{\beta}_{j+1}=\boldsymbol{\alpha}_{j+1}+k_{j+1,1}\boldsymbol{\beta}_1+k_{j+1,2}\boldsymbol{\beta}_2+\cdots+k_{j+1,j}\boldsymbol{\beta}_j,$$

其中

$$k_{j+1,i}=-\frac{[\boldsymbol{\beta}_i,\boldsymbol{\alpha}_{j+1}]}{[\boldsymbol{\beta}_i,\boldsymbol{\beta}_i]}\quad (i=1,2,\cdots,j).$$

此时 $\boldsymbol{\beta}_1,\boldsymbol{\beta}_2,\cdots,\boldsymbol{\beta}_{j+1}$ 是正交向量组且与向量组 $\boldsymbol{\alpha}_1,\boldsymbol{\alpha}_2,\cdots,\boldsymbol{\alpha}_{j+1}$ 等价.

按上述办法依次进行到第 s 步，便可得到与线性无关组 $\boldsymbol{\alpha}_1,\boldsymbol{\alpha}_2,\cdots,\boldsymbol{\alpha}_s$ 等价的正交向量组 $\boldsymbol{\beta}_1,\boldsymbol{\beta}_2,\cdots,\boldsymbol{\beta}_s$.

如果再把正交向量组 $\boldsymbol{\beta}_1,\boldsymbol{\beta}_2,\cdots,\boldsymbol{\beta}_s$ 的每个向量单位化，即令

$$\boldsymbol{\gamma}_i=\frac{1}{\|\boldsymbol{\beta}_i\|}\boldsymbol{\beta}_i,\quad (i=1,2,\cdots,s),$$

则易知 $\boldsymbol{\gamma}_1,\boldsymbol{\gamma}_2,\cdots,\boldsymbol{\gamma}_s$ 是一个单位正交组，并且和向量组 $\boldsymbol{\alpha}_1,\boldsymbol{\alpha}_2,\cdots,\boldsymbol{\alpha}_s$ 等价.

正交化与单位化过程合起来称为单位正交化过程，这种方法称为施密特(Schmidt)单位正交化方法.

例 2 用 Schmidt 单位正交化方法，试求与已知向量组

$$\boldsymbol{\alpha}_1=\begin{pmatrix}1\\0\\-1\\1\end{pmatrix},\boldsymbol{\alpha}_2=\begin{pmatrix}1\\-1\\0\\1\end{pmatrix},\boldsymbol{\alpha}_3=\begin{pmatrix}-1\\1\\1\\0\end{pmatrix}$$

等价的单位正交向量组.

解 先正交化. 取 $\boldsymbol{\beta}_1=\boldsymbol{\alpha}_1$，

$$\boldsymbol{\beta}_2=\boldsymbol{\alpha}_2-\frac{[\boldsymbol{\beta}_1,\boldsymbol{\alpha}_2]}{[\boldsymbol{\beta}_1,\boldsymbol{\beta}_1]}\boldsymbol{\beta}_1=\begin{pmatrix}1\\-1\\0\\1\end{pmatrix}-\frac{2}{3}\begin{pmatrix}1\\0\\-1\\1\end{pmatrix}=\frac{1}{3}\begin{pmatrix}1\\-3\\2\\1\end{pmatrix},$$

$$\boldsymbol{\beta}_3=\boldsymbol{\alpha}_3-\frac{[\boldsymbol{\beta}_1,\boldsymbol{\alpha}_3]}{[\boldsymbol{\beta}_1,\boldsymbol{\beta}_1]}\boldsymbol{\beta}_1-\frac{[\boldsymbol{\beta}_2,\boldsymbol{\alpha}_3]}{[\boldsymbol{\beta}_2,\boldsymbol{\beta}_2]}\boldsymbol{\beta}_2=\begin{pmatrix}-1\\1\\1\\0\end{pmatrix}+\frac{2}{3}\begin{pmatrix}1\\0\\-1\\1\end{pmatrix}+\frac{2}{15}\begin{pmatrix}1\\-3\\2\\1\end{pmatrix}=\frac{1}{5}\begin{pmatrix}-1\\3\\3\\4\end{pmatrix}.$$

以上所得的 $\boldsymbol{\beta}_1,\boldsymbol{\beta}_2,\boldsymbol{\beta}_3$ 即是与 $\boldsymbol{\alpha}_1,\boldsymbol{\alpha}_2,\boldsymbol{\alpha}_3$ 等价的正交向量组.

再单位化. 取

$$\boldsymbol{\gamma}_1=\frac{1}{\|\boldsymbol{\beta}_1\|}\boldsymbol{\beta}_1=\frac{1}{\sqrt{3}}\begin{pmatrix}1\\0\\-1\\1\end{pmatrix},$$

$$\boldsymbol{\gamma}_2=\frac{1}{\|\boldsymbol{\beta}_2\|}\boldsymbol{\beta}_2=\frac{1}{\sqrt{15}}\begin{pmatrix}1\\-3\\2\\1\end{pmatrix},$$

$$\boldsymbol{\gamma}_3=\frac{1}{\|\boldsymbol{\beta}_3\|}\boldsymbol{\beta}_3=\frac{1}{\sqrt{35}}\begin{pmatrix}-1\\3\\3\\4\end{pmatrix},$$

则 $\boldsymbol{\gamma}_1,\boldsymbol{\gamma}_2,\boldsymbol{\gamma}_3$ 即为所求.

定义 6 如果 n 阶方阵 $\boldsymbol{A}$ 满足 $\boldsymbol{A}^{\mathrm{T}}\boldsymbol{A}=\boldsymbol{E}$，则称 $\boldsymbol{A}$ 为一个 n 阶正交矩阵.

例如 $\begin{pmatrix}1 & 0\\0 & -1\end{pmatrix}$, $\begin{pmatrix}\sin\theta & -\cos\theta\\\cos\theta & \sin\theta\end{pmatrix}$, $\begin{pmatrix}\frac{1}{3} & \frac{2}{3} & \frac{2}{3}\\\frac{2}{3} & \frac{1}{3} & -\frac{2}{3}\\\frac{2}{3} & -\frac{2}{3} & \frac{1}{3}\end{pmatrix}$ 都是正交矩阵.

正交矩阵具有如下性质：

(1) 若 $\boldsymbol{A}$ 是正交矩阵，则 $-\boldsymbol{A}$ 也是正交矩阵；

(2) 若 $\boldsymbol{A}$ 是正交矩阵，则 $\boldsymbol{A}^{\mathrm{T}}(\boldsymbol{A}^{-1})$ 也是正交矩阵；

(3) 若 $\boldsymbol{A},\boldsymbol{B}$ 都是 n 阶正交矩阵，则 $\boldsymbol{AB}$ 也是 n 阶正交矩阵；

(4) 若 $\boldsymbol{A}$ 是正交矩阵，则 $|\boldsymbol{A}|=1$ 或 -1.

这些性质可根据定义直接验证，请读者自己去完成.

定理 2 $\boldsymbol{A}$ 是 n 阶正交矩阵的充分必要条件是 $\boldsymbol{A}$ 的列向量组是单位正交向量组.

证明 必要性：设 $\boldsymbol{A}=(\boldsymbol{\alpha}_1,\boldsymbol{\alpha}_2,\cdots,\boldsymbol{\alpha}_n)$，由 $\boldsymbol{A}$ 是 n 阶正交矩阵，即 $\boldsymbol{A}^{\mathrm{T}}\boldsymbol{A}=\boldsymbol{E}$，得

$$\boldsymbol{A}^{\mathrm{T}}\boldsymbol{A}=\begin{pmatrix}\boldsymbol{\alpha}_1^{\mathrm{T}}\\\boldsymbol{\alpha}_2^{\mathrm{T}}\\\vdots\\\boldsymbol{\alpha}_n^{\mathrm{T}}\end{pmatrix}(\boldsymbol{\alpha}_1,\boldsymbol{\alpha}_2,\cdots,\boldsymbol{\alpha}_n)=\begin{pmatrix}\boldsymbol{\alpha}_1^{\mathrm{T}}\boldsymbol{\alpha}_1 & \boldsymbol{\alpha}_1^{\mathrm{T}}\boldsymbol{\alpha}_2 & \cdots & \boldsymbol{\alpha}_1^{\mathrm{T}}\boldsymbol{\alpha}_n\\\boldsymbol{\alpha}_2^{\mathrm{T}}\boldsymbol{\alpha}_1 & \boldsymbol{\alpha}_2^{\mathrm{T}}\boldsymbol{\alpha}_2 & \cdots & \boldsymbol{\alpha}_2^{\mathrm{T}}\boldsymbol{\alpha}_n\\\vdots & \vdots & \ddots & \vdots\\\boldsymbol{\alpha}_n^{\mathrm{T}}\boldsymbol{\alpha}_1 & \boldsymbol{\alpha}_n^{\mathrm{T}}\boldsymbol{\alpha}_2 & \cdots & \boldsymbol{\alpha}_n^{\mathrm{T}}\boldsymbol{\alpha}_n\end{pmatrix}$$

$$=\begin{pmatrix}1 & 0 & \cdots & 0\\0 & 1 & \cdots & 0\\\vdots & \vdots & \ddots & \vdots\\0 & 0 & \cdots & 1\end{pmatrix},$$

即
$$\boldsymbol{\alpha}_i^{\mathrm{T}}\boldsymbol{\alpha}_j=\begin{cases}1, i=j\\0, i\neq j\end{cases},$$

故 $\boldsymbol{\alpha}_1,\boldsymbol{\alpha}_2,\cdots,\boldsymbol{\alpha}_n$ 是单位正交向量组.

充分性：设 $\boldsymbol{A}$ 的列向量组是单位正交向量组，则

$$\boldsymbol{\alpha}_i^{\mathrm{T}}\boldsymbol{\alpha}_j=\begin{cases}1, i=j\\0, i\neq j\end{cases},$$

显然 $\boldsymbol{A}^{\mathrm{T}}\boldsymbol{A}=\boldsymbol{E}$，故 $\boldsymbol{A}$ 是正交矩阵.

由正交矩阵的性质（2）可知定理 2 对行向量组也成立.

定义 7 若 $\boldsymbol{P}$ 为正交矩阵，则线性变换 $\boldsymbol{Y}=\boldsymbol{PX}$ 称为正交变换.

对于正交变换 $\boldsymbol{Y}=\boldsymbol{PX}$，有

$$\|\boldsymbol{Y}\|=\sqrt{\boldsymbol{Y}^{\mathrm{T}}\boldsymbol{Y}}=\sqrt{\boldsymbol{X}^{\mathrm{T}}\boldsymbol{P}^{\mathrm{T}}\boldsymbol{PX}}=\sqrt{\boldsymbol{X}^{\mathrm{T}}\boldsymbol{X}}=\|\boldsymbol{X}\|.$$

由于 $\|X\|$ 表示向量的长度，这说明正交变换 $Y=PX$ 不改变向量的长度，这正是正交变换所具有的特性.

习题 4.1

1. 计算下列向量的内积：

(1) $\boldsymbol{\alpha}=(1,-2,2)^{\mathrm{T}}$，$\boldsymbol{\beta}=(2,2,-1)^{\mathrm{T}}$；

(2) $\boldsymbol{\alpha}=\left(\frac{\sqrt{2}}{2},-\frac{1}{2},\frac{\sqrt{2}}{4},-1\right)^{\mathrm{T}}$，$\boldsymbol{\beta}=\left(-\frac{\sqrt{2}}{2},-2,\sqrt{2},\frac{1}{2}\right)^{\mathrm{T}}$.

2. 将下列向量单位化：

(1) $\boldsymbol{\alpha}=(2,0,-5,-1)^{\mathrm{T}}$；　(2) $\boldsymbol{\beta}=(-3,1,2,-2)^{\mathrm{T}}$.

3. 用施密特方法将下列向量组正交化：

(1) $\boldsymbol{\alpha}_1=(1,-2,2)^{\mathrm{T}}$，$\boldsymbol{\alpha}_2=(-1,0,-1)^{\mathrm{T}}$，$\boldsymbol{\alpha}_3=(5,-3,-7)^{\mathrm{T}}$；

(2) $\boldsymbol{\alpha}_1=(1,2,2,-1)^{\mathrm{T}}$，$\boldsymbol{\alpha}_2=(1,1,-5,3)^{\mathrm{T}}$，$\boldsymbol{\alpha}_3=(3,2,8,-7)^{\mathrm{T}}$.

4. 求与向量组 $(1,0,1,1)^{\mathrm{T}},(1,1,1,-1)^{\mathrm{T}},(1,2,3,1)^{\mathrm{T}}$ 等价的正交单位向量组.

5. 已知 $\boldsymbol{\alpha}_1=(1,1,1)^{\mathrm{T}}$，求一组非零向量 $\boldsymbol{\alpha}_2,\boldsymbol{\alpha}_3$，使得 $\boldsymbol{\alpha}_1,\boldsymbol{\alpha}_2,\boldsymbol{\alpha}_3$ 两两正交.

6. 下列矩阵是不是正交矩阵，说明理由.

(1) $\begin{pmatrix}1 & 0 & 1\\ 1 & -1 & 0\\ 1 & 1 & 0\end{pmatrix}$；　(2) $\begin{pmatrix}\frac{1}{9} & -\frac{8}{9} & -\frac{4}{9}\\ -\frac{8}{9} & \frac{1}{9} & -\frac{4}{9}\\ -\frac{4}{9} & -\frac{4}{9} & \frac{7}{9}\end{pmatrix}$.

7. 若 $\boldsymbol{A},\boldsymbol{B}$ 是 n 阶正交矩阵，证明 $\boldsymbol{AB}$ 也是正交矩阵.

4.2 矩阵的特征值与特征向量

工程技术和经济管理中的许多定量分析问题，常可归结为求一个方阵的特征值和特征向量的问题. 本节将介绍矩阵的特征值和特征向量的概念和有关知识.

4.2.1 特征值与特征向量的概念

定义 8 设 $\boldsymbol{A}$ 是 n 阶方阵，若存在数 λ 和非零向量 $\boldsymbol{\alpha}$，使得

$$\boldsymbol{A\alpha}=\lambda\boldsymbol{\alpha}$$

成立，则称 λ 为 $\boldsymbol{A}$ 的一个特征值，$\boldsymbol{\alpha}$ 为 $\boldsymbol{A}$ 属于特征值 λ 的一个特征向量.

例 3 已知 $\boldsymbol{\alpha}=\begin{pmatrix}1\\ -1\\ 1\end{pmatrix}$ 是方阵 $\boldsymbol{A}=\begin{pmatrix}1 & -1 & 2\\ 3 & a & 1\\ -1 & b & -2\end{pmatrix}$ 的特征向量，试确定参数 a,b，并求向量 $\boldsymbol{\alpha}$ 所对应的值特征 λ.

解 由 $\boldsymbol{A\alpha}=\lambda\boldsymbol{\alpha}$，得

$$\begin{pmatrix}1&-1&2\\3&a&1\\-1&b&-2\end{pmatrix}\begin{pmatrix}1\\-1\\1\end{pmatrix}=\lambda\begin{pmatrix}1\\-1\\1\end{pmatrix},$$

即

$$\begin{pmatrix}4\\4-a\\-3-b\end{pmatrix}=\begin{pmatrix}\lambda\\-\lambda\\\lambda\end{pmatrix}.$$

于是 $\lambda=4,4-a=-\lambda,-3-b=\lambda$，所以 $a=8$，$b=-7$，$\lambda=4$.

例 4 设 λ 是方阵 $\boldsymbol{A}$ 的特征值，证明

(1) λ^2 是 $\boldsymbol{A}^2$ 的一个特征值；

(2) 当 $\boldsymbol{A}$ 可逆时，$\dfrac{1}{\lambda}$ 是 $\boldsymbol{A}^{-1}$ 的一个特征值.

证明 因 λ 是方阵 $\boldsymbol{A}$ 的特征值，故有向量 $\boldsymbol{\alpha}\neq 0$，使得 $\boldsymbol{A\alpha}=\lambda\boldsymbol{\alpha}$. 于是

(1) $\boldsymbol{A}^2\boldsymbol{\alpha}=\boldsymbol{A}(\boldsymbol{A\alpha})=\boldsymbol{A}(\lambda\boldsymbol{\alpha})=\lambda(\boldsymbol{A\alpha})=\lambda^2\boldsymbol{\alpha}$，所以 λ^2 是 $\boldsymbol{A}^2$ 的一个特征值.

(2) 当 $\boldsymbol{A}$ 可逆时，由 $\boldsymbol{A\alpha}=\lambda\boldsymbol{\alpha}$，有 $\boldsymbol{\alpha}=\lambda\boldsymbol{A}^{-1}\boldsymbol{\alpha}$，因 $\boldsymbol{\alpha}\neq 0$，知 $\lambda\neq 0$，故 $\boldsymbol{A}^{-1}\boldsymbol{\alpha}=\dfrac{1}{\lambda}\boldsymbol{\alpha}$. 所以 $\dfrac{1}{\lambda}$ 是 $\boldsymbol{A}^{-1}$ 的特征值.

一般地，若 λ 是方阵 $\boldsymbol{A}$ 的一个特征值，则 $\lambda^k(k\in N)$ 是 $\boldsymbol{A}^k$ 的一个特征值，$\varphi(\lambda)$ 是 $\varphi(\boldsymbol{A})$ 的一个特征值 [其中 $\varphi(\lambda)=a_0+a_1\lambda+\cdots+a_m\lambda^m$ 是 λ 的多项式，$\varphi(\boldsymbol{A})=a_0\boldsymbol{E}+a_1\boldsymbol{A}+\cdots+a_m\boldsymbol{A}^m$ 是 $\boldsymbol{A}$ 的多项式].

例 5 设 λ 是方阵 $\boldsymbol{A}$ 的一个特征值，证明

(1) 若 $\boldsymbol{\alpha}$ 是 $\boldsymbol{A}$ 的属于特征值 λ 的一个特征向量，则对任意常数 $k\neq 0$，向量 $k\boldsymbol{\alpha}$ 也是矩阵 $\boldsymbol{A}$ 的属于特征值 λ 的特征向量.

(2) 若 $\boldsymbol{\alpha}_1,\boldsymbol{\alpha}_2$ 均为 $\boldsymbol{A}$ 的属于特征值 λ 的特征向量，且 $\boldsymbol{\alpha}_1+\boldsymbol{\alpha}_2\neq 0$，则 $\boldsymbol{\alpha}_1+\boldsymbol{\alpha}_2$ 也是矩阵 $\boldsymbol{A}$ 的属于特征值 λ 的特征向量.

证明 (1) 若 $\boldsymbol{A\alpha}=\lambda\boldsymbol{\alpha}$，则 $\boldsymbol{A}(k\boldsymbol{\alpha})=k(\boldsymbol{A\alpha})=k(\lambda\boldsymbol{\alpha})=\lambda(k\boldsymbol{\alpha})$，即向量 $k\boldsymbol{\alpha}$ 也是矩阵 $\boldsymbol{A}$ 的属于特征值 λ 的特征向量.

(2) 若 $\boldsymbol{A\alpha}_1=\lambda\boldsymbol{\alpha}_1,\boldsymbol{A\alpha}_2=\lambda\boldsymbol{\alpha}_2$，则

$$\boldsymbol{A}(\boldsymbol{\alpha}_1+\boldsymbol{\alpha}_2)=\boldsymbol{A\alpha}_1+\boldsymbol{A\alpha}_2=\lambda\boldsymbol{\alpha}_1+\lambda\boldsymbol{\alpha}_2=\lambda(\boldsymbol{\alpha}_1+\boldsymbol{\alpha}_2),$$

即 $\boldsymbol{\alpha}_1+\boldsymbol{\alpha}_2$ 也是矩阵 $\boldsymbol{A}$ 的属于特征值 λ 的特征向量.

一般地，如果向量 $\boldsymbol{\alpha}_1,\boldsymbol{\alpha}_2,\cdots,\boldsymbol{\alpha}_s$ 都是矩阵 $\boldsymbol{A}$ 属于特征值 λ 的特征向量，$k_1,k_2,\cdots,k_s$ 是一组数，且 $k_1\boldsymbol{\alpha}_1+k_2\boldsymbol{\alpha}_2+\cdots+k_s\boldsymbol{\alpha}_s\neq 0$，则 $k_1\boldsymbol{\alpha}_1+k_2\boldsymbol{\alpha}_2+\cdots+k_s\boldsymbol{\alpha}_s$ 也是矩阵 $\boldsymbol{A}$ 属于特征值 λ 的特征向量.

4.2.2 特征值与特征向量的求法

设 $\boldsymbol{A}=(a_{ij})$ 为 n 阶方阵，为求 $\boldsymbol{A}$ 的特征值和特征向量，将 $\boldsymbol{A\alpha}=\lambda\boldsymbol{\alpha}$ 改写为

$$(\boldsymbol{A}-\lambda\boldsymbol{E})\boldsymbol{\alpha}=0.$$

上式说明 $\boldsymbol{\alpha}$ 是齐次线性方程组

$$(\boldsymbol{A}-\lambda\boldsymbol{E})\boldsymbol{X}=0 \tag{1}$$

的非零解，而齐次线性方程组（1）有非零解的充分必要条件是 $|\boldsymbol{A}-\lambda\boldsymbol{E}|=0$，即

$$\det(\boldsymbol{A}-\lambda\boldsymbol{E})=\begin{vmatrix} a_{11}-\lambda & a_{12} & \cdots & a_{1n} \\ a_{21} & a_{22}-\lambda & \cdots & a_{2n} \\ \vdots & \vdots & \ddots & \vdots \\ a_{n1} & a_{n2} & \cdots & a_{nn}-\lambda \end{vmatrix}=0. \tag{2}$$

式（2）是一个以 λ 为未知数的一元 n 次方程，称为矩阵 $\boldsymbol{A}$ 特征方程，其左端 $|\boldsymbol{A}-\lambda\boldsymbol{E}|$ 是 λ 的 n 次多项式. 显然，$\boldsymbol{A}$ 的特征值就是特征方程的解. 由代数学的知识可知，特征方程在复数范围内恒有解，其解的个数（k 重根按 k 个根计算）为方程的次数，因此 n 阶方阵 $\boldsymbol{A}$ 在复数范围内有 n 个特征值.

求 n 阶方阵 $\boldsymbol{A}$ 特征值与特征向量可按如下步骤进行：

第一步　写出 n 阶方阵 $\boldsymbol{A}$ 的特征多项式 $|\boldsymbol{A}-\lambda\boldsymbol{E}|$；

第二步　求出特征方程 $|\boldsymbol{A}-\lambda\boldsymbol{E}|=0$ 的全部解 $\lambda_1,\lambda_2,\cdots\lambda_n$（其中可能有重根），也即 $\boldsymbol{A}$ 的全部特征值；

第三步　对每个特征值 $\lambda_i(i=1,2,\cdots,n)$，求出对应的齐次方程组 $(\boldsymbol{A}-\lambda_i\boldsymbol{E})\boldsymbol{X}=0$ 的基础解系 $\boldsymbol{\xi}_1,\boldsymbol{\xi}_2,\cdots,\boldsymbol{\xi}_{n-r}$ [其中 $R(\boldsymbol{A}-\lambda_i\boldsymbol{E})=r$]，则 $\boldsymbol{A}$ 属于特征值 λ_i 的全部特征向量为

$$c_1\boldsymbol{\xi}_1+c_2\boldsymbol{\xi}_2+\cdots+c_{n-r}\boldsymbol{\xi}_{n-r},$$

其中 $c_1,c_2,\cdots,c_{n-r}$ 是不全为零的常数.

例 6　求矩阵 $\boldsymbol{A}=\begin{pmatrix} -1 & 1 & 0 \\ -4 & 3 & 0 \\ 2 & 0 & 3 \end{pmatrix}$ 的特征值与特征向量.

解　矩阵 $\boldsymbol{A}$ 的特征多项式为

$$|\boldsymbol{A}-\lambda\boldsymbol{E}|=\begin{vmatrix} -1-\lambda & 1 & 0 \\ -4 & 3-\lambda & 0 \\ 2 & 0 & 3-\lambda \end{vmatrix}=(3-\lambda)(\lambda-1)^2,$$

令 $|\boldsymbol{A}-\lambda\boldsymbol{E}|=0$，得 $\boldsymbol{A}$ 的特征值为 $\lambda_1=3,\lambda_2=\lambda_3=1$.

当 $\lambda_1=3$ 时，对应的特征向量应满足

$$(\boldsymbol{A}-3\boldsymbol{E})\boldsymbol{X}=0,$$

即

$$\begin{pmatrix}-4 & 1 & 0\\ -4 & 0 & 0\\ 2 & 0 & 0\end{pmatrix}\begin{pmatrix}x_1\\ x_2\\ x_3\end{pmatrix}=0.$$

由
$$A-3E=\begin{pmatrix}-4 & 1 & 0\\ -4 & 0 & 0\\ 2 & 0 & 0\end{pmatrix}\sim\begin{pmatrix}0 & 1 & 0\\ 1 & 0 & 0\\ 0 & 0 & 0\end{pmatrix},$$

得基础解系 $\boldsymbol{\alpha}_1=\begin{pmatrix}0\\ 0\\ 1\end{pmatrix}$. 所以 $\boldsymbol{A}$ 属于特征值 $\lambda_1=3$ 的全部特征向量为 $c_1\boldsymbol{\alpha}_1$（c_1 为不等于零的任意常数).

当 $\lambda_2=\lambda_3=1$ 时，对应的特征向量应满足

$$(A-E)X=0,$$

即

$$\begin{pmatrix}-2 & 1 & 0\\ -4 & 2 & 0\\ 2 & 0 & 2\end{pmatrix}\begin{pmatrix}x_1\\ x_2\\ x_3\end{pmatrix}=0.$$

由
$$A-E=\begin{pmatrix}-2 & 1 & 0\\ -4 & 2 & 0\\ 2 & 0 & 2\end{pmatrix}\sim\begin{pmatrix}1 & 0 & 1\\ 0 & 1 & 2\\ 0 & 0 & 0\end{pmatrix},$$

得基础解系 $\boldsymbol{\alpha}_2=\begin{pmatrix}1\\ 2\\ -1\end{pmatrix}$. 所以，$\boldsymbol{A}$ 属于特征值 $\lambda_2=\lambda_3=1$ 的全部特征向量为 $c_2\boldsymbol{\alpha}_2$（c_2 为不等于零的任意常数).

例 7 求矩阵 $A=\begin{pmatrix}1 & -2 & 2\\ -2 & -2 & 4\\ 2 & 4 & -2\end{pmatrix}$ 的特征值与特征向量.

解 矩阵 $\boldsymbol{A}$ 的特征多项式

$$|A-\lambda E|=\begin{vmatrix}1-\lambda & -2 & 2\\ -2 & -2-\lambda & 4\\ 2 & 4 & -2-\lambda\end{vmatrix}=-(\lambda+7)(\lambda-2)^2,$$

令 $|A-\lambda E|=0$，得 $\boldsymbol{A}$ 的特征值为 $\lambda_1=-7,\lambda_2=\lambda_3=2$.

当 $\lambda_1=-7$ 时，对应的特征向量应满足

$$(A+7E)X=0,$$

即

$$\begin{pmatrix} 8 & -2 & 2 \\ -2 & 5 & 4 \\ 2 & 4 & 5 \end{pmatrix}\begin{pmatrix} x_1 \\ x_2 \\ x_3 \end{pmatrix}=0.$$

由 $\boldsymbol{A}+7\boldsymbol{E}=\begin{pmatrix} 8 & -2 & 2 \\ -2 & 5 & 4 \\ 2 & 4 & 5 \end{pmatrix}\sim\begin{pmatrix} 1 & 0 & \frac{1}{2} \\ 0 & 1 & 1 \\ 0 & 0 & 0 \end{pmatrix}$，得基础解系 $\boldsymbol{\alpha}_1=\begin{pmatrix} 1 \\ 2 \\ -2 \end{pmatrix}$. 所以 $\boldsymbol{A}$ 的属于特征值 $\lambda_1=-7$ 的全部特征向量为 $c_1\boldsymbol{\alpha}_1$（c_1 为不等于零的任意常数).

当 $\lambda_2=\lambda_3=2$ 时，对应的特征向量应满足

$$(\boldsymbol{A}-2\boldsymbol{E})\boldsymbol{X}=0$$

即

$$\begin{pmatrix} -1 & -2 & 2 \\ -2 & -4 & 4 \\ 2 & 4 & -4 \end{pmatrix}\begin{pmatrix} x_1 \\ x_2 \\ x_3 \end{pmatrix}=0.$$

由

$$\boldsymbol{A}-2\boldsymbol{E}=\begin{pmatrix} -1 & -2 & 2 \\ -2 & -4 & 4 \\ 2 & 4 & -4 \end{pmatrix}\sim\begin{pmatrix} 1 & 2 & -2 \\ 0 & 0 & 0 \\ 0 & 0 & 0 \end{pmatrix},$$

得基础解系 $\boldsymbol{\alpha}_2=\begin{pmatrix} -2 \\ 1 \\ 0 \end{pmatrix}$，$\boldsymbol{\alpha}_3=\begin{pmatrix} 2 \\ 0 \\ 1 \end{pmatrix}$. 所以，$\boldsymbol{A}$ 属于特征值 $\lambda_2=\lambda_3=2$ 的全部特征向量为 $c_2\boldsymbol{\alpha}_2+c_3\boldsymbol{\alpha}_3$（$c_2,c_3$ 是不同时为零的任意常数).

4.2.3 矩阵的特征值与特征向量的性质

定理 3 设 $\lambda_1,\lambda_2,\cdots,\lambda_m$ 是方阵 $\boldsymbol{A}$ 的 m 个特征值，$\boldsymbol{\alpha}_1,\boldsymbol{\alpha}_2,\cdots,\boldsymbol{\alpha}_m$ 是依次与之对应的特征向量，如果 $\lambda_1,\lambda_2,\cdots,\lambda_m$ 各不相等，则 $\boldsymbol{\alpha}_1,\boldsymbol{\alpha}_2,\cdots,\boldsymbol{\alpha}_m$ 线性无关.

证明 采用数学归纳法.

当 $m=1$ 时，由于 $\boldsymbol{\alpha}_1\neq 0$，因此 $\boldsymbol{\alpha}_1$ 线性无关.

假设当 $m=k-1$ 时结论成立，要证当 $m=k$ 时结论也成立. 即假设向量组 $\boldsymbol{\alpha}_1,\boldsymbol{\alpha}_2,\cdots,\boldsymbol{\alpha}_{k-1}$ 线性无关，要证向量组 $\boldsymbol{\alpha}_1,\boldsymbol{\alpha}_2,\cdots,\boldsymbol{\alpha}_k$ 线性无关. 为此，令

$$x_1\boldsymbol{\alpha}_1+x_2\boldsymbol{\alpha}_2+\cdots+x_{k-1}\boldsymbol{\alpha}_{k-1}+x_k\boldsymbol{\alpha}_k=0. \tag{3}$$

用 $\boldsymbol{A}$ 左乘上式，得

$$x_1\boldsymbol{A}\boldsymbol{\alpha}_1+x_2\boldsymbol{A}\boldsymbol{\alpha}_2+\cdots+x_{k-1}\mathrm{A}\boldsymbol{\alpha}_{k-1}+x_k\boldsymbol{A}\boldsymbol{\alpha}_k=0,$$

即

$$x_1\lambda_1\boldsymbol{\alpha}_1+x_2\lambda_2\boldsymbol{\alpha}_2+\cdots+x_{k-1}\lambda_{k-1}\boldsymbol{\alpha}_{k-1}+x_k\lambda_k\boldsymbol{\alpha}_k=0. \tag{4}$$

式（4）减去式（3）的 λ_k 倍，得

$$x_1(\lambda_1-\lambda_k)\boldsymbol{\alpha}_1+x_2(\lambda_2-\lambda_k)\boldsymbol{\alpha}_2+\cdots+x_{k-1}(\lambda_{k-1}-\lambda_k)\boldsymbol{\alpha}_{k-1}=0,$$

由归纳法假设 $\boldsymbol{\alpha}_1,\boldsymbol{\alpha}_2,\cdots,\boldsymbol{\alpha}_{k-1}$ 线性无关，故

$$x_1(\lambda_1-\lambda_k)=x_2(\lambda_2-\lambda_k)=\cdots=x_{k-1}(\lambda_{k-1}-\lambda_k)=0,$$

而 $\lambda_1,\lambda_2,\cdots,\lambda_m$ 各不相等，即 $\lambda_i-\lambda_k\neq 0\ (i=1,2,\cdots,k-1)$. 故

$$x_1=x_2=\cdots=x_{k-1}=0.$$

将其代入式（3）得 $x_k\boldsymbol{\alpha}_k=0$，而 $\boldsymbol{\alpha}_k\neq 0$，得 $x_k=0$. 因此向量组 $\boldsymbol{\alpha}_1,\boldsymbol{\alpha}_2,\cdots,\boldsymbol{\alpha}_m$ 线性无关.

用类似证明定理 3 的方法，可以证明下述定理.

定理 4 设 $\boldsymbol{A}$ 为 n 阶方阵，$\lambda_1,\lambda_2,\cdots,\lambda_m$ 是 $\boldsymbol{A}$ 的 m 个互不相同的特征值，$\boldsymbol{\alpha}_{i1},\boldsymbol{\alpha}_{i2},\cdots,\boldsymbol{\alpha}_{ip_i}$ 是 $\boldsymbol{A}$ 的对应于特征值 $\lambda_i\,(i=1,2,\cdots,m)$ 的线性无关的特征向量组，那么向量组

$$\boldsymbol{\alpha}_{11},\boldsymbol{\alpha}_{12},\cdots,\boldsymbol{\alpha}_{1p_1},\boldsymbol{\alpha}_{21},\boldsymbol{\alpha}_{22},\cdots,\boldsymbol{\alpha}_{2p_2},\cdots,\boldsymbol{\alpha}_{m1},\boldsymbol{\alpha}_{m2},\cdots,\boldsymbol{\alpha}_{mp_m}$$

线性无关.

定理 5 设 n 阶方阵 $\boldsymbol{A}$ 的特征值为 $\lambda_1,\lambda_2,\cdots,\lambda_n$，则

(1) $\lambda_1+\lambda_2+\cdots+\lambda_n=a_{11}+a_{22}+\cdots+a_{nn}$；

(2) $\lambda_1\lambda_2\cdots\lambda_n=|\boldsymbol{A}|$.

此定理的证明要用到 n 次多项式根与系数的关系，证明略.

例 8 设 3 阶方阵 $\boldsymbol{A}$ 的特征值为 $\lambda_1=1,\lambda_2=2,\lambda_3=-3$，求 $\det(\boldsymbol{A}^3-3\boldsymbol{A}+\boldsymbol{E})$.

解 设 $f(t)=t^3-3t+1$，则 $f(\boldsymbol{A})=\boldsymbol{A}^3-3\boldsymbol{A}+\boldsymbol{E}$ 的特征值为

$$f(\lambda_1)=-1,f(\lambda_2)=3,f(\lambda_3)=-17.$$

由定理 5 中的（2）知

$$\det(\boldsymbol{A}^3-3\boldsymbol{A}+\boldsymbol{E})=(-1)\cdot 3\cdot(-17)=51.$$

习题 4.2

1. 填空题

（1）设 2 是方阵 $\boldsymbol{A}$ 的一个特征值，则 $2\boldsymbol{A}^2+\boldsymbol{A}-\boldsymbol{E}$ 的一个特征值是________，$(2\boldsymbol{A})^{-1}$ 的一个特征值是________.

（2）已知三阶方阵 $\boldsymbol{A}$ 的特征值为 $-1,1,2$，则矩阵 $(3\boldsymbol{A}^*)^{-1}$ 的特征值是________.

（3）设 $\boldsymbol{A}=\begin{pmatrix}1&-3&3\\3&a&3\\6&-6&4\end{pmatrix}$ 的三个特征值为 $-2,-2,4$，则 $a=$________.

2. 求如下矩阵的特征值和特征向量：

（1）$\boldsymbol{A}=\begin{pmatrix}-3&4\\2&-1\end{pmatrix}$；（2）$\boldsymbol{A}=\begin{pmatrix}3&-2&-4\\-2&6&-2\\-4&-2&3\end{pmatrix}$；（3）$\boldsymbol{A}=\begin{pmatrix}1&0&2\\0&1&2\\3&-a-2&2a\end{pmatrix}$.

3. 设矩阵 $\boldsymbol{A}=\begin{pmatrix}-1 & 2 & 2\\ 2 & -1 & -2\\ 2 & -2 & -1\end{pmatrix}$，

(1) 求 $\boldsymbol{A}$ 的特征值；

(2) 利用 (1) 的结果，求矩阵 $\boldsymbol{E}+\boldsymbol{A}^{-1}$ 的特征值，其中 $\boldsymbol{E}$ 为 3 阶单位矩阵.

4. 已知 3 阶矩阵 $\boldsymbol{A}$ 的特征值为 1，2，-3，求 $|\boldsymbol{A}^*+3\boldsymbol{A}+2\boldsymbol{E}|$.

5. 已知 $\boldsymbol{A}$ 为 n 阶方阵且 $\boldsymbol{A}^2=\boldsymbol{A}$，求 $\boldsymbol{A}$ 的特征值.

6. 已知 $\boldsymbol{A}=\begin{pmatrix}0 & 0 & 1\\ x & 1 & 0\\ 1 & 0 & 0\end{pmatrix}$ 有三个线性无关的特征向量，求 x.

7. 设 $\boldsymbol{\alpha}_1,\boldsymbol{\alpha}_2$ 分别是 n 阶矩阵 $\boldsymbol{A}$ 的属于不同特征值 λ_1,λ_2 的两个特征向量，证明 $\boldsymbol{\alpha}_1+\boldsymbol{\alpha}_2$ 不是 $\boldsymbol{A}$ 的特征向量.

4.3 相似矩阵与矩阵的对角化

对角矩阵是矩阵中形式最简单、运算最方便的一类矩阵. 那么，对于任意方阵是否可化为对角矩阵，并保持方阵的一些原有性质不变，本节将讨论这个问题.

4.3.1 相似矩阵

定义 9 设 $\boldsymbol{A}$ 和 $\boldsymbol{B}$ 都是 n 阶方阵，若有可逆矩阵 $\boldsymbol{P}$ 使得

$$\boldsymbol{P}^{-1}\boldsymbol{A}\boldsymbol{P}=\boldsymbol{B},$$

则称矩阵 $\boldsymbol{A}$ 与 $\boldsymbol{B}$ 相似，记作 $\boldsymbol{A}\approx\boldsymbol{B}$.

对 $\boldsymbol{A}$ 进行的运算 $\boldsymbol{P}^{-1}\boldsymbol{A}\boldsymbol{P}$ 称为对 $\boldsymbol{A}$ 进行相似变换，可逆矩阵 $\boldsymbol{P}$ 称为把 $\boldsymbol{A}$ 变成 $\boldsymbol{B}$ 的相似变换矩阵.

例如

$$\begin{pmatrix}1 & -1\\ -1 & 2\end{pmatrix}^{-1}\begin{pmatrix}3 & -1\\ -1 & 3\end{pmatrix}\begin{pmatrix}1 & -1\\ -1 & 2\end{pmatrix}=\begin{pmatrix}4 & -3\\ 0 & 2\end{pmatrix},$$

由定义 9

$$\begin{pmatrix}3 & -1\\ -1 & 3\end{pmatrix}\approx\begin{pmatrix}4 & -3\\ 0 & 2\end{pmatrix}.$$

相似是矩阵间的一种关系，这种关系具有以下基本性质：

(1) 自反性　$\boldsymbol{A}\approx\boldsymbol{A}$；

(2) 对称性　若 $\boldsymbol{A}\approx\boldsymbol{B}$，则 $\boldsymbol{B}\approx\boldsymbol{A}$；

(3) 传递性　若 $\boldsymbol{A}\approx\boldsymbol{B}$，$\boldsymbol{B}\approx\boldsymbol{C}$，则 $\boldsymbol{A}\approx\boldsymbol{C}$.

另外，相似矩阵还具有以下重要性质：

性质 1 对于 n 阶方阵 $\boldsymbol{A}$ 和 $\boldsymbol{B}$，若 $\boldsymbol{A}\approx\boldsymbol{B}$，则 $|\boldsymbol{A}|=|\boldsymbol{B}|$.

证明 $|\boldsymbol{B}|=|\boldsymbol{P}^{-1}\boldsymbol{A}\boldsymbol{P}|=|\boldsymbol{P}^{-1}||\boldsymbol{A}||\boldsymbol{P}|=|\boldsymbol{A}|$.

性质 2 对于 n 阶矩阵 $\boldsymbol{A}$ 和 $\boldsymbol{B}$，若 $\boldsymbol{A}\approx\boldsymbol{B}$，则 $\boldsymbol{A}^{\mathrm{T}}\approx\boldsymbol{B}^{\mathrm{T}}$.

证明 因为 $\boldsymbol{B}^{\mathrm{T}}=(\boldsymbol{P}^{-1}\boldsymbol{A}\boldsymbol{P})^{\mathrm{T}}=\boldsymbol{P}^{\mathrm{T}}\boldsymbol{A}^{\mathrm{T}}(\boldsymbol{P}^{-1})^{\mathrm{T}}=[(\boldsymbol{P}^{\mathrm{T}})^{-1}]^{-1}\boldsymbol{A}^{\mathrm{T}}(\boldsymbol{P}^{-1})^{\mathrm{T}}$，所以 $\boldsymbol{A}^{\mathrm{T}}\approx\boldsymbol{B}^{\mathrm{T}}$.

性质 3 相似矩阵有相同的特征多项式和完全相同的特征值.

证明 设 $\boldsymbol{A},\boldsymbol{B}$ 为 n 阶方阵，且 $\boldsymbol{A}\approx\boldsymbol{B}$，则存在可逆矩阵 $\boldsymbol{P}$，使得

$$\boldsymbol{B}=\boldsymbol{P}^{-1}\boldsymbol{A}\boldsymbol{P},$$

于是

$$\begin{aligned}|\boldsymbol{B}-\lambda\boldsymbol{E}|&=|\boldsymbol{P}^{-1}\boldsymbol{A}\boldsymbol{P}-\lambda\boldsymbol{P}^{-1}\boldsymbol{P}|=|\boldsymbol{P}^{-1}(\boldsymbol{A}-\lambda\boldsymbol{E})\boldsymbol{P}|\\&=|\boldsymbol{P}^{-1}||\boldsymbol{A}-\lambda\boldsymbol{E}||\boldsymbol{P}|=|\boldsymbol{A}-\lambda\boldsymbol{E}|.\end{aligned}$$

所以矩阵 $\boldsymbol{A}$ 和 $\boldsymbol{B}$ 有相同的特征多项式，从而有完全相同的特征值.

推论 若 n 阶矩阵 $\boldsymbol{A}$ 与对角阵

$$\boldsymbol{\Lambda}=\begin{pmatrix}\lambda_1&&&\\&\lambda_2&&\\&&\ddots&\\&&&\lambda_n\end{pmatrix}$$

相似，则 $\lambda_1,\lambda_2\cdots,\lambda_n$ 是 $\boldsymbol{A}$ 的 n 个特征值.

证明 因为 $\lambda_1,\lambda_2\cdots,\lambda_n$ 是 $\boldsymbol{\Lambda}$ 的 n 个特征值，由性质 3 知 $\lambda_1,\lambda_2,\cdots,\lambda_n$ 也是 $\boldsymbol{A}$ 的 n 个特征值.

4.3.2 矩阵的对角化

定义 10 若 n 阶方阵 $\boldsymbol{A}$ 相似于一个对角矩阵 $\boldsymbol{\Lambda}$，则称矩阵 $\boldsymbol{A}$ 可以对角化.

下面要讨论的问题是：(1) 什么样的方阵可以对角化？(2) 如果一个 n 阶方阵可以对角化，其相似变换矩阵 $\boldsymbol{P}$ 如何求得？对角矩阵 $\boldsymbol{\Lambda}$ 又如何求出？下面的定理回答了这个问题.

定理 6 n 阶矩阵 $\boldsymbol{A}$ 可以对角化的充分必要条件是 $\boldsymbol{A}$ 有 n 个线性无关的特征向量.

证明 必要性：设 $\boldsymbol{A}$ 可以对角化，即存在可逆矩阵 $\boldsymbol{P}$ 和 n 阶对角矩阵 $\boldsymbol{\Lambda}=\mathrm{diag}(\lambda_1,\lambda_2,\cdots,\lambda_n)$，使得

$$\boldsymbol{P}^{-1}\boldsymbol{A}\boldsymbol{P}=\boldsymbol{\Lambda}=\begin{pmatrix}\lambda_1&&&\\&\lambda_2&&\\&&\ddots&\\&&&\lambda_n\end{pmatrix}.$$

将上式左乘 $\boldsymbol{P}$，则有 $\boldsymbol{A}\boldsymbol{P}=\boldsymbol{P}\boldsymbol{\Lambda}$.

将矩阵 $\boldsymbol{P}$ 按列分块为 $\boldsymbol{P}=(\boldsymbol{\alpha}_1,\boldsymbol{\alpha}_2,\cdots,\boldsymbol{\alpha}_n)$，则 $\boldsymbol{A}\boldsymbol{P}=\boldsymbol{P}\boldsymbol{\Lambda}$ 可写成

$$A(\boldsymbol{\alpha}_1,\boldsymbol{\alpha}_2,\cdots,\boldsymbol{\alpha}_n)=(\boldsymbol{\alpha}_1,\boldsymbol{\alpha}_2,\cdots,\boldsymbol{\alpha}_n)\begin{pmatrix}\lambda_1 & & & \\ & \lambda_2 & & \\ & & \ddots & \\ & & & \lambda_n\end{pmatrix},$$

即
$$(A\boldsymbol{\alpha}_1,A\boldsymbol{\alpha}_2,\cdots,A\boldsymbol{\alpha}_n)=(\lambda\boldsymbol{\alpha}_1,\lambda\boldsymbol{\alpha}_2,\cdots,\lambda\boldsymbol{\alpha}_n).$$

于是有

$$A\boldsymbol{\alpha}_i=\lambda_i\boldsymbol{\alpha}_i \quad (i=1,2,\cdots,n).$$

这说明 $\boldsymbol{P}$ 的列向量 $\boldsymbol{\alpha}_1,\boldsymbol{\alpha}_2,\cdots,\boldsymbol{\alpha}_n$ 恰好是矩阵 $\boldsymbol{A}$ 分别属于特征值 $\lambda_1,\lambda_2,\cdots,\lambda_n$ 的特征向量. 由于 $\boldsymbol{\alpha}_1,\boldsymbol{\alpha}_2,\cdots,\boldsymbol{\alpha}_n$ 是可逆矩阵 $\boldsymbol{P}$ 的列向量组，所以必是线性无关组，故矩阵 $\boldsymbol{A}$ 有 n 个线性无关的特征向量.

充分性：若 $\boldsymbol{A}$ 有 n 个线性无关的特征向量 $\boldsymbol{\alpha}_1,\boldsymbol{\alpha}_2,\cdots,\boldsymbol{\alpha}_n$，假设它们对应的特征值分别是 $\lambda_1,\lambda_2,\cdots,\lambda_n$，则有

$$A\boldsymbol{\alpha}_i=\lambda_i\boldsymbol{\alpha}_i \quad (i=1,2,\cdots,n).$$

记 $\boldsymbol{P}=(\boldsymbol{\alpha}_1,\boldsymbol{\alpha}_2,\cdots,\boldsymbol{\alpha}_n)$，因为 $\boldsymbol{\alpha}_1,\boldsymbol{\alpha}_2,\cdots,\boldsymbol{\alpha}_n$ 线性无关，故 $\boldsymbol{P}$ 可逆. 于是有

$$\begin{aligned}\boldsymbol{AP}&=\boldsymbol{A}(\boldsymbol{\alpha}_1,\boldsymbol{\alpha}_2,\cdots,\boldsymbol{\alpha}_n)=(A\boldsymbol{\alpha}_1,A\boldsymbol{\alpha}_2,\cdots,A\boldsymbol{\alpha}_n)\\&=(\lambda\boldsymbol{\alpha}_1,\lambda\boldsymbol{\alpha}_2,\cdots,\lambda\boldsymbol{\alpha}_n)\\&=(\boldsymbol{\alpha}_1,\boldsymbol{\alpha}_2,\cdots,\boldsymbol{\alpha}_n)\begin{pmatrix}\lambda_1 & & & \\ & \lambda_2 & & \\ & & \ddots & \\ & & & \lambda_n\end{pmatrix},\\&=\boldsymbol{P}\begin{pmatrix}\lambda_1 & & & \\ & \lambda_2 & & \\ & & \ddots & \\ & & & \lambda_n\end{pmatrix}.\end{aligned}$$

用 $\boldsymbol{P}^{-1}$ 左乘上式两端，得

$$\boldsymbol{P}^{-1}\boldsymbol{AP}=\begin{pmatrix}\lambda_1 & & & \\ & \lambda_2 & & \\ & & \ddots & \\ & & & \lambda_n\end{pmatrix},$$

因此，矩阵 $\boldsymbol{A}$ 可以对角化.

推论 如果 n 阶方阵 $\boldsymbol{A}$ 的 n 个特征值互不相等，则 $\boldsymbol{A}$ 可以对角化.

当 $\boldsymbol{A}$ 的特征方程有重根时，$\boldsymbol{A}$ 就不一定有 n 个线性无关的特征向量，从而不一定能对角化. 例如在 4.2 节例 6 中的特征方程有重根，但找不到 3 个线性无关的特征向量，因此 4.2 节例 6 中的 $\boldsymbol{A}$ 不能对角化；而在 4.2 节例 7 中的特征方程

也有重根，但能找到3个线性无关的特征向量，因此，4.2节例7中的$\boldsymbol{A}$可以对角化.

定理7 设λ是n阶矩阵$\boldsymbol{A}$的k重特征值，则$\boldsymbol{A}$属于λ的线性无关的特征向量至多有k个（证明略）.

该定理表明，一个n阶矩阵$\boldsymbol{A}$最多有n个线性无关的特征向量.

例9 设$\boldsymbol{A}=\begin{pmatrix}2&2&0\\8&2&x\\0&0&6\end{pmatrix}$，问$x$为何值时，矩阵$\boldsymbol{A}$可以对角化？并求可逆矩阵$\boldsymbol{P}$使$\boldsymbol{P}^{-1}\boldsymbol{AP}=\boldsymbol{\Lambda}$.

解 矩阵$\boldsymbol{A}$的特征多项式为$|\boldsymbol{A}-\lambda\boldsymbol{E}|=\begin{vmatrix}2-\lambda&2&0\\8&2-\lambda&x\\0&0&6-\lambda\end{vmatrix}=-(\lambda-6)^2(\lambda+2)$，故$\boldsymbol{A}$的特征值为$\lambda_1=\lambda_2=6$，$\lambda_3=-2$.

由于矩阵$\boldsymbol{A}$可以对角化，故对应$\lambda_1=\lambda_2=6$应有两个线性无关的特征向量，即方程$(\boldsymbol{A}-6\boldsymbol{E})\boldsymbol{X}=0$有两个线性无关的解，亦即系数矩阵$\boldsymbol{A}-6\boldsymbol{E}$的秩$R(\boldsymbol{A}-6\boldsymbol{E})=1$.

由$\boldsymbol{A}-6\boldsymbol{E}=\begin{pmatrix}-4&2&0\\8&-4&x\\0&0&0\end{pmatrix}\sim\begin{pmatrix}2&-1&0\\0&0&x\\0&0&0\end{pmatrix}$，知$x=0$. 于是对应于$\lambda_1=\lambda_2=6$的两个线个无关的特征向量可取为

$$\boldsymbol{\xi}_1=\begin{pmatrix}0\\0\\1\end{pmatrix},\boldsymbol{\xi}_2=\begin{pmatrix}1\\2\\0\end{pmatrix}.$$

当$\lambda_3=-2$时，

$$\boldsymbol{A}+2\boldsymbol{E}=\begin{pmatrix}4&2&0\\8&4&0\\0&0&8\end{pmatrix}\sim\begin{pmatrix}2&1&0\\0&0&1\\0&0&0\end{pmatrix},$$

于是对应于$\lambda_3=-2$的特征向量可取为

$$\boldsymbol{\xi}_3=\begin{pmatrix}1\\-2\\0\end{pmatrix}.$$

令$\boldsymbol{P}=\begin{pmatrix}0&1&1\\0&2&-2\\1&0&0\end{pmatrix}$，则$\boldsymbol{P}$可逆，并有$\boldsymbol{P}^{-1}\boldsymbol{AP}=\begin{pmatrix}6&&\\&6&\\&&-2\end{pmatrix}$.

习题 4.3

1. 判断下列矩阵是否与对角阵相似，如果是，写出相似对角阵 $\boldsymbol{\Lambda}$ 及相似变换矩阵 $\boldsymbol{P}$.

(1) $\begin{pmatrix} 2 & 1 \\ 1 & 2 \end{pmatrix}$； (2) $\begin{pmatrix} 5 & 6 & -3 \\ -1 & 0 & 1 \\ 1 & 2 & 1 \end{pmatrix}$； (3) $\begin{pmatrix} 0 & 0 & 1 \\ 0 & 1 & 0 \\ 1 & 0 & 0 \end{pmatrix}$.

2. 已知矩阵 $\boldsymbol{A}=\begin{pmatrix} 1 & 1 & 0 \\ 1 & 1 & 0 \\ 0 & 0 & 3 \end{pmatrix}$ 与 $\boldsymbol{B}=\begin{pmatrix} 0 & 0 & 0 \\ 0 & 3 & 0 \\ 0 & 0 & x \end{pmatrix}$ 相似，求

(1) x；(2) 求可逆矩阵 $\boldsymbol{P}$，使得 $\boldsymbol{P}^{-1}\boldsymbol{AP}=\boldsymbol{B}$.

3. 已知 $\boldsymbol{A}=\begin{pmatrix} 2 & a & 2 \\ 5 & b & 3 \\ -1 & 1 & -1 \end{pmatrix}$ 有特征值 1 和 −1，问 $\boldsymbol{A}$ 是否能对角化？

4. 已知 $\boldsymbol{A}=\begin{pmatrix} 2 & 0 & 0 \\ 1 & 2 & -1 \\ 1 & 0 & 1 \end{pmatrix}$，求 $\boldsymbol{A}^{100}$.

5. 设三阶矩阵 $\boldsymbol{A}$ 的三个特征值为 2，−2，1，对应的特征向量依次为 $\boldsymbol{p}_1=\begin{pmatrix} 0 \\ 1 \\ 1 \end{pmatrix}$，$\boldsymbol{p}_2-\begin{pmatrix} 1 \\ 1 \\ 1 \end{pmatrix}$，$\boldsymbol{p}_3-\begin{pmatrix} 1 \\ 1 \\ 0 \end{pmatrix}$，求矩阵 $\boldsymbol{A}$ 以及 $\boldsymbol{A}^5$.

4.4 实对称矩阵的对角化

本节将说明，实对称矩阵作为一类特殊的矩阵，其特征值和特征向量具有特殊的性质. 实对称矩阵都可以经过正交变换实现对角化.

4.4.1 实对称矩阵的特征值与特征向量

定理 8 实对称矩阵的特征值都是实数.

证明 设 λ 是实对称矩阵 $\boldsymbol{A}$ 的特征值，$\boldsymbol{\alpha}$ 是与之对应的特征向量，即

$$\boldsymbol{A\alpha}=\lambda\boldsymbol{\alpha}, \tag{1}$$

上式两端取共轭，注意 $\overline{\boldsymbol{A}}=\boldsymbol{A}$，便有

$$\boldsymbol{A}\overline{\boldsymbol{\alpha}}=\overline{\lambda}\,\overline{\boldsymbol{\alpha}},$$

两端同时转置，得

$$\overline{\boldsymbol{\alpha}}^{\mathrm{T}}\boldsymbol{A}=\overline{\lambda}\,\overline{\boldsymbol{\alpha}}^{\mathrm{T}},$$

上式两端右乘 $\boldsymbol{\alpha}$ 得

$$\overline{\boldsymbol{\alpha}}^{\mathrm{T}}\boldsymbol{A}\boldsymbol{\alpha}=\overline{\lambda}\,\overline{\boldsymbol{\alpha}}^{\mathrm{T}}\boldsymbol{\alpha}\ ,\tag{2}$$

式（1）两端左乘 $\overline{\boldsymbol{\alpha}}^{\mathrm{T}}$，得

$$\overline{\boldsymbol{\alpha}}^{\mathrm{T}}\boldsymbol{A}\boldsymbol{\alpha}=\lambda\,\overline{\boldsymbol{\alpha}}^{\mathrm{T}}\boldsymbol{\alpha},\tag{3}$$

式（2）与式（3）两端相减，得

$$(\overline{\lambda}-\lambda)\,\overline{\boldsymbol{\alpha}}^{\mathrm{T}}\boldsymbol{\alpha}=0.$$

由于 $\boldsymbol{\alpha}\neq 0$，故 $\overline{\boldsymbol{\alpha}}^{\mathrm{T}}\boldsymbol{\alpha}\neq 0$，于是有 $\overline{\lambda}-\lambda=0$，即 $\overline{\lambda}=\lambda$，这说明 λ 为一实数.

设 λ 是实对称矩阵的任意一特征值，由于 λ 是实数，所以齐次线性方程组 $(\boldsymbol{A}-\lambda\boldsymbol{E})\boldsymbol{X}=0$ 是实系数方程组，其解向量为实向量，所以 $\boldsymbol{A}$ 对应于特征值 λ 的特征向量都是实向量.

定理 9 设 λ_1,λ_2 是实对称矩阵 $\boldsymbol{A}$ 的两个特征值，$\boldsymbol{\alpha}_1,\boldsymbol{\alpha}_2$ 分别是 λ_1,λ_2 对应的两个特征向量. 若 $\lambda_1\neq\lambda_2$，则 $\boldsymbol{\alpha}_1$ 与 $\boldsymbol{\alpha}_2$ 正交.

证明 由特征值和特征向量的定义，有

$$\boldsymbol{A}\boldsymbol{\alpha}_1=\lambda_1\boldsymbol{\alpha}_1,\ \boldsymbol{A}\boldsymbol{\alpha}_2=\lambda_2\boldsymbol{\alpha}_2,$$

将前式两端转置并右乘 $\boldsymbol{\alpha}_2$，将后式两端左乘 $\boldsymbol{\alpha}_1^{\mathrm{T}}$，得

$$\boldsymbol{\alpha}_1^{\mathrm{T}}\boldsymbol{A}\boldsymbol{\alpha}_2=\lambda_1\boldsymbol{\alpha}_1^{\mathrm{T}}\boldsymbol{\alpha}_2,\ \boldsymbol{\alpha}_1^{\mathrm{T}}\boldsymbol{A}\boldsymbol{\alpha}_2=\lambda_2\boldsymbol{\alpha}_1^{\mathrm{T}}\boldsymbol{\alpha}_2,$$

于是可得

$$(\lambda_1-\lambda_2)\boldsymbol{\alpha}_1^{\mathrm{T}}\boldsymbol{\alpha}_2=0,$$

因为 $\lambda_1\neq\lambda_2$，所以有 $\boldsymbol{\alpha}_1^{\mathrm{T}}\boldsymbol{\alpha}_2=0$，即 $\boldsymbol{\alpha}_1$ 与 $\boldsymbol{\alpha}_2$ 正交.

4.4.2 实对称矩阵的对角化

定理 10 设 $\boldsymbol{A}$ 为 n 阶实对称矩阵，则必有正交矩阵 $\boldsymbol{P}$，使得 $\boldsymbol{P}^{-1}\boldsymbol{A}\boldsymbol{P}=\boldsymbol{P}^{\mathrm{T}}\boldsymbol{A}\boldsymbol{P}=\boldsymbol{\Lambda}$，其中 $\boldsymbol{\Lambda}$ 是 $\boldsymbol{A}$ 的 n 个特征值为对角元的对角阵.（证明略）

推论 设 $\boldsymbol{A}$ 为 n 阶实对称矩阵，λ 是 $\boldsymbol{A}$ 的特征方程的 k 重根，则矩阵 $\boldsymbol{A}-\lambda\boldsymbol{E}$ 的秩 $R(\boldsymbol{A}-\lambda\boldsymbol{E})=n-k$，从而对应特征值 λ 恰有 k 个线性无关的特征向量（证明略）.

依据定理 10 及其推论，我们可以采取以下步骤将实对称阵 $\boldsymbol{A}$ 对角化：

（1）求出 $\boldsymbol{A}$ 的全部互不相等的特征值 $\lambda_1,\lambda_2,\cdots,\lambda_m$，它们的重数分别为 $n_1,n_2,\cdots,n_m(n_1+n_2+\cdots+n_m=n)$.

（2）对每个 n_i 重特征值 λ_i，求方程组 $(\boldsymbol{A}-\lambda_i\boldsymbol{E})\boldsymbol{X}=0$ 的基础解系，得 n_i 个线性无关的特征向量 $\boldsymbol{\alpha}_{i_1},\boldsymbol{\alpha}_{i_2},\cdots,\boldsymbol{\alpha}_{i_{n_i}}$，再把它们正交化、单位化得 n_i 个两两正交的单位特征向量 $\boldsymbol{P}_{i_1},\boldsymbol{P}_{i_2},\cdots,\boldsymbol{P}_{i_{n_i}}$ $(i=1,2,\cdots,m)$. 因 $n_1+n_2+\cdots+n_m=n$，故总共可得 n 个两两正交的单位特征向量.

(3) 取 $\boldsymbol{P}=(\boldsymbol{P}_{1_1},\boldsymbol{P}_{1_2},\cdots,\boldsymbol{P}_{1_{n_1}},\boldsymbol{P}_{2_1},\boldsymbol{P}_{2_2},\cdots,\boldsymbol{P}_{2_{n_2}},\cdots,\boldsymbol{P}_{m_1},\boldsymbol{P}_{m_2},\cdots,\boldsymbol{P}_{m_{n_m}})$，则 $\boldsymbol{P}$ 为正交矩阵，且 $\boldsymbol{P}^{-1}\boldsymbol{AP}=\boldsymbol{\Lambda}$，其中 $\boldsymbol{\Lambda}=\mathrm{diag}(\lambda_1,\cdots,\lambda_1,\lambda_2,\cdots,\lambda_2,\cdots,\lambda_m,\cdots,\lambda_m)$.

例 10 设 $\boldsymbol{A}=\begin{pmatrix}1&-2&-4\\-2&4&-2\\-4&-2&1\end{pmatrix}$，求正交矩阵 $\boldsymbol{P}$，使 $\boldsymbol{P}^{-1}\boldsymbol{AP}$ 为对角矩阵.

解 矩阵 $\boldsymbol{A}$ 的特征多项式为

$$|\boldsymbol{A}-\lambda\boldsymbol{E}|=\begin{vmatrix}1-\lambda&-2&-4\\-2&4-\lambda&-2\\-4&-2&1-\lambda\end{vmatrix}=\begin{vmatrix}-5-\lambda&-\lambda&-5-\lambda\\-2&4-\lambda&-2\\-4&-2&1-\lambda\end{vmatrix}$$

$$=\begin{vmatrix}-5-\lambda&-\lambda&0\\-2&4-\lambda&0\\-4&-2&5-\lambda\end{vmatrix}=-(\lambda-5)^2(\lambda+4).$$

矩阵 $\boldsymbol{A}$ 的特征值为 $\lambda_1=\lambda_2=5,\lambda_3=-4$.

当 $\lambda_1=\lambda_2=5$ 时，解齐次线性方程组 $(\boldsymbol{A}-5\boldsymbol{E})\boldsymbol{X}=0$.

由 $\boldsymbol{A}-5\boldsymbol{E}=\begin{pmatrix}-4&-2&-4\\-2&-1&-2\\-4&-2&-4\end{pmatrix}\sim\begin{pmatrix}2&1&2\\0&0&0\\0&0&0\end{pmatrix}$，得基础解系 $\boldsymbol{\xi}_1=\begin{pmatrix}1\\-2\\0\end{pmatrix},\boldsymbol{\xi}_2=\begin{pmatrix}1\\0\\-1\end{pmatrix}$.

将 $\boldsymbol{\xi}_1,\boldsymbol{\xi}_2$ 正交化：取 $\boldsymbol{\beta}_1=\boldsymbol{\xi}_1$，

$$\boldsymbol{\beta}_2=\boldsymbol{\xi}_2-\frac{[\boldsymbol{\beta}_1,\boldsymbol{\xi}_2]}{[\boldsymbol{\beta}_1,\boldsymbol{\beta}_1]}\boldsymbol{\beta}_1=\begin{pmatrix}1\\0\\-1\end{pmatrix}-\frac{1}{5}\begin{pmatrix}1\\-2\\0\end{pmatrix}=\frac{1}{5}\begin{pmatrix}4\\2\\-5\end{pmatrix}.$$

再将 $\boldsymbol{\beta}_1,\boldsymbol{\beta}_2$ 单位化，得

$$\boldsymbol{\alpha}_1=\frac{1}{\sqrt{5}}\begin{pmatrix}1\\-2\\0\end{pmatrix},\boldsymbol{\alpha}_2=\frac{1}{3\sqrt{5}}\begin{pmatrix}4\\2\\-5\end{pmatrix}.$$

当 $\lambda_3=-4$ 时，解齐次线性方程组 $(\boldsymbol{A}+4\boldsymbol{E})\boldsymbol{X}=0$，

由 $\boldsymbol{A}+4\boldsymbol{E}=\begin{pmatrix}5&-2&-4\\-2&8&-2\\-4&-2&5\end{pmatrix}\sim\begin{pmatrix}1&-2&0\\0&-2&1\\0&0&0\end{pmatrix}$，得基础解系 $\boldsymbol{\xi}_3=\begin{pmatrix}2\\1\\2\end{pmatrix}$.

再将 $\boldsymbol{\xi}_3$ 单位化，得 $\boldsymbol{\alpha}_3=\frac{1}{3}\begin{pmatrix}2\\1\\2\end{pmatrix}$.

令 $\boldsymbol{P}=(\boldsymbol{\alpha}_1,\boldsymbol{\alpha}_2,\boldsymbol{\alpha}_3)=\begin{pmatrix}\frac{1}{\sqrt{5}} & \frac{4}{3\sqrt{5}} & \frac{2}{3}\\ -\frac{2}{\sqrt{5}} & \frac{2}{3\sqrt{5}} & \frac{1}{3}\\ 0 & -\frac{5}{3\sqrt{5}} & \frac{2}{3}\end{pmatrix}$，则 $\boldsymbol{P}$ 为所求正交矩阵，它满足 $\boldsymbol{P}^{-1}\boldsymbol{A}\boldsymbol{P}=\begin{pmatrix}5 & & \\ & 5 & \\ & & -4\end{pmatrix}$.

例 11 设 $\boldsymbol{A}=\begin{pmatrix}3 & -2\\ -2 & 3\end{pmatrix}$，求 $\boldsymbol{A}^n$（n 为正整数）.

解 因为 $\boldsymbol{A}$ 为实对称阵，故 $\boldsymbol{A}$ 可以对角化，即有正交矩阵 $\boldsymbol{P}$ 及对角矩阵 $\boldsymbol{\Lambda}$，使 $\boldsymbol{P}^{-1}\boldsymbol{A}\boldsymbol{P}=\boldsymbol{\Lambda}$. 于是 $\boldsymbol{A}=\boldsymbol{P}\boldsymbol{\Lambda}\boldsymbol{P}^{-1}=\boldsymbol{P}\boldsymbol{\Lambda}\boldsymbol{P}^{\mathrm{T}}$. 从而 $\boldsymbol{A}^n=\boldsymbol{P}\boldsymbol{\Lambda}^n\boldsymbol{P}^{\mathrm{T}}$.

$\boldsymbol{A}$ 的特征多项式为 $|\boldsymbol{A}-\lambda\boldsymbol{E}|=\begin{vmatrix}3-\lambda & -2\\ -2 & 3-\lambda\end{vmatrix}=(\lambda-1)(\lambda-5)$. $\boldsymbol{A}$ 的特征值为 $\lambda_1=1,\lambda_2=5$.

对应 $\lambda_1=1$，解方程组 $(\boldsymbol{A}-\boldsymbol{E})\boldsymbol{X}=0$.

由 $\boldsymbol{A}-\boldsymbol{E}=\begin{pmatrix}2 & -2\\ -2 & 2\end{pmatrix}\sim\begin{pmatrix}1 & -1\\ 0 & 0\end{pmatrix}$，得基础解系 $\boldsymbol{\xi}_1=\begin{pmatrix}1\\ 1\end{pmatrix}$，将其单位化得 $\boldsymbol{\alpha}_1=\frac{1}{\sqrt{2}}\begin{pmatrix}1\\ 1\end{pmatrix}$.

对应 $\lambda_2=5$，解方程组 $(\boldsymbol{A}-5\boldsymbol{E})\boldsymbol{X}=0$.

由 $\boldsymbol{A}-5\boldsymbol{E}=\begin{pmatrix}-2 & -2\\ -2 & -2\end{pmatrix}\sim\begin{pmatrix}1 & 1\\ 0 & 0\end{pmatrix}$，得基础解系 $\boldsymbol{\xi}_2=\begin{pmatrix}1\\ -1\end{pmatrix}$，将其单位化，得 $\boldsymbol{\alpha}_2=\frac{1}{\sqrt{2}}\begin{pmatrix}1\\ -1\end{pmatrix}$.

记 $\boldsymbol{P}=(\boldsymbol{\alpha}_1,\boldsymbol{\alpha}_2)=\frac{1}{\sqrt{2}}\begin{pmatrix}1 & 1\\ 1 & -1\end{pmatrix}$，则有

$$\boldsymbol{P}^{-1}\boldsymbol{A}\boldsymbol{P}=\boldsymbol{P}^{\mathrm{T}}\boldsymbol{A}\boldsymbol{P}=\boldsymbol{\Lambda}=\begin{pmatrix}1 & 0\\ 0 & 5\end{pmatrix},$$

故 $\boldsymbol{A}=\boldsymbol{P}\boldsymbol{\Lambda}\boldsymbol{P}^{\mathrm{T}}$. 于是得

$$\begin{aligned}\boldsymbol{A}^n=\boldsymbol{P}\boldsymbol{\Lambda}^n\boldsymbol{P}^{\mathrm{T}}&=\frac{1}{2}\begin{pmatrix}1 & 1\\ 1 & -1\end{pmatrix}\begin{pmatrix}1 & 0\\ 0 & 5^n\end{pmatrix}\begin{pmatrix}1 & 1\\ 1 & -1\end{pmatrix}\\ &=\frac{1}{2}\begin{pmatrix}1+5^n & 1-5^n\\ 1-5^n & 1+5^n\end{pmatrix}.\end{aligned}$$

习题 4.4

1. 求正交矩阵 $\boldsymbol{P}$，使 $\boldsymbol{P}^{-1}\boldsymbol{A}\boldsymbol{P}$ 为对角矩阵：

(1) $\boldsymbol{A}=\begin{pmatrix}3&2&4\\2&0&2\\4&2&3\end{pmatrix}$；　　(2) $\boldsymbol{A}=\begin{pmatrix}4&0&-1\\0&3&0\\-1&0&4\end{pmatrix}$.

2. $\boldsymbol{A}$ 是 3 阶实对称矩阵，$\boldsymbol{A}$ 的特征值为 $1,-1,0$. 其中 $\lambda=1$ 和 $\lambda=0$ 所对应的特征向量分别为 $(1,a,1)^{\mathrm{T}}$ 及 $(a,a+1,1)^{\mathrm{T}}$，求矩阵 $\boldsymbol{A}$.

3. 设 $\boldsymbol{A}$ 为三阶实对称矩阵，且满足 $\boldsymbol{A}^2+\boldsymbol{A}-2\boldsymbol{E}=0$，已知向量 $\boldsymbol{\alpha}_1=\begin{pmatrix}0\\1\\0\end{pmatrix}$，$\boldsymbol{\alpha}_2=\begin{pmatrix}1\\0\\1\end{pmatrix}$，是 $\boldsymbol{A}$ 对应特征值 $\lambda=1$ 的特征向量，求 $\boldsymbol{A}^n$，其中 n 为自然数.

4. 设矩阵 $\boldsymbol{A}=\begin{pmatrix}1&-2&-4\\-2&x&-2\\-4&-2&1\end{pmatrix}$ 与 $\boldsymbol{\Lambda}=\begin{pmatrix}5&&\\&-4&\\&&y\end{pmatrix}$ 相似，求 x,y，并求一个正交矩阵 $\boldsymbol{P}$，使 $\boldsymbol{P}^{-1}\boldsymbol{A}\boldsymbol{P}=\boldsymbol{\Lambda}$.

5. 设 $\boldsymbol{A}$ 和 $\boldsymbol{B}$ 均为同阶的实对称矩阵，证明若 $\boldsymbol{A}$ 和 $\boldsymbol{B}$ 的特征多项式相同，则 $\boldsymbol{A}$ 和 $\boldsymbol{B}$ 相似.

总习题四

1. 填空题

(1) 设 $\boldsymbol{A}$ 为 2 阶矩阵，$\boldsymbol{\alpha}_1,\boldsymbol{\alpha}_2$ 为线性无关的 2 维列向量，$\boldsymbol{A}\boldsymbol{\alpha}_1=0,\boldsymbol{A}\boldsymbol{\alpha}_2=2\boldsymbol{\alpha}_1+\boldsymbol{\alpha}_2$，则 $\boldsymbol{A}$ 的非零特征值为________.

(2) 若 3 维列向量 $\boldsymbol{\alpha},\boldsymbol{\beta}$ 满足 $\boldsymbol{\alpha}^{\mathrm{T}}\boldsymbol{\beta}=2$，其中 $\boldsymbol{\alpha}^{\mathrm{T}}$ 为 $\boldsymbol{\alpha}$ 的转置，则矩阵 $\boldsymbol{\beta}\boldsymbol{\alpha}^{\mathrm{T}}$ 的非零特征值为________.

(3) 设 n 阶矩阵 $\boldsymbol{A}$ 的元素全为 1，则 $\boldsymbol{A}$ 的 n 个特征值为________.

(4) 4 阶矩阵 $\boldsymbol{A}$ 相似于矩阵 $\boldsymbol{B}$，$\boldsymbol{A}$ 的特征值为 $2,3,4,5$，$\boldsymbol{E}$ 为 4 阶单位矩阵，则 $|\boldsymbol{B}-\boldsymbol{E}|=$________.

(5) 矩阵 $\boldsymbol{A}=\begin{pmatrix}1&1&t\\4&1&-6\\0&0&3\end{pmatrix}$ 可相似对角化，则 $t=$________.

2. 单选题

(1) 设 $\boldsymbol{\lambda}_1$，$\boldsymbol{\lambda}_2$ 是矩阵 $\boldsymbol{A}$ 的两个不同的特征值，对应的特征向量分别为 $\boldsymbol{\alpha}_1,\boldsymbol{\alpha}_2$. 则 $\boldsymbol{\alpha}_1$，$\boldsymbol{A}(\boldsymbol{\alpha}_1+\boldsymbol{\alpha}_2)$ 线性无关的充分必要条件是（　　）。

(A) $\lambda_1\neq0$　　(B) $\lambda_2\neq0$　　(C) $\lambda_1=0$　　(D) $\lambda_2=0$

(2) 设 $\boldsymbol{A}$ 是 4 阶实对称矩阵，且 $\boldsymbol{A}^2+\boldsymbol{A}=0$，若 $r(\boldsymbol{A})=3$，则 $\boldsymbol{A}$ 相似于（　　）.

(A) $\begin{pmatrix}1&&&\\&1&&\\&&1&\\&&&0\end{pmatrix}$；　　(B) $\begin{pmatrix}1&&&\\&1&&\\&&-1&\\&&&0\end{pmatrix}$；

(C) $\begin{pmatrix}1&&&\\&-1&&\\&&-1&\\&&&0\end{pmatrix}$；　　(D) $\begin{pmatrix}-1&&&\\&-1&&\\&&-1&\\&&&0\end{pmatrix}$.

3. 求下列矩阵的特征值及特征向量.

(1) $\begin{pmatrix}1&0&0\\1&-1&0\\2&3&2\end{pmatrix}$；　(2) $\begin{pmatrix}2&2&-2\\2&5&-4\\-2&-4&5\end{pmatrix}$；　(3) $\begin{pmatrix}2&-1&2\\5&3&3\\-1&0&-2\end{pmatrix}$.

4. 设矩阵 $\boldsymbol{A}=\begin{pmatrix}3&2&2\\2&3&2\\2&2&3\end{pmatrix}$，$\boldsymbol{P}=\begin{pmatrix}0&1&0\\1&0&1\\0&0&1\end{pmatrix}$，$\boldsymbol{B}=\boldsymbol{P}^{-1}\boldsymbol{A}^*\boldsymbol{P}$，求 $\boldsymbol{B}+2\boldsymbol{E}$ 的特征值与特征向量，其中 $\boldsymbol{A}^*$ 为 $\boldsymbol{A}$ 的伴随矩阵，$\boldsymbol{E}$ 为 3 阶单位矩阵.

5. 求正交矩阵 $\boldsymbol{P}$，使得 $\boldsymbol{P}^{-1}\boldsymbol{A}\boldsymbol{P}$ 为对角矩阵，其中

(1) $\boldsymbol{A}=\begin{pmatrix}1&2&2\\2&-2&-4\\2&-4&-2\end{pmatrix}$；　(2) $\boldsymbol{A}=\begin{pmatrix}2&2&-2\\2&5&-4\\-2&-4&5\end{pmatrix}$.

6. 设三阶对称矩阵 $\boldsymbol{A}$ 的特征值为 6,3,3，其中 6 对应的特征向量为 $\boldsymbol{\eta}_1=(1,1,1)^{\mathrm{T}}$，求 $\boldsymbol{A}$.

7. 设 $\boldsymbol{A}=\begin{pmatrix}1&0&2\\0&1&4\\m+5&-m-2&2m\end{pmatrix}$，问 $\boldsymbol{A}$ 能否对角化？

8. 设矩阵 $\boldsymbol{A}=\begin{pmatrix}1&-1&1\\x&4&y\\-3&-3&5\end{pmatrix}$，已知 $\boldsymbol{A}$ 有三个线性无关的特征向量，$\lambda=2$ 是 $\boldsymbol{A}$ 的二重特征值。试求可逆矩阵 $\boldsymbol{P}$，使得 $\boldsymbol{P}^{-1}\boldsymbol{A}\boldsymbol{P}$ 为对角矩阵.

9. 设矩阵 $\boldsymbol{A}=\begin{pmatrix}1&2&-3\\-1&4&-3\\1&a&5\end{pmatrix}$ 的特征方程有一个二重根，求 a 的值，并讨论 $\boldsymbol{A}$ 是否可相似对角化.

10. 设 3 阶实对称矩阵 $\boldsymbol{A}$ 的各行元素之和都为 3，向量 $\boldsymbol{\alpha}_1=(-1,2,-1)^{\mathrm{T}}$，$\boldsymbol{\alpha}_2=(0,-1,1)^{\mathrm{T}}$，都是齐次线性方程组 $\boldsymbol{Ax}=0$ 的解.

(1) 求 $\boldsymbol{A}$ 的特征值和特征向量.

(2) 求正交矩阵 $\boldsymbol{Q}$ 和对角矩阵 $\boldsymbol{\Lambda}$，使得 $\boldsymbol{Q}^{\mathrm{T}}\boldsymbol{A}\boldsymbol{Q}=\boldsymbol{\Lambda}$.

11. 设 3 阶对称矩阵 $\boldsymbol{A}$ 的特征值为 $\lambda_1=1,\lambda_2=2,\lambda_3=-2$，$\boldsymbol{\alpha}_1=(1,-1,1)^{\mathrm{T}}$ 是 $\boldsymbol{A}$ 属于 λ_1 的一个特征向量，记 $\boldsymbol{B}=\boldsymbol{A}^5-4\boldsymbol{A}^3+\boldsymbol{E}$，其中 $\boldsymbol{E}$ 为 3 阶单位矩阵.

(1) 验证 $\boldsymbol{\alpha}_1$ 是矩阵 $\boldsymbol{B}$ 的特征向量，并求 $\boldsymbol{B}$ 的全部特征值的特征向量；

(2) 求矩阵 $\boldsymbol{B}$.

12. 设 $\boldsymbol{A}=\begin{pmatrix}3&-2\\-2&3\end{pmatrix}$，求 $\varphi(\boldsymbol{A})=\boldsymbol{A}^{10}-5\boldsymbol{A}^9$.

5 二 次 型

二次型是线性代数的重要内容之一，它起源于几何学中二次曲线方程和二次曲面方程化为标准形问题的研究. 二次曲线的方程经过平移变换，可表示为

$$ax^2+2bxy+cy^2=1.$$

再通过旋转变换化为标准方程

$$a'x'^2+c'y'^2=1.$$

在本章中，称含有 n 个变量的二次齐次多项式为二次型. 从代数的观点看，化二次型为标准方程实际上就是通过变量的线性变换化简一个二次齐次多项式，使得它只含有平方项. 该问题在数学的其它分支以及物理、力学中也常常碰到. 本章主要介绍二次型的基本性质并解决如何化二次型为标准形的问题.

5.1 二次型及其标准形

本节介绍二次型及其矩阵表示，利用非奇异的线性变换化二次型为标准形，并且给出矩阵的合同变换概念和相关知识.

5.1.1 二次型的概念及矩阵表示

定义 1 称含有 n 个变量的二次齐次多项式

$$\begin{aligned}f(x_1,x_2,\cdots,x_n)=&a_{11}x_1^2+2a_{12}x_1x_2+2a_{13}x_1x_3+\cdots+2a_{1n}x_1x_n\\&+a_{22}x_2^2+2a_{23}x_2x_3+\cdots+2a_{2n}x_2x_n\\&\qquad\vdots\\&+a_{nn}x_n^2\\=&\sum_{i=1}^{n}a_{ii}x_i^2+2\sum_{i<j}a_{ij}x_ix_j\end{aligned}$$

为 n 元二次型，简称为二次型. 当 a_{ij} 为复数时，称 f 为复二次型；当 a_{ij} 为实数时，称 f 为实二次型. 本章我们仅讨论实二次型.

为便于用矩阵讨论二次型，当 $i>j$ 时令 $a_{ij}=a_{ji}$，则二次型可写为：

$$\begin{aligned}f(x_1,x_2,\cdots,x_n)=&a_{11}x_1^2+a_{12}x_1x_2+\cdots+a_{1n}x_1x_n\\&+a_{21}x_2x_1+a_{22}x_2^2+\cdots+a_{2n}x_2x_n\\&\qquad\vdots\\&+a_{n1}x_nx_1+a_{n2}x_nx_2+\cdots+a_{nn}x_n^2\\=&\sum_{i,j=1}^{n}a_{ij}x_ix_j.\end{aligned}$$

令 $\boldsymbol{A}=\begin{pmatrix} a_{11} & a_{12} & \cdots & a_{1n} \\ a_{21} & a_{22} & \cdots & a_{2n} \\ \vdots & \vdots & \vdots & \vdots \\ a_{n1} & a_{n2} & \cdots & a_{nn} \end{pmatrix}$，$\boldsymbol{X}=\begin{pmatrix} x_1 \\ x_2 \\ \vdots \\ x_n \end{pmatrix}$，则二次型 $f(x_1,x_2,\cdots,x_n)=$ $\boldsymbol{X}^{\mathrm{T}}\boldsymbol{A}\boldsymbol{X}$，其中 $\boldsymbol{A}$ 为实对称矩阵.

实对称矩阵 $\boldsymbol{A}$ 与二次型 f 是一一对应关系，称 $\boldsymbol{A}$ 为二次型 f 的矩阵，也称二次型 f 为实对称矩阵 $\boldsymbol{A}$ 的二次型. 矩阵 $\boldsymbol{A}$ 的秩 $R(\boldsymbol{A})$ 称为二次型 f 的秩，记为 $R(f)=R(\boldsymbol{A})$.

例 1 (1) 已知二次型 $f(x_1,x_2,x_3)=x_1x_2+x_1x_3+2x_2^2-3x_2x_3$，试写出 f 的矩阵 $\boldsymbol{A}$，并求 f 的秩. (2) 写出矩阵 $\boldsymbol{B}=\begin{pmatrix} 0 & 1 & 2 \\ 1 & 0 & -1 \\ 2 & -1 & 0 \end{pmatrix}$ 对应的二次型.

解 (1) 由二次型的一般形式可知，二次型 $f(x_1,x_2,x_3)$ 中

$$a_{11}=0,\ a_{12}=\frac{1}{2},\ a_{13}=\frac{1}{2},$$

$$a_{21}=\frac{1}{2},\ a_{22}=2,\ a_{23}=-\frac{3}{2},$$

$$a_{31}=\frac{1}{2},\ a_{32}=-\frac{3}{2},\ a_{33}=0,$$

所以对称矩阵 $\boldsymbol{A}=\begin{pmatrix} 0 & \frac{1}{2} & \frac{1}{2} \\ \frac{1}{2} & 2 & -\frac{3}{2} \\ \frac{1}{2} & -\frac{3}{2} & 0 \end{pmatrix}$. 由于 $R(\boldsymbol{A})=3$，所以 $R(f)=3$.

(2) 令 $\boldsymbol{X}=\begin{pmatrix} x_1 \\ x_2 \\ x_3 \end{pmatrix}$，由于 $\boldsymbol{X}^{\mathrm{T}}\boldsymbol{B}\boldsymbol{X}=2x_1x_2+4x_1x_3-2x_2x_3$，所以 $\boldsymbol{B}=\begin{pmatrix} 0 & 1 & 2 \\ 1 & 0 & -1 \\ 2 & -1 & 0 \end{pmatrix}$ 对应的二次型为

$$2x_1x_2+4x_1x_3-2x_2x_3.$$

5.1.2 线性变换

从二次曲线的一般方程得到标准方程，要通过坐标旋转变换，这个变换实际上是两组变量之间的线性变换.

定义 2 设两组变量 $x_1,x_2,\cdots,x_n$ 和 $y_1,y_2,\cdots,y_n$，关系式

$$\begin{cases} x_1 = c_{11}y_1 + c_{12}y_2 + \cdots + c_{1n}y_n \\ x_2 = c_{21}y_1 + c_{22}y_2 + \cdots + c_{2n}y_n \\ \quad\vdots \\ x_n = c_{n1}y_1 + c_{n2}y_2 + \cdots + c_{nn}y_n \end{cases} \qquad (*)$$

称为由变量 $x_1, x_2, \cdots, x_n$ 到变量 $y_1, y_2, \cdots, y_n$ 的一个线性变量替换，简称线性变换.

矩阵 $\boldsymbol{C} = \begin{pmatrix} c_{11} & c_{12} & \cdots & c_{1n} \\ c_{21} & c_{22} & \cdots & c_{2n} \\ \vdots & \vdots & \vdots & \vdots \\ c_{n1} & c_{n2} & \cdots & c_{nn} \end{pmatrix}$ 称为线性变换（*）的矩阵.

记 $\boldsymbol{X} = \begin{pmatrix} x_1 \\ x_2 \\ \vdots \\ x_n \end{pmatrix}$，$\boldsymbol{Y} = \begin{pmatrix} y_1 \\ y_2 \\ \vdots \\ y_n \end{pmatrix}$，则线性变换（*）可用矩阵形式表示为：$\boldsymbol{X} = \boldsymbol{CY}$.

若 $|\boldsymbol{C}| \neq 0$，称线性变换为非退化的；否则，称为退化的. 若线性变换是非退化的，便有 $\boldsymbol{Y} = \boldsymbol{C}^{-1}\boldsymbol{X}$.

设 $f(x_1, x_2, \cdots, x_n)$ 的矩阵为 $\boldsymbol{A}$，则

$$g(y_1, y_2, \cdots, y_n) = f(x_1, x_2, \cdots, x_n) = \boldsymbol{X}^{\mathrm{T}}\boldsymbol{AX} = \boldsymbol{Y}^{\mathrm{T}}\boldsymbol{C}^{\mathrm{T}}\boldsymbol{ACY} = \boldsymbol{Y}^{\mathrm{T}}\boldsymbol{BY},$$

其中 $\boldsymbol{B} = \boldsymbol{C}^{\mathrm{T}}\boldsymbol{AC}$，而 $\boldsymbol{B}^{\mathrm{T}} = (\boldsymbol{C}^{\mathrm{T}}\boldsymbol{AC})^{\mathrm{T}} = \boldsymbol{C}^{\mathrm{T}}\boldsymbol{A}^{\mathrm{T}}\boldsymbol{C} = \boldsymbol{C}^{\mathrm{T}}\boldsymbol{AC} = \boldsymbol{B}$. 于是 $g(y_1, y_2, \cdots, y_n)$ 的矩阵为 $\boldsymbol{B} = \boldsymbol{C}^{\mathrm{T}}\boldsymbol{AC}$. 若 $\boldsymbol{C}$ 可逆，可知 $R(\boldsymbol{A}) = R(\boldsymbol{B})$.

定义 3 设 $\boldsymbol{A}, \boldsymbol{B}$ 为 n 阶方阵，如果存在 n 阶非奇异矩阵 $\boldsymbol{C}$，使得 $\boldsymbol{C}^{\mathrm{T}}\boldsymbol{AC} = \boldsymbol{B}$，则称矩阵 $\boldsymbol{A}$ 与 $\boldsymbol{B}$ 合同.

容易知道：二次型 $f(x_1, x_2, \cdots, x_n) = \boldsymbol{X}^{\mathrm{T}}\boldsymbol{AX}$ 的矩阵 $\boldsymbol{A}$ 与经过非退化线性变换 $\boldsymbol{X} = \boldsymbol{CY}$ 得到的矩阵 $\boldsymbol{C}^{\mathrm{T}}\boldsymbol{AC}$ 是合同的.

两个二次型可以用非退化线性变换互相转化的充分必要条件是它们的矩阵合同.

矩阵合同的性质

(1) 反身性：任意方阵 $\boldsymbol{A}$ 都与自身合同；

(2) 对称性：如果 $\boldsymbol{A}$ 与 $\boldsymbol{B}$ 合同，则 $\boldsymbol{B}$ 与 $\boldsymbol{A}$ 合同；

(3) 传递性：如果 $\boldsymbol{A}$ 与 $\boldsymbol{B}$ 合同，$\boldsymbol{B}$ 与 $\boldsymbol{C}$ 合同，则 $\boldsymbol{A}$ 与 $\boldsymbol{C}$ 合同.

5.1.3 二次型的标准形

定义 4 如果二次型 $f(x_1, x_2, \cdots, x_n) = \boldsymbol{X}^{\mathrm{T}}\boldsymbol{AX}$，经过非退化线性变换 $\boldsymbol{X} = \boldsymbol{CY}$ 化为

$$f(x_1,x_2,\cdots,x_n)=\boldsymbol{X}^{\mathrm{T}}\boldsymbol{A}\boldsymbol{X}=\boldsymbol{Y}^{\mathrm{T}}\boldsymbol{C}^{\mathrm{T}}\boldsymbol{A}\boldsymbol{C}\boldsymbol{Y}=\boldsymbol{Y}^{\mathrm{T}}\boldsymbol{\Lambda}\boldsymbol{Y},$$

其中 $\boldsymbol{\Lambda}=\mathrm{diag}(d_1,d_2,\cdots,d_n)$，则称 $\boldsymbol{Y}^{\mathrm{T}}\boldsymbol{\Lambda}\boldsymbol{Y}=d_1y_1^2+d_2y_2^2+\cdots+d_ny_n^2$ 为二次型 f 的标准形.

由定义 3 和定义 4 可知，二次型的标准形的矩阵为对角阵

$$\boldsymbol{\Lambda}=\begin{pmatrix}d_1 & & & \\ & d_2 & & \\ & & \ddots & \\ & & & d_n\end{pmatrix},$$

且 $\boldsymbol{\Lambda}=\boldsymbol{C}^{\mathrm{T}}\boldsymbol{A}\boldsymbol{C}$，即 $\boldsymbol{A}$ 与对角阵 $\boldsymbol{\Lambda}$ 合同.

习题 5.1

1. 写出下列二次型的矩阵：

   (1) $f=x^2+4xy+4y^2+2xz+z^2+4yz$；

   (2) $f=x_1^2+2x_2^2-x_3^2+2x_1x_2-2x_2x_3$；

   (3) $f=2x_1x_2+2x_1x_3+2x_1x_4+2x_3x_4$.

2. 写出二次型 $f=(x_1,x_2,x_3)\begin{pmatrix}2 & -3 & 1\\ 1 & 0 & 1\\ 2 & 11 & 3\end{pmatrix}\begin{pmatrix}x_1\\ x_2\\ x_3\end{pmatrix}$ 的矩阵.

3. 写出下列对称矩阵的二次型：

   (1) $\begin{pmatrix}2 & -1 & 1\\ -1 & 0 & -2\\ 1 & -2 & 3\end{pmatrix}$；　(2) $\begin{pmatrix}0 & 1 & -2 & 0\\ 1 & -2 & 1 & 1\\ -2 & 1 & 0 & 1\\ 0 & 1 & 1 & 2\end{pmatrix}$.

4. 证明二次型 $d_1y_1^2+d_2y_2^2+d_3y_3^2$ 可经一个非退化的线性变换化成 $d_3z_1^2+d_1z_2^2+d_2z_3^2$.

5. 求把二次型

$$f(x_1,x_2,x_3)=2x_1^2+9x_2^2+3x_3^2+3x_1x_2-4x_1x_3-6x_2x_3$$

化为

$$f(x_1,x_2,x_3)=2y_1^2+3y_2^2+y_3^2-4y_1y_2+y_1y_3-2y_2y_3$$

的非退化线性变换。

5.2 化二次型为标准形

将二次型化为标准形，常用的方法有配方法、初等变换法和正交变换法. 本节通过举例来说明如何用上述方法将二次型化为标准形.

5.2.1　配方法

给定一个二次型 $f=\boldsymbol{X}^{\mathrm{T}}\boldsymbol{A}\boldsymbol{X}$，分如下两种情况.

5.2.1.1　二次型中至少含有一个平方项

例 2　化二次型 $f(x_1,x_2,x_3)=x_1^2+2x_2^2-3x_3^2+4x_1x_2-4x_1x_3-4x_2x_3$ 为标准形，并求出所作的非退化线性变换.

解　先把所有含 x_1 的项配成一个完全平方项，由

$$\begin{aligned}f(x_1,x_2,x_3)&=x_1^2+4(x_2-x_3)x_1+4(x_2-x_3)^2-4(x_2-x_3)^2+\\&\quad 2x_2^2-3x_3^2-4x_2x_3\\&=(x_1+2x_2-2x_3)^2-2x_2^2-7x_3^2+4x_2x_3,\end{aligned}$$

再把剩余的含 x_2 项配成一个完全平方项，有

$$f(x_1,x_2,x_3)=(x_1+2x_2-2x_3)^2-2(x_2-x_3)^2-5x_3^2.$$

令 $\begin{cases}y_1=x_1+2x_2-2x_3\\y_2=\qquad x_2-x_3,\\y_3=\qquad\quad x_3\end{cases}$ 即 $\begin{pmatrix}y_1\\y_2\\y_3\end{pmatrix}=\begin{pmatrix}1&2&-2\\0&1&-1\\0&0&1\end{pmatrix}\begin{pmatrix}x_1\\x_2\\x_3\end{pmatrix}$.

令 $\boldsymbol{C}^{-1}=\begin{pmatrix}1&2&-2\\0&1&-1\\0&0&1\end{pmatrix}$，则 $\boldsymbol{C}=\begin{pmatrix}1&-2&0\\0&1&1\\0&0&1\end{pmatrix}$.

作线性变换 $\boldsymbol{X}=\boldsymbol{C}\boldsymbol{Y}$，即 $\begin{pmatrix}x_1\\x_2\\x_3\end{pmatrix}=\begin{pmatrix}1&2&-2\\0&1&-1\\0&0&1\end{pmatrix}\begin{pmatrix}y_1\\y_2\\y_3\end{pmatrix}$，则原实二次型 $\boldsymbol{X}^{\mathrm{T}}\boldsymbol{A}\boldsymbol{X}$ 化为标准形

$$y_1^2-2y_2^2-5y_3^2.$$

5.2.1.2　二次型中不含平方项

例 3　用配方法化二次型 $f(x_1,x_2,x_3)=x_1x_2+x_1x_3+x_2x_3$ 为标准形，并求出所作的非退化线性变换.

解　由于二次型 $f(x_1,x_2,x_3)$ 不含平方项，所以用下列变换把 $f(x_1,x_2,x_3)$ 化成例 1 的形式，再配方. 令

$$\begin{cases}x_1=y_1+y_2\\x_2=y_1-y_2,\\x_3=\quad y_3\end{cases}$$

则原二次型化为：$f=y_1^2-y_2^2+2y_1y_3$.

再按前例的方法有：

$$\begin{aligned}f&=y_1^2-y_2^2+2y_1y_3\\&=y_1^2+2y_1y_3+y_3^2-y_3^2-y_2^2\\&=(y_1+y_3)^2-y_2^2-y_3^2\end{aligned}$$

令 $\begin{cases} z_1 = y_1 + y_3 \\ z_2 = \quad y_2 \\ z_3 = \quad y_3 \end{cases}$，则原二次型化为：$f = z_1^2 - z_2^2 - z_3^2$.

其中的非退化线性变换为两个变换的合成，即：

由第一次变换 $\begin{cases} x_1 = y_1 + y_2 \\ x_2 = y_1 - y_2 \\ x_3 = \quad y_3 \end{cases}$ 得 $\begin{pmatrix} x_1 \\ x_2 \\ x_3 \end{pmatrix} = \begin{pmatrix} 1 & 1 & 0 \\ 1 & -1 & 0 \\ 0 & 0 & 1 \end{pmatrix}\begin{pmatrix} y_1 \\ y_2 \\ y_3 \end{pmatrix}$.

由第二次变换 $\begin{cases} z_1 = y_1 + y_3 \\ z_2 = \quad y_2 \\ z_3 = \quad y_3 \end{cases}$ 得 $\begin{pmatrix} y_1 \\ y_2 \\ y_3 \end{pmatrix} = \begin{pmatrix} 1 & 0 & -1 \\ 0 & 1 & 0 \\ 0 & 0 & 1 \end{pmatrix}\begin{pmatrix} z_1 \\ z_2 \\ z_3 \end{pmatrix}$.

所以有合成的非退化线性变换为

$$\begin{pmatrix} x_1 \\ x_2 \\ x_3 \end{pmatrix} = \begin{pmatrix} 1 & 1 & 0 \\ 1 & -1 & 0 \\ 0 & 0 & 1 \end{pmatrix}\begin{pmatrix} y_1 \\ y_2 \\ y_3 \end{pmatrix} = \begin{pmatrix} 1 & 1 & 0 \\ 1 & -1 & 0 \\ 0 & 0 & 1 \end{pmatrix}\begin{pmatrix} 1 & 0 & -1 \\ 0 & 1 & 0 \\ 0 & 0 & 1 \end{pmatrix}\begin{pmatrix} z_1 \\ z_2 \\ z_3 \end{pmatrix}.$$

即
$$\begin{pmatrix} x_1 \\ x_2 \\ x_3 \end{pmatrix} = \begin{pmatrix} 1 & 1 & -1 \\ 1 & -1 & -1 \\ 0 & 0 & 1 \end{pmatrix}\begin{pmatrix} z_1 \\ z_2 \\ z_3 \end{pmatrix}.$$

5.2.2 初等变换法

对任何实对称阵 $\boldsymbol{A}$，都存在非奇异矩阵 $\boldsymbol{C}$，使 $\boldsymbol{C}^{\mathrm{T}}\boldsymbol{A}\boldsymbol{C}$ 为对角阵. 由于 $\boldsymbol{C}$ 是可逆的，故可将 $\boldsymbol{C}$ 表示为一系列初等矩阵的乘积. 设 $\boldsymbol{C} = \boldsymbol{P}_1\boldsymbol{P}_2\cdots\boldsymbol{P}_s$，则 $\boldsymbol{C}^{\mathrm{T}} = \boldsymbol{P}_s^{\mathrm{T}}\cdots\boldsymbol{P}_2^{\mathrm{T}}\boldsymbol{P}_1^{\mathrm{T}}$，且

$$\boldsymbol{C}^{\mathrm{T}}\boldsymbol{A}\boldsymbol{C} = \boldsymbol{P}_s^{\mathrm{T}}\cdots\boldsymbol{P}_2^{\mathrm{T}}\boldsymbol{P}_1^{\mathrm{T}}\boldsymbol{A}\boldsymbol{P}_1\boldsymbol{P}_2\cdots\boldsymbol{P}_s \tag{1}$$

$$\boldsymbol{C} = \boldsymbol{P}_1\boldsymbol{P}_2\cdots\boldsymbol{P}_s = \boldsymbol{E}\boldsymbol{P}_1\boldsymbol{P}_2\cdots\boldsymbol{P}_s. \tag{2}$$

式（1）表示对实对称矩阵 $\boldsymbol{A}$ 施行初等列变换的同时也施行相应同类型的行变换，可将 $\boldsymbol{A}$ 化为对角阵；（2）表示单位阵在相同的初等列变换下化为 $\boldsymbol{C}$.

具体地，用初等变换法化二次型为标准形的步骤为：

（1）写出二次型的矩阵 $\boldsymbol{A}$；

（2）在矩阵 $\boldsymbol{A}$ 的下面写出单位矩阵 $\boldsymbol{E}$，构成 $2n \times n$ 阶矩阵 $\begin{pmatrix} \boldsymbol{A} \\ \boldsymbol{E} \end{pmatrix}$；

（3）对矩阵 $\begin{pmatrix} \boldsymbol{A} \\ \boldsymbol{E} \end{pmatrix}$ 施行对称初等变换，即每一步先对列进行初等变换，然后对行施行同样的初等变换（注：对 $\boldsymbol{E}$ 只施行相应的列变换）；

（4）当 $\boldsymbol{A}$ 变成对角阵 $\boldsymbol{\Lambda}$ 时，$\boldsymbol{E}$ 就变成可逆矩阵 $\boldsymbol{C}$，即 $\begin{pmatrix} \boldsymbol{A} \\ \boldsymbol{E} \end{pmatrix} \to \begin{pmatrix} \boldsymbol{\Lambda} \\ \boldsymbol{C} \end{pmatrix}$.

例 4 用初等变换法化二次型 $f(x_1,x_2,x_3)=2x_1x_2+2x_1x_3+2x_2x_3$ 为标准形，并求出相应的非退化线性变换.

解 二次型 $2x_1x_2+2x_1x_3+2x_2x_3$ 的矩阵 $\boldsymbol{A}=\begin{pmatrix}0&1&1\\1&0&1\\1&1&0\end{pmatrix}$.

$$\begin{pmatrix}\boldsymbol{A}\\\boldsymbol{E}\end{pmatrix}=\begin{pmatrix}0&1&1\\1&0&1\\1&1&0\\1&0&0\\0&1&0\\0&0&1\end{pmatrix}\xrightarrow{c_1+c_2}\begin{pmatrix}1&1&1\\1&0&1\\2&1&0\\1&0&0\\1&1&0\\0&0&1\end{pmatrix}\xrightarrow{r_1+r_2}\begin{pmatrix}2&1&2\\1&0&1\\2&1&0\\1&0&0\\1&1&0\\0&0&1\end{pmatrix}\xrightarrow[c_3-c_1]{c_2-\frac{1}{2}c_1}\begin{pmatrix}2&0&0\\1&-\frac{1}{2}&0\\2&0&-2\\1&-\frac{1}{2}&-1\\1&\frac{1}{2}&-1\\0&0&1\end{pmatrix}$$

$$\xrightarrow[r_3-r_1]{r_2-\frac{1}{2}r_1}\begin{pmatrix}2&0&0\\0&-\frac{1}{2}&0\\0&0&-2\\1&-\frac{1}{2}&-1\\1&\frac{1}{2}&-1\\0&0&1\end{pmatrix},$$

所以 $\boldsymbol{C}=\begin{pmatrix}1&-\frac{1}{2}&-1\\1&\frac{1}{2}&-1\\0&0&1\end{pmatrix}$.

令 $\begin{pmatrix}x_1\\x_2\\x_3\end{pmatrix}=\begin{pmatrix}1&-\frac{1}{2}&-1\\1&\frac{1}{2}&-1\\0&0&1\end{pmatrix}\begin{pmatrix}y_1\\y_2\\y_3\end{pmatrix}$，原二次型 $2x_1x_2+2x_1x_3+2x_2x_3$ 化为 $2y_1^2-\frac{1}{2}y_2^2-2y_3^2$.

5.2.3　正交变换法

在第 4 章中，已经知道对于实对称阵 $\boldsymbol{A}$，一定有正交矩阵 $\boldsymbol{P}$，使 $\boldsymbol{P}^{-1}\boldsymbol{AP}=\boldsymbol{P}^{\mathrm{T}}\boldsymbol{AP}=\boldsymbol{\Lambda}$，这样就可将二次型 $f(x_1,x_2,\cdots,x_n)=\boldsymbol{X}^{\mathrm{T}}\boldsymbol{AX}$ 通过正交变换 $\boldsymbol{X}=\boldsymbol{PY}$ 化为标准形.

对于实对称阵，可以利用正交矩阵将其对角化. 由于实二次型的矩阵是实对称阵，因此可用正交矩阵将其化为对角阵，这种变换称为正交变换.

用定理的形式叙述上面结论.

定理 1　对于任一个 n 元实二次型 $f=\boldsymbol{X}^{\mathrm{T}}\boldsymbol{AX}$（$\boldsymbol{A}^{\mathrm{T}}=\boldsymbol{A}$），都存在正交变换 $\boldsymbol{X}=\boldsymbol{PY}$，使得

$$f=\boldsymbol{X}^{\mathrm{T}}\boldsymbol{AX}=d_1y_1^2+d_2y_2^2+\cdots+d_ny_n^2,$$

其中 $d_1,d_2,\cdots,d_n$ 是实对称矩阵 $\boldsymbol{A}$ 的全部特征值.

具体地，用正交变换法化二次型为标准形的步骤为：

(1) 由 $|\lambda\boldsymbol{E}-\boldsymbol{A}|=0$，求 $\boldsymbol{A}$ 的 n 个特征值 $\lambda_1,\lambda_2,\cdots,\lambda_n$；

(2) 对 λ_i，求 $\boldsymbol{A}$ 关于 λ_i 的线性无关的特征向量（$i=1,2,\cdots,n$）；

(3) 对 $k(k>1)$ 重特征值 λ_i，用施密特正交化方法，将其 k 个线性无关的特征向量正交化；

(4) 将所求的 $\boldsymbol{A}$ 的 n 个正交的特征向量单位化；

(5) 以 $\boldsymbol{A}$ 的正交单位化后的特征向量为列向量构成正交矩阵 $\boldsymbol{C}$，并写出相应的正交变换 $\boldsymbol{X}=\boldsymbol{CY}$ 和二次型的标准形.

例 5　求一正交变换 $\boldsymbol{X}=\boldsymbol{CY}$，化二次型 $f(x_1,x_2,x_3)=x_1x_2+x_1x_3+x_2x_3$ 为标准形.

解　二次型的矩阵为：$\boldsymbol{A}=\begin{pmatrix}0&\frac{1}{2}&\frac{1}{2}\\\frac{1}{2}&0&\frac{1}{2}\\\frac{1}{2}&\frac{1}{2}&0\end{pmatrix}$.

由 $|\lambda\boldsymbol{E}-\boldsymbol{A}|=0$，求得 $\boldsymbol{A}$ 的特征值为 $\lambda_1=1,\lambda_2=\lambda_3=-\frac{1}{2}$.

特征值 $\lambda_1=1$ 对应的特征向量为 $\boldsymbol{\xi}_1=\begin{pmatrix}1\\1\\1\end{pmatrix}$；特征值 $\lambda_2=\lambda_3=-\frac{1}{2}$ 对应的特征向量为 $\boldsymbol{\xi}_2=\begin{pmatrix}-1\\1\\0\end{pmatrix},\boldsymbol{\xi}_3=\begin{pmatrix}-1\\0\\1\end{pmatrix}$. 显然 $\boldsymbol{\xi}_1$ 与 $\boldsymbol{\xi}_2,\boldsymbol{\xi}_3$ 都正交，但 $\boldsymbol{\xi}_2,\boldsymbol{\xi}_3$ 不正交.

下面将 $\boldsymbol{\xi}_2$ 和 $\boldsymbol{\xi}_3$ 正交化：

取 $\boldsymbol{\beta}=\boldsymbol{\xi}_3-\dfrac{(\boldsymbol{\xi}_2,\boldsymbol{\xi}_3)}{(\boldsymbol{\xi}_2,\boldsymbol{\xi}_2)}\boldsymbol{\xi}_2=\begin{pmatrix}-1\\0\\1\end{pmatrix}-\dfrac{1}{2}\begin{pmatrix}-1\\1\\0\end{pmatrix}=\begin{pmatrix}-\dfrac{1}{2}\\-\dfrac{1}{2}\\1\end{pmatrix}$.

最后，再将 $\boldsymbol{\xi}_1,\boldsymbol{\xi}_2,\boldsymbol{\beta}$ 单位化，得：

$$\boldsymbol{e}_1=\begin{pmatrix}\dfrac{1}{\sqrt{3}}\\\dfrac{1}{\sqrt{3}}\\\dfrac{1}{\sqrt{3}}\end{pmatrix},\boldsymbol{e}_2=\begin{pmatrix}-\dfrac{1}{\sqrt{2}}\\\dfrac{1}{\sqrt{2}}\\0\end{pmatrix},\boldsymbol{\xi}_3=\begin{pmatrix}-\dfrac{1}{\sqrt{6}}\\-\dfrac{1}{\sqrt{6}}\\\sqrt{\dfrac{2}{3}}\end{pmatrix}.$$

于是正交线性变换为：

$$\begin{pmatrix}x_1\\x_2\\x_3\end{pmatrix}=\begin{pmatrix}\dfrac{1}{\sqrt{3}}&-\dfrac{1}{\sqrt{2}}&-\dfrac{1}{\sqrt{6}}\\\dfrac{1}{\sqrt{3}}&\dfrac{1}{\sqrt{2}}&-\dfrac{1}{\sqrt{6}}\\\dfrac{1}{\sqrt{3}}&0&\sqrt{\dfrac{2}{3}}\end{pmatrix}\begin{pmatrix}y_1\\y_2\\y_3\end{pmatrix}.$$

该变换使原二次型化为：$y_1^2-\dfrac{1}{2}y_2^2-\dfrac{1}{2}y_3^2$.

注意 用正交变换化二次型时，得到的标准形并不唯一，这与施行的正交变换或者说与用到的正交矩阵有关. 但由于标准形中平方项的系数只能是 $\boldsymbol{A}$ 的特征值，若不计它们的次序，则标准形是唯一的.

5.2.4 二次型的规范形

不管是通过哪一种方法得到的二次型的标准形，都还可以进一步化简. 先看一个实例.

例 6 对于三元标准二次型 $f=2y_1^2-3y_2^2+0\cdot y_3^2$，经过非退化线性变换 $z_1=\sqrt{2}y_1$，$z_2=\sqrt{3}y_2$，$z_3=y_3$ 必可变为 $f=z_1^2-z_2^2$.

用矩阵表示为

$$\begin{pmatrix}\dfrac{1}{\sqrt{2}}&0&0\\0&\dfrac{1}{\sqrt{3}}&0\\0&0&1\end{pmatrix}\begin{pmatrix}2&0&0\\0&-3&0\\0&0&0\end{pmatrix}\begin{pmatrix}\dfrac{1}{\sqrt{2}}&0&0\\0&\dfrac{1}{\sqrt{3}}&0\\0&0&1\end{pmatrix}=\begin{pmatrix}1&0&0\\0&-1&0\\0&0&0\end{pmatrix}.$$

这是一种最简单的标准形，它只含变量的平方项，而且其系数是1，−1和0.

定义5 所有平方项的系数均为1，−1或0的标准二次型称为规范二次型.由二次型化得的规范二次型，简称为二次型的规范形.

在二次型的标准形中，将带正号的项与带负号的项相对集中，得到

$$d_1x_1^2+d_2x_2^2+\cdots+d_px_p^2-d_{p+1}x_{p+1}^2-\cdots-d_rx_r^2,$$

其中 $d_i>0,(i=1,2,\cdots r,r\leqslant n)$.

再作线性变换

$$x_i=\begin{cases}\dfrac{1}{\sqrt{d_i}}y_i & (i=1,2,\cdots,r)\\ y_i & (i=r+1,r+2,\cdots,n)\end{cases},$$

则原二次型化为规范形

$$y_1^2+y_2^2+\cdots+y_p^2-y_{p+1}^2-\cdots-y_r^2$$

这个规范形，可以根据标准形中系数的正、负性和零直接写出来. 对于给定的 n 元二次型，它的标准形不唯一，但它的规范形是唯一的.

定理2（惯性定理） 任意一个 n 元实二次型 $f=\boldsymbol{X}^{\mathrm{T}}\boldsymbol{AX}$，一定可以经过非退化线性变换化为规范形

$$f=z_1^2+\cdots+z_p^2-z_{p+1}^2-\cdots-z_r^2,$$

其中的 p 和 r 由 $\boldsymbol{A}$ 唯一确定，p 是规范形中系数为1的项数，r 是 $\boldsymbol{A}$ 的秩.

惯性定理的矩阵表述形式 对于任意一个 n 阶实对称矩阵 $\boldsymbol{A}$，一定存在 n 阶可逆阵 $\boldsymbol{C}$，使得

$$\boldsymbol{C}^{\mathrm{T}}\boldsymbol{AC}=\begin{pmatrix}\boldsymbol{E}_k & & \\ & -\boldsymbol{E}_{r-k} & \\ & & 0\end{pmatrix}.$$

定义6 规范形中的 p 称为二次型 $f=\boldsymbol{X}^{\mathrm{T}}\boldsymbol{AX}$（或对称矩阵 $\boldsymbol{A}$）的正惯性指数，$q=r-p$ 称为负惯性指数，$p-q=2p-r$ 称为符号差.

定理3 实对称矩阵 $\boldsymbol{A}$ 与 $\boldsymbol{B}$ 合同当且仅当它们有相同的秩和相同的正惯性指数.

习题 5.2

1. 用配方法将下列二次型经非退化线性变换化成标准型，并写出所做的非退化线性变换.

   (1) $f=x_1^2+2x_2^2+2x_1x_2-2x_1x_3$；

   (2) $f=x_1^2-x_3^2+2x_1x_2+2x_2x_3$.

2. 用初等变换法将下列二次型化为标准形.

(1) $f=x_1^2-3x_2^2+x_3^2-2x_1x_2+2x_1x_3+6x_2x_3$；

(2) $f=4x_1x_2+2x_1x_3+6x_2x_3$.

3. 用正交变换的方法将二次型化为标准型，并写出所用正交变换.

(1) $f=2x_3^2-2x_1x_2+2x_1x_3-2x_2x_3$；

(2) $f=x_1^2+x_2^2+x_3^2+x_4^2+2x_1x_2-2x_1x_4-2x_2x_3+2x_3x_4$；

(3) $f=x_1^2+2x_2^2+5x_3^2+2x_1x_2+2x_1x_3+6x_2x_3$；

(4) $f=x_1^2+2x_2^2+3x_3^2-4x_1x_2-4x_2x_3$.

4. 二次型 $x_1^2+x_2^2+x_3^2-4x_1x_2-4x_1x_3+2ax_2x_3$ 经正交变换后化为标准型 $3y_1^2+3y_2^2+by_3^2$，求 a,b 的值.

5. 已知二次型 $f(x_1,x_2,x_3)=2x_1^2+3x_2^2+3x_3^2+2ax_2x_3$（$a>0$）通过正交变换化为标准型 $f=y_1^2+2y_2^2+5y_3^2$，求 a 的值及相应的正交矩阵.

5.3 正定二次型

本节介绍一类重要的二次型：正定二次型.

5.3.1 正定二次型与正定矩阵

定义 7 实二次型 $f(x_1,x_2,\cdots,x_n)$ 称为正定二次型，如果当 $x_1,x_2,\cdots,x_n$ 不全为 0 时，一定有 $f(x_1,x_2,\cdots,x_n)>0$. 如果实对称矩阵 $\boldsymbol{A}$ 所确定的二次型正定，则称 $\boldsymbol{A}$ 为正定矩阵. 于是 $\boldsymbol{A}$ 为正定矩阵当且仅当 $\boldsymbol{X}\neq 0$ 时，有 $\boldsymbol{X}^{\mathrm{T}}\boldsymbol{AX}>0$.

二次型的正定性是在非退化线性变换中保持不变的，即实对称矩阵的正定性在合同变换下保持不变.

定义 8 二次型 $f(x_1,x_2,\cdots,x_n)$ 称为半正定二次型，如果当 $x_1,x_2,\cdots,x_n$ 不全为 0 时，一定有 $f(x_1,x_2,\cdots,x_n)\geqslant 0$. 如果实对称矩阵 $\boldsymbol{A}$ 所确定的二次型半正定，则称 $\boldsymbol{A}$ 为半正定矩阵.

同理可以定义负定二次型、半负定二次型、不定二次型、负定矩阵、半负定矩阵与不定矩阵.

例 7 (1) 二次型 $f(x_1,x_2,x_3)=x_1^2+x_2^2+x_3^2$ 是正定二次型，对应的正定矩阵 $\boldsymbol{A}=\boldsymbol{E}_3$；

(2) 二次型 $f(x_1,x_2,x_3)=x_1^2+x_2^2$ 是半正定二次型，对应的半正定矩阵

$$\boldsymbol{A}=\begin{pmatrix}1&0&0\\0&1&0\\0&0&0\end{pmatrix}；$$

(3) 二次型 $f(x_1,x_2,x_3)=-x_1^2-x_2^2-x_3^2$ 为负定二次型，对应的负定矩阵 $\boldsymbol{A}=-\boldsymbol{E}_3$；

(4) 二次型 $f(x_1,x_2,x_3)=-x_1^2-x_2^2$ 为半负定二次型，对应的半负定矩阵

$$A=\begin{pmatrix}-1&0&0\\0&-1&0\\0&0&0\end{pmatrix};$$

(5) 二次型 $f(x_1,x_2,x_3)=x_1^2-x_2^2$ 为不定二次型，对应的矩阵 $A=\begin{pmatrix}1&0&0\\0&-1&0\\0&0&0\end{pmatrix}$ 为不定矩阵.

例 8 如果 A,B 都是 n 阶正定矩阵，证明 $A+B$ 也是正定矩阵.

证明 因为 A,B 为正定矩阵，所以 $X^{\mathrm{T}}AX$，$X^{\mathrm{T}}BX$ 为正定二次型，且对 $X\neq 0$，有

$$X^{\mathrm{T}}AX>0,\qquad X^{\mathrm{T}}BX>0.$$

因此对 $X\neq 0$，

$$X^{\mathrm{T}}(A+B)X=X^{\mathrm{T}}AX+X^{\mathrm{T}}BX>0,$$

于是 $X^{\mathrm{T}}(A+B)X$ 必为正定二次型，从而 $A+B$ 为正定矩阵.

5.3.2 正定二次型的判定

对于给定的二次型，如何判定它是正定二次型？我们给出一些常用的判别方法.

定理 4 n 元实二次型 $f(x_1,x_2,\cdots,x_n)=X^{\mathrm{T}}AX$ 是正定二次型的充要条件是其矩阵 A 的 n 个特征值全大于零.

证明 根据实对称矩阵的基本定理，对于实对称矩阵 A，一定存在 n 阶正交矩阵 P，使得

$$P^{-1}AP=P^{\mathrm{T}}AP=\Lambda=\begin{pmatrix}\lambda_1&&&\\&\lambda_2&&\\&&\ddots&\\&&&\lambda_n\end{pmatrix},$$

其中 $\lambda_1,\lambda_2,\cdots,\lambda_n$ 为 A 的 n 个特征值. 有 $A=P\Lambda P^{-1}=P\Lambda P^{\mathrm{T}}$.

令 $Y=P^{\mathrm{T}}X$，对 $X=(x_1,x_2,\cdots,x_n)^{\mathrm{T}}\neq 0$，有 $Y=(y_1,y_2,\cdots,y_n)^{\mathrm{T}}\neq 0$. 从而

$$X^{\mathrm{T}}AX=X^{\mathrm{T}}P\Lambda P^{\mathrm{T}}X=(X^{\mathrm{T}}P)\Lambda(P^{\mathrm{T}}X)=Y^{\mathrm{T}}\Lambda Y=\lambda_1y_1^2+\lambda_2y_2^2+\cdots+\lambda_ny_n^2.$$

显然，当 A 的 n 个特征值 $\lambda_1,\lambda_2,\cdots,\lambda_n$ 全大于零时有 $X^{\mathrm{T}}AX>0$.

当 A 是正定矩阵时，可知对任意 $X=(x_1,x_2,\cdots,x_n)^{\mathrm{T}}\neq 0$，一定有 $X^{\mathrm{T}}AX>0$. 若取

$$X_i=(0,\cdots,0,1,0,\cdots,0)^{\mathrm{T}},$$

满足其第 i 个分量为 1，其余分量为 0，则 $\lambda_i = \boldsymbol{X}_i^{\mathrm{T}}\boldsymbol{A}\boldsymbol{X}_i > 0$，$i=1,2,\cdots,n$.

推论 1 n 元实二次型 $f(x_1,x_2,\cdots,x_n)=\boldsymbol{X}^{\mathrm{T}}\boldsymbol{A}\boldsymbol{X}$ 是正定二次型的充要条件是其规范形为

$$z_1^2+z_2^2+\cdots+z_n^2.$$

推论 2 n 元实二次型 $f(x_1,x_2,\cdots,x_n)=\boldsymbol{X}^{\mathrm{T}}\boldsymbol{A}\boldsymbol{X}$ 是正定二次型的充要条件是其矩阵 $\boldsymbol{A}$ 合同于单位矩阵，即存在可逆矩 $\boldsymbol{C}$，使得 $\boldsymbol{A}=\boldsymbol{C}^{\mathrm{T}}\boldsymbol{C}$.

推论 3 n 元实二次型 $f(x_1,x_2,\cdots,x_n)=\boldsymbol{X}^{\mathrm{T}}\boldsymbol{A}\boldsymbol{X}$ 是正定二次型的充要条件是其正惯性指数为 n.

由上述定理和推论可得到判别二次型是否为正定二次型的几种方法.

方法一 配方法

例 9 判断二次型 $f(x_1,x_2,x_3)=x_1^2+2x_1x_2+2x_2^2+4x_2x_3+x_3^2$ 是否是正定二次型.

解 用配方法得到

$$\begin{aligned}f(x_1,x_2,x_3)&=x_1^2+2x_1x_2+2x_2^2+4x_2x_3+x_3^2\\&=(x_1+x_2)^2+(x_2+2x_3)^2-3x_3^2.\end{aligned}$$

令 $\begin{cases}x_1+x_2=y_1\\x_2+2x_3=y_2\\x_3=y_3\end{cases}$. 经过这个非退化线性变换，得到

$$f(x_1,x_2,x_3)=y_1^2+y_2^2-3y_3^2.$$

所以 $f(x_1,x_2,x_3)$ 的正惯性指数等于 2，从而可知 $f(x_1,x_2,x_3)$ 不是正定二次型.

方法二 特征值法

例 10 判断二次型 $f(x_1,x_2,x_3)=x_1^2+2x_1x_2+2x_2^2+4x_2x_3+x_3^2$ 是否是正定二次型.

解 $f(x_1,x_2,x_3)$ 的矩阵 $\boldsymbol{A}=\begin{pmatrix}1&1&0\\1&2&2\\0&2&1\end{pmatrix}$，

由 $|\lambda\boldsymbol{E}-\boldsymbol{A}|=\begin{vmatrix}\lambda-1&-1&0\\-1&\lambda-2&-2\\0&-2&\lambda-1\end{vmatrix}=(\lambda-1)(\lambda^2-3\lambda-3)=0$ 解有

$$\lambda_1=1,\lambda_2=\frac{3+\sqrt{21}}{2},\lambda_3=\frac{3-\sqrt{21}}{2}.$$

因为 $\lambda_3<0$，所以 $f(x_1,x_2,x_3)$ 不是正定二次型.

方法三 顺序主子式法

定义 9 设矩阵 $\boldsymbol{A}=(a_{ij})_{n\times n}$ 为一个 n 阶方阵，则称 k 阶行列式

$$\begin{vmatrix} a_{11} & a_{12} & \cdots & a_{1k} \\ a_{21} & a_{22} & \cdots & a_{2k} \\ \vdots & \vdots & & \vdots \\ a_{k1} & a_{k2} & \cdots & a_{kk} \end{vmatrix}$$

为矩阵 $\boldsymbol{A}$ 的第 k 阶顺序主子式 $(1 \leqslant k \leqslant n)$.

定理 5 n 元实二次型 $f(x_1, x_2, \cdots, x_n) = \boldsymbol{X}^{\mathrm{T}}\boldsymbol{AX}$ 是正定二次型的充要条件是其矩阵 $\boldsymbol{A}$ 的各阶顺序主子式都大于零.

证明 略 (用数学归纳法).

例 11 判断下列二次型是否是正定二次型.

(1) $7x_1^2 + 8x_2^2 + 6x_3^2 - 4x_1x_2 - 4x_2x_3$;

(2) $2x_1^2 + 8x_1x_2 + 4x_1x_3 + 2x_2^2 - 8x_2x_3 + x_3^2$.

解 (1)

$$\boldsymbol{A} = \begin{pmatrix} 7 & -2 & 0 \\ -2 & 8 & -2 \\ 0 & -2 & 6 \end{pmatrix},$$

因为 $\Delta_1 = |7| > 0$, $\Delta_2 = \begin{vmatrix} 7 & -2 \\ -2 & 8 \end{vmatrix} > 0$, $\Delta_3 = |\boldsymbol{A}| = 284 > 0$, 所以 $f(x_1, x_2, x_3)$ 是正定二次型.

(2)

$$\boldsymbol{A} = \begin{pmatrix} 2 & 4 & 2 \\ 4 & 2 & -4 \\ 2 & -4 & 1 \end{pmatrix},$$

因为 $\Delta_1 = |2| > 0$, $\Delta_2 = \begin{vmatrix} 2 & 4 \\ 4 & 2 \end{vmatrix} < 0$, 所以 $f(x_1, x_2, x_3)$ 不是正定二次型.

习题 5.3

1. 判别下列二次型是否为正定二次型:

(1) $f = 5x_1^2 + 6x_2^2 + 4x_3^2 - 4x_1x_2 - 4x_2x_3$;

(2) $f = 10x_1^2 + 2x_2^2 + x_3^2 + 8x_1x_2 + 24x_1x_3 - 28x_2x_3$;

(3) $f = -2x_1^2 - 6x_2^2 - 4x_3^2 + 2x_1x_2 + 2x_1x_3$.

2. 当 t 为何值时, 下列二次型为正定二次型:

(1) $f = x_1^2 + 4x_2^2 + x_3^2 + 2tx_1x_2 + 10x_1x_3 + 6x_2x_3$;

(2) $f = 2x_1^2 + x_2^2 + x_3^2 + 2x_1x_2 + tx_2x_3$.

3. 试证: 二次型

$$f(x_1, x_2, \cdots, x_n) = 2\sum_{i=1}^{n} x_i^2 + 2\sum_{1 \leqslant i < j \leqslant n} x_i x_j$$

为正定二次型.

4. 设 $\boldsymbol{A}$ 是可逆矩阵，证明 $\boldsymbol{A}^{\mathrm{T}}\boldsymbol{A}$ 为正定矩阵.

5. 设 $\boldsymbol{A}$ 是一个实对称矩阵，试证：对于实数 t， 当 t 充分大时，$t\boldsymbol{E}+\boldsymbol{A}$ 为正定矩阵。

6. 设 $\boldsymbol{A}$ 为 m 阶正定矩阵，$\boldsymbol{B}$ 为矩阵，证明，$\boldsymbol{B}^{\mathrm{T}}\boldsymbol{A}\boldsymbol{B}$ 为正定矩阵的充分必要条件为$R(\boldsymbol{B})=n$.

7. 设 $\boldsymbol{A}$ 为实对称矩阵，且 $\boldsymbol{A}^3-3\boldsymbol{A}^2+5\boldsymbol{A}-3\boldsymbol{E}=0$， 问 $\boldsymbol{A}$ 是否为正定矩阵.

总习题五

1. 填空题

(1) $\boldsymbol{A}=\begin{pmatrix}1 & 0 & 0\\ 0 & -1 & 0\\ 0 & 0 & 0\end{pmatrix}$ 对应的二次型为________.

(2) 二次型 $f(x_1,x_2,x_3)=(x_1+x_2)^2+(x_2-x_3)^2+(x_3+x_1)^2$ 的秩为________.

(3) 二次型 $\boldsymbol{X}^{\mathrm{T}}\boldsymbol{A}\boldsymbol{X}$ 是正定的充要条件是实对称矩阵 $\boldsymbol{A}$ 的特征值都是________.

(4) 实对称矩阵 $\boldsymbol{A}$ 是正定的，则行列式必________.

(5) 二次型 $f=x_1^2+x_2^2-x_3^2+x_4^2$ 的正惯性指数为________.

2. 选择题

(1) n 个变量的实二次型 $f=\boldsymbol{X}^{\mathrm{T}}\boldsymbol{A}\boldsymbol{X}$ 为正定的充要条件是正惯性指数 p 满足（　　）.

(A) $p>\frac{n}{2}$；　(B) $p\geqslant\frac{n}{2}$；　(C) $p=n$；　(D) $\frac{n}{2}\leqslant p<n$.

(2) 若二次型 $f=\boldsymbol{X}^{\mathrm{T}}\boldsymbol{A}\boldsymbol{X}$ 负定，则（　　）.

(A) 顺序主子式小于 0；

(B) 奇阶顺序主子式大于 0，偶阶顺序主子式小于 0；

(C) 顺序主子式大于 0；

(D) 奇阶顺序主子式小于 0，偶阶顺序主子式大于 0.

(3) 下列说法正确的是（　　）.

(A) 若有非零向量 $\boldsymbol{X}$ 使得 $\boldsymbol{X}^{\mathrm{T}}\boldsymbol{A}\boldsymbol{X}>0$，则 $\boldsymbol{A}$ 为正定矩阵；

(B) 二次型 $f=2x_1^2+x_3^2$ 是正定的；

(C) $\boldsymbol{A}$ 正定，则 $\boldsymbol{A}$ 的行列式$|\boldsymbol{A}|>0$；

(D) 实对称矩阵 $\boldsymbol{A}$ 与 $\boldsymbol{B}$ 合同，则必相似.

(4) 若矩阵 $\boldsymbol{A}$ 与 $\boldsymbol{B}$ 合同，则它们有相同的（　　）.

(A) 特征根；　(B) 秩；　(C) 逆；　(D) 行列式.

(5) $\boldsymbol{A}$ 与 $\boldsymbol{B}$ 均为 n 阶正定矩阵，实数 $a,b>0$， 则 $a\boldsymbol{A}+b\boldsymbol{B}$ 为（　　）.

(A) 正定矩阵；　(B) 半正定矩阵；　(C) 不定矩阵；　(D) 负定矩阵.

3. 写出下列二次型 f 的矩阵$\boldsymbol{A}$， 并求二次型的秩.

(1) $f(x)=\boldsymbol{X}^{\mathrm{T}}\begin{pmatrix}1 & 2 & 3\\ 4 & 5 & 6\\ 7 & 8 & 9\end{pmatrix}\boldsymbol{X}$；

(2) $f=-2x_1^2-6x_2^2-4x_3^2+2x_1x_2+2x_1x_3$.

4. 求一个正交变换将下列二次型化成标准形.

(1) $f=2x_1x_2-2x_2x_3$；

(2) $f=2x_1^2+3x_2^2+3x_3^2+4x_2x_3$；

(3) $f=2x_1^2+3x_2^2+3x^2x_3+4x_2x_3$.

5. 判别下列二次型的正定性.

(1) $f(x_1,x_2,x_3)=-2x_1^2-6x_2^2-4x_3^2+2x_1x_2+2x_1x_3$；

(2) $f(x_1,x_2,x_3)=2x_1^2+3x_2^2+3x_3^2+4x_2x_3$.

6. 已知二次型 $f(x_1,x_2,x_3)=(1-a)x_1^2+(1-a)x_2^2+2x_3^2+2(1+a)x_1x_2$ 的秩为 2.

(1) 求 a 的值；

(2) 求正交变换 $\boldsymbol{X}=\boldsymbol{QY}$，把 $f(x_1,x_2,x_3)$ 化成标准形；

(3) 求方程 $f(x_1,x_2,x_3)=0$ 的解.

7. 设二次型

$$f(x_1,x_2,x_3)=ax_1^2+ax_2^2+(a-1)x_3^2+2x_1x_3-2x_2x_3$$

(1) 求二次型 f 的矩阵的所有特征值；

(2) 若二次型 f 的规范形为 $y_1^2+y_2^2$，求 a 的值。

8. 设二次型 $f(x_1,x_2,x_3)=\boldsymbol{X}^{\mathrm{T}}\boldsymbol{AX}$ 在正交变换 $\boldsymbol{X}=\boldsymbol{QY}$ 下的标准型为 $y_1^2+y_2^2$，且 $\boldsymbol{Q}$ 的第三列为 $\left(\frac{\sqrt{2}}{2}\quad 0\quad \frac{\sqrt{2}}{2}\right)^{\mathrm{T}}$。

(1) 求 $\boldsymbol{A}$；

(2) 证明 $\boldsymbol{A}+\boldsymbol{E}$ 为正定矩阵.

9. 设二次型

$$f(x_1,x_2,x_3)=\boldsymbol{X}^{\mathrm{T}}\boldsymbol{AX}=ax_1^2+2x_2^2-2x_3^2+2bx_1x_3(b>0)$$

中二次型的矩阵 $\boldsymbol{A}$ 的特征值之和为 1，特征值之积为 -12.

(1) 求 a,b 的值；

(2) 利用正交变换将二次型 f 化为标准形，并写出所用的正交变换和对应的正交矩阵.

10. 设 $\boldsymbol{D}=\begin{pmatrix}\boldsymbol{A} & \boldsymbol{C}\\ \boldsymbol{C}^{\mathrm{T}} & \boldsymbol{B}\end{pmatrix}$ 为正定矩阵，其中 $\boldsymbol{A},\boldsymbol{B}$ 分别为 m 阶、n 阶对称矩阵，$\boldsymbol{C}$ 为 $\mathrm{m}\times\mathrm{n}$ 矩阵.

(1) 计算 $\boldsymbol{P}^{\mathrm{T}}\boldsymbol{DP}$，其中 $\boldsymbol{P}=\begin{pmatrix}\boldsymbol{E}_m & -\boldsymbol{A}^{-1}\boldsymbol{C}\\ 0 & \boldsymbol{E}_n\end{pmatrix}$；

(2) 利用 (1) 的结果判断矩阵 $\boldsymbol{B}-\boldsymbol{C}^{\mathrm{T}}\boldsymbol{A}^{-1}\boldsymbol{C}$ 是否为正定矩阵，并证明你的结论.

11. 设 $\boldsymbol{A}$ 是正定矩阵，证明 $k\boldsymbol{A}(k>0)$、$\boldsymbol{A}^{\mathrm{T}}$、$\boldsymbol{A}^{-1}$、$\boldsymbol{A}^*$ 也是正定矩阵.

12. 已知 $\boldsymbol{A}$ 为反对称矩阵，试证：$\boldsymbol{E}-\boldsymbol{A}^2$ 为正定矩阵.

13. 设 $\boldsymbol{A}$ 为 n 阶正定矩阵，证明 $\boldsymbol{A}+\boldsymbol{E}$ 的行列式大于 1.

6 线性空间与线性变换

线性空间是线性代数中最基本的概念之一，它是对我们熟悉的众多研究对象的概括、抽象与升华. 之前我们学到的许多数学对象，如向量、矩阵等，将在此找到共同点. 不同线性空间之间的联系，反映为线性空间的线性映射，而同一线性空间上的线性映射常被称为线性变换. 因此，线性空间和线性变换都是本章的研究对象.

6.1 线性空间的定义与性质

定义 1 设 P 是一个包含 0 与 1 在内的非空数集，如果 P 中任意两个数的和、差、积、商（除数不为零）仍是 P 中的数，则称 P 为一个数域.

显然，全体有理数集合、全体实数集合、全体复数集合都是数域，分别记为 Q、R 和 C. 而全体整数的集合不是数域，因为两个整数的商不一定是整数.

定义 2 设 P 是一个数域，V 是一个非空集合. 定义如下两种运算（分别称为加法和数乘）

$$\begin{array}{c} V\times V\to V \\ (\boldsymbol{\alpha},\boldsymbol{\beta})\to\boldsymbol{\alpha}+\boldsymbol{\beta} \end{array} \quad \text{和} \quad \begin{array}{c} P\times V\to V \\ (k,\boldsymbol{\alpha})\to k\boldsymbol{\alpha} \end{array}$$

如果这两种运算满足以下运算规律，则称 V 是定义在数域 P 上的线性空间，简称线性空间，其八条运算规律如下：

(1) $\boldsymbol{\alpha}+\boldsymbol{\beta}=\boldsymbol{\beta}+\boldsymbol{\alpha}$；

(2) $(\boldsymbol{\alpha}+\boldsymbol{\beta})+\boldsymbol{\gamma}=\boldsymbol{\alpha}+(\boldsymbol{\beta}+\boldsymbol{\gamma})$；

(3) $\mathbf{V}$ 中存在零元素 $\boldsymbol{\theta}$，对任何 $\boldsymbol{\alpha}\in V$，都有 $\boldsymbol{\alpha}+\boldsymbol{\theta}=\boldsymbol{\theta}+\boldsymbol{\alpha}=\boldsymbol{\alpha}$；

(4) 对任何 $\boldsymbol{\alpha}\in V$，都存在相应的负元素 $\boldsymbol{\beta}\in V$，使得 $\boldsymbol{\alpha}+\boldsymbol{\beta}=\boldsymbol{\beta}+\boldsymbol{\alpha}=\boldsymbol{\theta}$；

(5) 对任何 $\boldsymbol{\alpha}\in V$，都有 $1\boldsymbol{\alpha}=\boldsymbol{\alpha}$，其中 1 为 P 中的数；

(6) 对任何 $k,l\in P$，$\boldsymbol{\alpha}\in V$，都有 $k(l\boldsymbol{\alpha})=(kl)\boldsymbol{\alpha}$；

(7) 对任何 $k,l\in P$，$\boldsymbol{\alpha}\in V$，都有 $(k+l)\boldsymbol{\alpha}=k\boldsymbol{\alpha}+l\boldsymbol{\alpha}$；

(8) 对任何 $k\in P$，$\boldsymbol{\alpha},\boldsymbol{\beta}\in V$，都有 $k(\boldsymbol{\alpha}+\boldsymbol{\beta})=k\boldsymbol{\alpha}+k\boldsymbol{\beta}$.

下面来举几个简单的例子.

例 1 单元集合 $V=\{\boldsymbol{\theta}\}$ 在加法运算 $\boldsymbol{\theta}+\boldsymbol{\theta}=\boldsymbol{\theta}$ 和数乘运算 $k\boldsymbol{\theta}=\boldsymbol{\theta}$ 下构成数域 P 上的线性空间. 由于此空间中仅含有零元，故称此线性空间为零空间.

例 2 元素属于数域 P 的所有 n 维向量，按照向量的加法和数与向量的乘法，构成数域 P 上的线性空间，记为 P^n.

例 3　元素属于数域 P 的所有 $m\times n$ 矩阵，按照矩阵的加法和数与矩阵的乘法，构成数域 P 上的线性空间，记为 $P^{m\times n}$.

线性空间通常也被称为向量空间，其中的元素被称为向量. 但是，此处的向量形式多样，不一定是第 3 章 n 元数组构成的 n 维向量. 因此，线性空间的概念是第 3 章向量空间概念的抽象与推广，更具有一般性.

下面讨论线性空间的基本性质.

性质 1　零元是唯一的.

证明　假设线性空间 V 中有两个零元 $\boldsymbol{\theta}_1$ 和 $\boldsymbol{\theta}_2$，由运算规律（3）得

$$\boldsymbol{\theta}_1=\boldsymbol{\theta}_1+\boldsymbol{\theta}_2=\boldsymbol{\theta}_2.$$

证毕.

性质 2　任意元的负元是唯一的.

证明　假设线性空间 V 中的元 $\boldsymbol{\alpha}$ 有两个负元 $\boldsymbol{\beta}_1$ 和 $\boldsymbol{\beta}_2$，由运算规律（3）和（4），得

$$\boldsymbol{\beta}_1=\boldsymbol{\beta}_1+\boldsymbol{\theta}=\boldsymbol{\beta}_1+(\boldsymbol{\alpha}+\boldsymbol{\beta}_2)=(\boldsymbol{\beta}_1+\boldsymbol{\alpha})+\boldsymbol{\beta}_2=\boldsymbol{\theta}+\boldsymbol{\beta}_2=\boldsymbol{\beta}_2.$$

证毕.

以下将 $\boldsymbol{\alpha}$ 的负元记为 $-\boldsymbol{\alpha}$，定义线性空间中的减法为

$$\boldsymbol{\alpha}-\boldsymbol{\beta}=\boldsymbol{\alpha}+(-\boldsymbol{\beta}).$$

性质 3　$0\boldsymbol{\alpha}=\boldsymbol{\theta}$，$(-1)\boldsymbol{\alpha}=-\boldsymbol{\alpha}$，$k\boldsymbol{\theta}=\boldsymbol{\theta}$.

证明　由

$$\boldsymbol{\alpha}+0\boldsymbol{\alpha}=1\boldsymbol{\alpha}+0\boldsymbol{\alpha}=(1+0)\boldsymbol{\alpha}=1\boldsymbol{\alpha}=\boldsymbol{\alpha},$$

两边加 $-\boldsymbol{\alpha}$，得

$$0\boldsymbol{\alpha}=\boldsymbol{\theta}.$$

由

$$\boldsymbol{\alpha}+(-1)\boldsymbol{\alpha}=1\boldsymbol{\alpha}+(-1)\boldsymbol{\alpha}=(1-1)\boldsymbol{\alpha}=0\boldsymbol{\alpha}=\boldsymbol{\theta},$$

两边加 $-\boldsymbol{\alpha}$，得

$$(-1)\boldsymbol{\alpha}=-\boldsymbol{\alpha}.$$

最后，

$$k\boldsymbol{\theta}=k(0\boldsymbol{\alpha})=(k0)\boldsymbol{\alpha}=0\boldsymbol{\alpha}=\boldsymbol{\theta}.$$

证毕.

性质 4　如果 $k\boldsymbol{\alpha}=0$，则 $k=0$ 或 $\boldsymbol{\alpha}=\boldsymbol{\theta}$.

证明　由性质 3，$k=0$ 时，有 $k\boldsymbol{\alpha}=\boldsymbol{\theta}$. 下面假设 $k\neq 0$.

由

$$k\boldsymbol{\alpha}=\boldsymbol{\theta},$$

一方面，

$$k^{-1}(k\boldsymbol{\alpha})=k^{-1}\boldsymbol{\theta}=\boldsymbol{\theta},$$

另一方面，

$$k^{-1}(k\boldsymbol{\alpha})=(k^{-1}k)\boldsymbol{\alpha}=1\boldsymbol{\alpha}=\boldsymbol{\alpha},$$

因此，可得 $\boldsymbol{\alpha}=\boldsymbol{\theta}$.

证毕.

定义 3　设 V 是数域 P 上的线性空间，W 是 V 的一个非空子集，如果 W 对 V 中定义的加法和数乘运算也能构成数域 P 上的线性空间，则称 W 为 V 的一个

线性子空间，简称子空间.

若线性空间 V 的非空子集 W 对 V 的加法和数乘运算封闭，即满足

(1) $\boldsymbol{\alpha},\boldsymbol{\beta}\in W\Rightarrow\boldsymbol{\alpha}+\boldsymbol{\beta}\in W$,

(2) $k\in P,\boldsymbol{\alpha}\in W\Rightarrow k\boldsymbol{\alpha}\in W$,

则运算规律 (1)～(8) 自然成立，因此子空间的验证过程可以得到简化.

定理 1 设 W 是线性空间 V 的一个非空子集，则 W 为 V 的子空间当且仅当 W 对 V 加法和数乘运算封闭.

显然，对线性空间 V 来说，$W_1=\{\boldsymbol{\theta}\}$ 和 $W_2=V$ 都是 V 的子空间，被称为 V 的平凡子空间. 其它子空间（如果还有的话）被称为 V 的非平凡子空间.

例 4 验证以 x 为变量、系数属于数域 P 的所有一元多项式，按照多项式的加法和数与多项式的乘法，构成数域 P 上的线性空间，记为 $P[x]$. 其中次数不超过 n 的所有一元多项式的集合 $P[x]_n$ 构成 $P[x]$ 的一个子空间.

习题 6.1

1. 问系数属于数域 P 且次数等于 n 的所有一元多项式的集合，按照多项式的加法和数与多项式的乘法，能不能构成数域 P 上的线性空间，为什么？
2. 验证元素属于数域 P 的所有 $n\times n$ 上三角矩阵的集合 W_1、所有 $n\times n$ 下三角矩阵的集合 W_2 以及所有 $n\times n$ 对角矩阵的集合 W_3 都是线性空间 $P^{n\times n}$ 的子空间.

6.2 基与维数

本节将第 3 章向量空间中基与维数的概念抽象化，给出一般线性空间中基与维数的概念. 这就需要先讨论线性空间中一组元的线性相关和线性无关性.

定义 4 设 $\boldsymbol{\alpha}_1,\boldsymbol{\alpha}_2,\cdots,\boldsymbol{\alpha}_r,\boldsymbol{\beta}$ 是数域 P 上线性空间 V 的一组元，若存在数域 P 中的数 $k_1,k_2,\cdots,k_r$，使得 $k_1\boldsymbol{\alpha}_1+k_2\boldsymbol{\alpha}_2+\cdots+k_r\boldsymbol{\alpha}_r=\boldsymbol{\beta}$，则称 $\boldsymbol{\beta}$ 在数域 P 上可由 $\boldsymbol{\alpha}_1,\boldsymbol{\alpha}_2,\cdots,\boldsymbol{\alpha}_r$ 线性表示. 两组元如果可以相互线性表示，则称这两组元是等价的.

定义 5 设 $\boldsymbol{\alpha}_1,\boldsymbol{\alpha}_2,\cdots,\boldsymbol{\alpha}_r$ 是数域 P 上线性空间 V 的一组元，若存在数域 P 中不全为 0 的数 $k_1,k_2,\cdots,k_r$，使得 $k_1\boldsymbol{\alpha}_1+k_2\boldsymbol{\alpha}_2+\cdots+k_r\boldsymbol{\alpha}_r=\boldsymbol{\theta}$，则称 $\boldsymbol{\alpha}_1,\boldsymbol{\alpha}_2,\cdots,\boldsymbol{\alpha}_r$ 在数域 P 上是线性相关的. 否则便称 $\boldsymbol{\alpha}_1,\boldsymbol{\alpha}_2,\cdots,\boldsymbol{\alpha}_r$ 在数域 P 上是线性无关的.

由于这些定义与第 3 章中一组 n 维向量的线性相关和线性无关的定义完全类似，因此所具有的性质也是相同的，此处不再一一重复，仅将要用到的结论列举如下：

(1) 若 $\boldsymbol{\alpha}_1,\boldsymbol{\alpha}_2,\cdots,\boldsymbol{\alpha}_r$ 线性相关，$\boldsymbol{\alpha}_1,\boldsymbol{\alpha}_2,\cdots,\boldsymbol{\alpha}_r,\boldsymbol{\beta}$ 线性无关，则 $\boldsymbol{\beta}$ 可由 $\boldsymbol{\alpha}_1,\boldsymbol{\alpha}_2,\cdots,\boldsymbol{\alpha}_r$ 唯一地线性表示；

(2) 等价的线性无关组所含元的个数必相等.

定义 6 如果在线性空间 V 中有 n 个线性无关的元，且任取 $n+1$ 个元都线性相关，则称 V 是 n 维线性空间. 如果在线性空间 V 中可以找到无限多个线性无关的元，则称 V 是无限维线性空间.

规定零空间的维数为 0.

本章重点研究有限维线性空间.

定义 7 在 n 维线性空间 V 中，n 个线性无关的元称为空间 V 的一组基，零空间中没有基.

根据基和维数的定义以及线性无关组的性质，n 维线性空间 V 中任取两组基，虽然里面的元可能不尽相同，但是这两组基是等价的，即可以相互线性表示. 另外，空间 V 中的任一元都可以唯一地由一组基线性表示.

定义 8 设 $\boldsymbol{\varepsilon}_1,\boldsymbol{\varepsilon}_2,\cdots,\boldsymbol{\varepsilon}_n$ 是数域 P 上 n 维线性空间 V 的一组基，$\boldsymbol{\alpha}$ 是空间 V 中的任一元，则存在唯一的一组数 $x_1,x_2,\cdots,x_n\in P$，使得 $\boldsymbol{\alpha}=x_1\boldsymbol{\varepsilon}_1+x_2\boldsymbol{\varepsilon}_2+\cdots+x_n\boldsymbol{\varepsilon}_n$，称有序数组 $x_1,x_2,\cdots,x_n$ 为 $\boldsymbol{\alpha}$ 在基 $\boldsymbol{\varepsilon}_1,\boldsymbol{\varepsilon}_2,\cdots,\boldsymbol{\varepsilon}_n$ 下的坐标，记为 $(x_1,x_2,\cdots,x_n)^{\mathrm{T}}$.

沿用矩阵乘法的记号，若 $\boldsymbol{\alpha}$ 在基 $\boldsymbol{\varepsilon}_1,\boldsymbol{\varepsilon}_2,\cdots,\boldsymbol{\varepsilon}_n$ 下的坐标为 $(x_1,x_2,\cdots,x_n)^{\mathrm{T}}$，则将 $\boldsymbol{\alpha}$ 表示成

$$\boldsymbol{\alpha}=x_1\boldsymbol{\varepsilon}_1+x_2\boldsymbol{\varepsilon}_2+\cdots+x_n\boldsymbol{\varepsilon}_n=(\boldsymbol{\varepsilon}_1,\boldsymbol{\varepsilon}_2,\cdots,\boldsymbol{\varepsilon}_n)\begin{pmatrix}x_1\\x_2\\\vdots\\x_n\end{pmatrix}.$$

这样，在给定的一组基下，n 维线性空间中的抽象元 $\boldsymbol{\alpha}$ 便与 n 维空间 P^n 中的元，即有序数组 $(x_1,x_2,\cdots,x_n)^{\mathrm{T}}$ 一一对应起来，从而 n 维线性空间中元素的加法和数乘运算也对应到空间 P^n 中有序数组的加法和数乘运算上.

例 5 数域 P 上的线性空间 $P^{m\times n}$ 维数为 mn，$\{E_{ij}\in P^{m\times n}\mid i=1,2,\cdots,m,j=1,2,\cdots,n\}$ 为 $P^{m\times n}$ 的一组基，其中 $\boldsymbol{E}_{ij}$ 的第 i 行第 j 列的元为 1，其它全为 0.

例 6 复数域 C 按照数的加法和乘法运算既可以构成自身上的线性空间，也可以构成实数域 R 上的线性空间. 前者维数为 1，以数 1 作为基，后者维数为 2，以数 1 与虚根单位 i 作为基.

可见，线性空间是集合与运算的结合体，维数不仅与该集合有关，与所讨论的数域也是分不开的.

习题 6.2

1. 求下列线性空间的维数，并求出一组基：

(1) 元素属于数域 P 的所有 $n\times n$ 上三角矩阵构成的线性空间 V；

(2) 系数属于数域 P 且次数不超过 n 的所有一元多项式构成的线性空间$P[x]_n$.

2. 在 P^4 中，取 $\boldsymbol{\alpha}=(1,2,3,4)^{\mathrm{T}}$，$\boldsymbol{\varepsilon}_1=(-1,1,1,1)^{\mathrm{T}},\boldsymbol{\varepsilon}_2=(1,-1,1,1)^{\mathrm{T}},\boldsymbol{\varepsilon}_3=(1,1,-1,1)^{\mathrm{T}},\boldsymbol{\varepsilon}_4=(1,1,1,-1)^{\mathrm{T}}$.

(1) 证明 $\boldsymbol{\varepsilon}_1$、$\boldsymbol{\varepsilon}_2$、$\boldsymbol{\varepsilon}_3$、$\boldsymbol{\varepsilon}_4$ 为 P^4 的一组基；

(2) 求 $\boldsymbol{\alpha}$ 在 $\boldsymbol{\varepsilon}_1$、$\boldsymbol{\varepsilon}_2$、$\boldsymbol{\varepsilon}_3$、$\boldsymbol{\varepsilon}_4$ 下的坐标。

6.3 基变换与坐标变换

非零线性空间的基不是唯一的，同一元在不同基下的坐标也是不同的，本节我们讨论它们之间的关系.

先讨论不同基之间的关系.

设 $\boldsymbol{\varepsilon}_1,\boldsymbol{\varepsilon}_2,\cdots,\boldsymbol{\varepsilon}_n$ 与 $\boldsymbol{\eta}_1,\boldsymbol{\eta}_2,\cdots,\boldsymbol{\eta}_n$ 是 n 维线性空间 V 的两组基，关系如下

$$\begin{cases}\eta_1=t_{11}\varepsilon_1+t_{12}\varepsilon_2+\cdots+t_{1n}\varepsilon_n,\\ \eta_2=t_{21}\varepsilon_1+t_{22}\varepsilon_2+\cdots+t_{2n}\varepsilon_n,\\ \qquad\vdots\\ \eta_n=t_{n1}\varepsilon_1+t_{n2}\varepsilon_2+\cdots+t_{nn}\varepsilon_n.\end{cases} \tag{1}$$

沿用矩阵乘法的记号，上式可以写成

$$(\boldsymbol{\eta}_1,\boldsymbol{\eta}_2,\cdots,\boldsymbol{\eta}_n)=(\boldsymbol{\varepsilon}_1,\boldsymbol{\varepsilon}_2,\cdots,\boldsymbol{\varepsilon}_n)\begin{pmatrix}t_{11} & t_{12} & \cdots & t_{1n}\\ t_{21} & t_{22} & \cdots & t_{2n}\\ \vdots & \vdots & & \vdots\\ t_{n1} & t_{n2} & \cdots & t_{nn}\end{pmatrix}. \tag{2}$$

称式（1）或式（2）为从基 $\boldsymbol{\varepsilon}_1,\boldsymbol{\varepsilon}_2,\cdots,\boldsymbol{\varepsilon}_n$ 到基 $\boldsymbol{\eta}_1,\boldsymbol{\eta}_2,\cdots,\boldsymbol{\eta}_n$ 的基变换公式，称矩阵

$$\boldsymbol{T}=\begin{pmatrix}t_{11} & t_{12} & \cdots & t_{1n}\\ t_{21} & t_{22} & \cdots & t_{2n}\\ \vdots & \vdots & & \vdots\\ t_{n1} & t_{n2} & \cdots & t_{nn}\end{pmatrix}$$

为由基 $\boldsymbol{\varepsilon}_1,\boldsymbol{\varepsilon}_2,\cdots,\boldsymbol{\varepsilon}_n$ 到基 $\boldsymbol{\eta}_1,\boldsymbol{\eta}_2,\cdots,\boldsymbol{\eta}_n$ 的过渡矩阵. 由于两组基是等价的无关组，故过渡矩阵一定是可逆阵.

下面讨论同一元在不同基下的坐标之间的关系.

定理 2 设 n 维线性空间 V 的元 $\boldsymbol{\alpha}$ 在基 $\boldsymbol{\varepsilon}_1,\boldsymbol{\varepsilon}_2,\cdots,\boldsymbol{\varepsilon}_n$ 下的坐标为 $(x_1,x_2,\cdots,x_n)^{\mathrm{T}}$，在基 $\boldsymbol{\eta}_1,\boldsymbol{\eta}_2,\cdots,\boldsymbol{\eta}_n$ 下的坐标为 $(y_1,y_2,\cdots,y_n)^{\mathrm{T}}$，且从基 $\boldsymbol{\varepsilon}_1,\boldsymbol{\varepsilon}_2,\cdots,\boldsymbol{\varepsilon}_n$ 到基 $\boldsymbol{\eta}_1,\boldsymbol{\eta}_2,\cdots,\boldsymbol{\eta}_n$ 的过渡矩阵为 $\boldsymbol{T}$，则有

$$\begin{pmatrix}y_1\\ y_2\\ \vdots\\ y_n\end{pmatrix}=\boldsymbol{T}^{-1}\begin{pmatrix}x_1\\ x_2\\ \vdots\\ x_n\end{pmatrix}. \tag{3}$$

称式（3）为坐标变换公式.

证明 一方面，

$$\boldsymbol{\alpha}=(\boldsymbol{\varepsilon}_1,\boldsymbol{\varepsilon}_2,\cdots,\boldsymbol{\varepsilon}_n)\begin{pmatrix}x_1\\x_2\\\vdots\\x_n\end{pmatrix},$$

另一方面，

$$\boldsymbol{\alpha}=(\boldsymbol{\eta}_1,\boldsymbol{\eta}_2,\cdots,\boldsymbol{\eta}_n)\begin{pmatrix}y_1\\y_2\\\vdots\\y_n\end{pmatrix}=(\boldsymbol{\varepsilon}_1,\boldsymbol{\varepsilon}_2,\cdots,\boldsymbol{\varepsilon}_n)\boldsymbol{T}\begin{pmatrix}y_1\\y_2\\\vdots\\y_n\end{pmatrix},$$

由于基 $\boldsymbol{\varepsilon}_1,\boldsymbol{\varepsilon}_2,\cdots,\boldsymbol{\varepsilon}_n$ 是线性无关组，故

$$\begin{pmatrix}x_1\\x_2\\\vdots\\x_n\end{pmatrix}=\boldsymbol{T}\begin{pmatrix}y_1\\y_2\\\vdots\\y_n\end{pmatrix},$$

即有坐标变换公式（3）. 证毕.

例 7 在 3 维空间 $P[x]_2$ 中，求由基 $1,x,x^2$ 到基 $1,x-1,x^2-x+1$ 的过渡矩阵和坐标变换公式.

解 由关系式

$$(1,x-1,x^2-x+1)=(1,x,x^2)\begin{pmatrix}1&-1&1\\0&1&-1\\0&0&1\end{pmatrix},$$

得过渡矩阵

$$\boldsymbol{T}=\begin{pmatrix}1&-1&1\\0&1&-1\\0&0&1\end{pmatrix},$$

坐标变换公式

$$\begin{pmatrix}y_1\\y_2\\\vdots\\y_n\end{pmatrix}=\boldsymbol{T}^{-1}\begin{pmatrix}x_1\\x_2\\\vdots\\x_n\end{pmatrix}=\begin{pmatrix}1&1&0\\0&1&1\\0&0&1\end{pmatrix}\begin{pmatrix}x_1\\x_2\\\vdots\\x_n\end{pmatrix}.$$

习题 6.3

在 4 维空间 P^4 中，取两组基

$\boldsymbol{\varepsilon}_1=(1,1,1,1)^{\mathrm{T}},\boldsymbol{\varepsilon}_2=(1,1,1,0)^{\mathrm{T}},\boldsymbol{\varepsilon}_3=(1,1,0,0)^{\mathrm{T}},\boldsymbol{\varepsilon}_4=(1,0,0,0)^{\mathrm{T}}$ 和 $\boldsymbol{\eta}_1=(-1,1,1,1)^{\mathrm{T}},\boldsymbol{\eta}_2=(1,-1,1,1)^{\mathrm{T}},\boldsymbol{\eta}_3=(1,1,-1,1)^{\mathrm{T}},\boldsymbol{\eta}_4=(1,1,1,-1)^{\mathrm{T}}$ 求从 $\boldsymbol{\varepsilon}_1,\boldsymbol{\varepsilon}_2,\cdots,\boldsymbol{\varepsilon}_n$ 到 $\boldsymbol{\eta}_1,\boldsymbol{\eta}_2,\cdots,\boldsymbol{\eta}_n$ 的过渡矩阵和坐标变换公式.

6.4 线性变换

由于线性空间是集合与加法和数乘两种线性运算的结合体，因此联系线性空间的纽带不能仅仅是集合间的映射，而是需要同时具有其它的某些性质，这就是本节的研究内容.

定义 9 设 W 和 V 是数域 P 上的两个线性空间，从 W 到 V 的映射 Φ 称为从 W 到 V 的线性映射，如果 Φ 满足

(1) $\forall \boldsymbol{\alpha},\boldsymbol{\beta}\in W$，有 $\Phi(\boldsymbol{\alpha}+\boldsymbol{\beta})=\Phi(\boldsymbol{\alpha})+\Phi(\boldsymbol{\beta})$，

(2) $\forall k\in P$，$\forall \boldsymbol{\alpha}\in W$，有 $\Phi(k\boldsymbol{\alpha})=k\Phi(\boldsymbol{\alpha})$.

从一个线性空间到自身的线性映射称为该线性空间上的线性变换.

例 8 设 V 是数域 P 上的线性空间，从 P 中取定一个数 k，可定义如下的 V 上的线性变换 Φ

$$\boldsymbol{\alpha}\mapsto k\boldsymbol{\alpha},\boldsymbol{\alpha}\in V,$$

称为数乘变换. 特别地，$k=0$ 时，称为零变换；$k=1$ 时，称为恒等变换.

例 9 以 x 为变量的导数运算和积分运算都是线性空间 $P[x]$ 上的线性变换.

例 10 转置运算是线性空间 $P^{n\times n}$ 上的线性变换.

下面给出线性变换 Φ 的几条基本性质.

性质 5 $\Phi(\boldsymbol{\theta})=\boldsymbol{\theta}$，$\Phi(-\boldsymbol{\alpha})=-\Phi(\boldsymbol{\alpha})$.

证明
$$\Phi(\boldsymbol{0})=\Phi(0\boldsymbol{0})=0\Phi(\boldsymbol{0})=\boldsymbol{0},$$
$$\Phi(-\boldsymbol{\alpha})=\Phi((-1)\boldsymbol{\alpha})=-1\Phi(\boldsymbol{\alpha})=-\Phi(\boldsymbol{\alpha}).$$
证毕.

性质 6 若 $\boldsymbol{\beta}=k_1\boldsymbol{\alpha}_1+k_2\boldsymbol{\alpha}_2+\cdots+k_r\boldsymbol{\alpha}_r$，则 $\Phi(\boldsymbol{\beta})=k_1\Phi(\boldsymbol{\alpha}_1)+k_2\Phi(\boldsymbol{\alpha}_2)+\cdots+k_r\Phi(\boldsymbol{\alpha}_r)$.

证明
$$\begin{aligned}\Phi(\boldsymbol{\beta})&=\Phi(k_1\boldsymbol{\alpha}_1)+\Phi(k_2\boldsymbol{\alpha}_2)+\cdots+\Phi(k_r\boldsymbol{\alpha}_r)\\&=k_1\Phi(\boldsymbol{\alpha}_1)+k_2\Phi(\boldsymbol{\alpha}_2)+\cdots+k_r\Phi(\boldsymbol{\alpha}_r).\end{aligned}$$
证毕.

性质 7 若 $\boldsymbol{\alpha}_1,\boldsymbol{\alpha}_2,\cdots,\boldsymbol{\alpha}_r$ 线性相关，则 $\Phi(\boldsymbol{\alpha}_1),\Phi(\boldsymbol{\alpha}_2),\cdots,\Phi(\boldsymbol{\alpha}_r)$ 也线性相关.

证明 由假设，存在不全为 0 的数 $k_1,k_2,\cdots,k_r$，使得

$$k_1\boldsymbol{\alpha}_1+k_2\boldsymbol{\alpha}_2+\cdots+k_r\boldsymbol{\alpha}_r=\boldsymbol{\theta},$$

由性质 6，

$$k_1\Phi(\boldsymbol{\alpha}_1)+k_2\Phi(\boldsymbol{\alpha}_2)+\cdots+k_r\Phi(\boldsymbol{\alpha}_r)=\Phi(\boldsymbol{\theta})=0.$$
证毕.

注意，性质 7 的逆命题并不成立. 比如，当 Φ 为零变换时，它可以将任何线性无关组变成线性相关组.

习题 6.4

1. 在线性空间 $P^{n\times n}$ 中取定一 $n\times n$ 矩阵 $\boldsymbol{A}$，验证如下定义的 Φ 为空间 P^n 上的

线性变换：

$$\alpha \mapsto \boldsymbol{A}\alpha, \alpha \in P^n.$$

2. 在线性空间 $P^{n\times n}$ 中取定一 $n\times n$ 可逆矩阵 $\boldsymbol{A}$，验证如下定义的 Φ 为空间 $P^{n\times n}$ 上的线性变换：

$$\boldsymbol{X} \mapsto \boldsymbol{A}^{-1}\boldsymbol{X}\boldsymbol{A}, \boldsymbol{X} \in P^{n\times n}.$$

6.5 线性变换的矩阵

既然抽象的线性空间中的元可以用具体的坐标表示，是不是也有一个具体的对象来对应线性变换呢？本节将对该问题作出回答.

定义 10 设 $\boldsymbol{\varepsilon}_1,\boldsymbol{\varepsilon}_2,\cdots,\boldsymbol{\varepsilon}_n$ 是 n 维线性空间 V 的一组基，Φ 是 V 上的一个线性变换，设

$$\begin{cases}\Phi(\boldsymbol{\varepsilon}_1)=a_{11}\boldsymbol{\varepsilon}_1+a_{12}\boldsymbol{\varepsilon}_2+\cdots a_{1n}\boldsymbol{\varepsilon}_n,\\ \Phi(\boldsymbol{\varepsilon}_2)=a_{21}\boldsymbol{\varepsilon}_1+a_{22}\boldsymbol{\varepsilon}_2+\cdots a_{2n}\boldsymbol{\varepsilon}_n,\\ \qquad\cdots\cdots\\ \Phi(\boldsymbol{\varepsilon}_n)=a_{n1}\boldsymbol{\varepsilon}_1+a_{n2}\boldsymbol{\varepsilon}_2+\cdots a_{nn}\boldsymbol{\varepsilon}_n,\end{cases}$$

则称矩阵 $\boldsymbol{A}=\begin{pmatrix}a_{11} & a_{12} & \cdots & a_{1n}\\ a_{21} & a_{22} & \cdots & a_{2n}\\ \vdots & \vdots & & \vdots\\ a_{n1} & a_{n2} & \cdots & a_{nn}\end{pmatrix}$ 为线性变换 Φ 在基 $\boldsymbol{\varepsilon}_1,\boldsymbol{\varepsilon}_2,\cdots,\boldsymbol{\varepsilon}_n$ 下的矩阵.

继续沿用矩阵乘法的记号，记 $\Phi(\boldsymbol{\varepsilon}_1,\boldsymbol{\varepsilon}_2,\cdots,\boldsymbol{\varepsilon}_n)=(\Phi(\boldsymbol{\varepsilon}_1),\Phi(\boldsymbol{\varepsilon}_2),\cdots\Phi(\boldsymbol{\varepsilon}_n))$，则

$$\Phi(\boldsymbol{\varepsilon}_1,\boldsymbol{\varepsilon}_2,\cdots,\boldsymbol{\varepsilon}_n)=(\boldsymbol{\varepsilon}_1,\boldsymbol{\varepsilon}_2,\cdots,\boldsymbol{\varepsilon}_n)\boldsymbol{A}.$$

由于 V 中每个向量在基 $\boldsymbol{\varepsilon}_1,\boldsymbol{\varepsilon}_2,\cdots,\boldsymbol{\varepsilon}_n$ 下的坐标唯一确定，故在给定的一组基下，线性变换对应着唯一一个矩阵.

例 11 在任意一组给定的基下，零变换对应着零矩阵，恒等变换对应着单位矩阵.

在给定的一组基下，空间中某一元的坐标与其像元的坐标之间有没有关系呢？同一线性变换在不同基下的矩阵关系又如何？下面的定理将一一给出答案.

定理 3 设线性空间 V 上的线性变换 Φ 在基 $\boldsymbol{\varepsilon}_1,\boldsymbol{\varepsilon}_2,\cdots,\boldsymbol{\varepsilon}_n$ 下的矩阵为 $\boldsymbol{A}$，V 中的元 $\boldsymbol{\alpha}$ 与 $\Phi(\boldsymbol{\alpha})$ 在 $\boldsymbol{\varepsilon}_1,\boldsymbol{\varepsilon}_2,\cdots,\boldsymbol{\varepsilon}_n$ 下的坐标分别为 $(x_1,x_2,\cdots,x_n)^{\mathrm{T}}$ 和 $(y_1,y_2,\cdots,y_n)^{\mathrm{T}}$，则

$$\begin{pmatrix}y_1\\ y_2\\ \vdots\\ y_n\end{pmatrix}=\boldsymbol{A}\begin{pmatrix}x_1\\ x_2\\ \vdots\\ x_n\end{pmatrix}.$$

证明 一方面，由

$$\boldsymbol{\alpha}=(\boldsymbol{\varepsilon}_1,\boldsymbol{\varepsilon}_2,\cdots,\boldsymbol{\varepsilon}_n)\begin{pmatrix}x_1\\x_2\\\vdots\\x_n\end{pmatrix},$$

得

$$\Phi(\boldsymbol{\alpha})=(\Phi(\boldsymbol{\varepsilon}_1),\Phi(\boldsymbol{\varepsilon}_2),\cdots,\Phi(\boldsymbol{\varepsilon}_n))\begin{pmatrix}x_1\\x_2\\\vdots\\x_n\end{pmatrix}$$

$$=(\boldsymbol{\varepsilon}_1,\boldsymbol{\varepsilon}_2,\cdots,\boldsymbol{\varepsilon}_n)\boldsymbol{A}\begin{pmatrix}x_1\\x_2\\\vdots\\x_n\end{pmatrix}.$$

另一方面，

$$\Phi(\boldsymbol{\alpha})=(\boldsymbol{\varepsilon}_1,\boldsymbol{\varepsilon}_2,\cdots,\boldsymbol{\varepsilon}_n)\begin{pmatrix}y_1\\y_2\\\vdots\\y_n\end{pmatrix}.$$

由于 $\boldsymbol{\varepsilon}_1,\boldsymbol{\varepsilon}_2,\cdots,\boldsymbol{\varepsilon}_n$ 线性无关，所以

$$\begin{pmatrix}y_1\\y_2\\\vdots\\y_n\end{pmatrix}=\boldsymbol{A}\begin{pmatrix}x_1\\x_2\\\vdots\\x_n\end{pmatrix}.$$

证毕.

定理 4 设线性空间 V 上的线性变换 Φ 在两组基 $\boldsymbol{\varepsilon}_1,\boldsymbol{\varepsilon}_2,\cdots,\boldsymbol{\varepsilon}_n$ 和 $\boldsymbol{\eta}_1,\boldsymbol{\eta}_2,\cdots,\boldsymbol{\eta}_n$ 下的矩阵分别为 $\boldsymbol{A}$ 和 $\boldsymbol{B}$，且从 $\boldsymbol{\varepsilon}_1,\boldsymbol{\varepsilon}_2,\cdots,\boldsymbol{\varepsilon}_n$ 到 $\boldsymbol{\eta}_1,\boldsymbol{\eta}_2,\cdots,\boldsymbol{\eta}_n$ 的过渡矩阵为 $\boldsymbol{T}$，则 $\boldsymbol{B}=\boldsymbol{T}^{-1}\boldsymbol{A}\boldsymbol{T}$.

证明 由假设

$$\Phi(\boldsymbol{\varepsilon}_1,\boldsymbol{\varepsilon}_2,\cdots,\boldsymbol{\varepsilon}_n)=(\boldsymbol{\varepsilon}_1,\boldsymbol{\varepsilon}_2,\cdots,\boldsymbol{\varepsilon}_n)\boldsymbol{A},$$
$$\Phi(\boldsymbol{\eta}_1,\boldsymbol{\eta}_2,\cdots,\boldsymbol{\eta}_n)=(\boldsymbol{\eta}_1,\boldsymbol{\eta}_2,\cdots,\boldsymbol{\eta}_n)\boldsymbol{B},$$
$$(\boldsymbol{\eta}_1,\boldsymbol{\eta}_2,\cdots,\boldsymbol{\eta}_n)=(\boldsymbol{\varepsilon}_1,\boldsymbol{\varepsilon}_2,\cdots,\boldsymbol{\varepsilon}_n)\boldsymbol{T}.$$

一方面，

$$\Phi(\boldsymbol{\eta}_1,\boldsymbol{\eta}_2,\cdots,\boldsymbol{\eta}_n)=(\boldsymbol{\eta}_1,\boldsymbol{\eta}_2,\cdots,\boldsymbol{\eta}_n)\boldsymbol{B}=(\boldsymbol{\varepsilon}_1,\boldsymbol{\varepsilon}_2,\cdots,\boldsymbol{\varepsilon}_n)\boldsymbol{T}\boldsymbol{B},$$

另一方面，

$$\Phi(\boldsymbol{\eta}_1,\boldsymbol{\eta}_2,\cdots,\boldsymbol{\eta}_n)=(\Phi(\boldsymbol{\varepsilon}_1),\Phi(\boldsymbol{\varepsilon}_2),\cdots,\Phi(\boldsymbol{\varepsilon}_n))\boldsymbol{T}=(\boldsymbol{\varepsilon}_1,\boldsymbol{\varepsilon}_2,\cdots,\boldsymbol{\varepsilon}_n)\boldsymbol{AT}.$$

由于 $\boldsymbol{\varepsilon}_1,\boldsymbol{\varepsilon}_2,\cdots,\boldsymbol{\varepsilon}_n$ 线性无关，所以

$$\boldsymbol{TB}=\boldsymbol{AT},$$

即

$$\boldsymbol{B}=\boldsymbol{T}^{-1}\boldsymbol{AT}.$$

证毕.

习题 6.5

在 4 维空间 P^4 中，取两组基

$$\boldsymbol{\varepsilon}_1=(1,1,1,1)^{\mathrm{T}},\boldsymbol{\varepsilon}_2=(1,1,1,0)^{\mathrm{T}},\boldsymbol{\varepsilon}_3=(1,1,0,0)^{\mathrm{T}},\boldsymbol{\varepsilon}_4=(1,0,0,0)^{\mathrm{T}}$$

和

$$\boldsymbol{\eta}_1=(-1,1,1,1)^{\mathrm{T}},\boldsymbol{\eta}_2=(1,-1,1,1)^{\mathrm{T}},\boldsymbol{\eta}_3=(1,1,-1,1)^{\mathrm{T}},\boldsymbol{\eta}_4=(1,1,1,-1)^{\mathrm{T}}$$

已知线性变换 ϕ 在基 $\boldsymbol{\varepsilon}_1,\boldsymbol{\varepsilon}_2,\boldsymbol{\varepsilon}_3,\boldsymbol{\varepsilon}_4$ 下的矩阵 $\boldsymbol{A}=\begin{pmatrix}1&0&0&-1\\-1&1&0&0\\0&-1&1&0\\0&0&-1&1\end{pmatrix}$，求 ϕ 在基 $\boldsymbol{\eta}_1,\boldsymbol{\eta}_2,\boldsymbol{\eta}_3,\boldsymbol{\eta}_4$ 下的矩阵 $\boldsymbol{B}$.

总习题六

1. 在 4 维空间 P^4 中，取一组基 $\boldsymbol{\varepsilon}_1=(1,1,1,1)^{\mathrm{T}}$，$\boldsymbol{\varepsilon}_2=(1,1,1,0)$，$\boldsymbol{\varepsilon}_3=(1,1,0,0)$，$\boldsymbol{\varepsilon}_4=(1,0,0,0)^{\mathrm{T}}$ 令 ϕ 为 P^4 上数乘 -1 的数乘变换，求 ϕ 在这组基的矩阵 $\boldsymbol{A}$.
2. 设 Φ 是线性空间 V 上的线性变换，证明 $W_1=\{\boldsymbol{\alpha}\in V\mid\Phi(\boldsymbol{\alpha})=0\}$ 和 $W_2=\{\Phi(\boldsymbol{\alpha})\mid\boldsymbol{\alpha}\in V\}$ 都是 V 的子空间.
3. 在 4 维线性空间 $P^{2\times2}$ 中，取两组基

$$\boldsymbol{\varepsilon}_1=\begin{pmatrix}1&0\\0&0\end{pmatrix},\boldsymbol{\varepsilon}_2=\begin{pmatrix}0&1\\0&0\end{pmatrix},\boldsymbol{\varepsilon}_3=\begin{pmatrix}0&0\\1&0\end{pmatrix},\boldsymbol{\varepsilon}_4=\begin{pmatrix}0&0\\0&1\end{pmatrix}$$

和

$$\boldsymbol{\eta}_1=\begin{pmatrix}1&0\\0&1\end{pmatrix},\boldsymbol{\eta}_2=\begin{pmatrix}1&0\\0&2\end{pmatrix},\boldsymbol{\eta}_3=\begin{pmatrix}1&0\\1&1\end{pmatrix},\boldsymbol{\eta}_4=\begin{pmatrix}1&1\\0&1\end{pmatrix}.$$

令 Φ 为矩阵的转置运算，

(1) 验证 Φ 为 $P^{2\times2}$ 上的线性变换；

(2) 求 Φ 在基 $\boldsymbol{\varepsilon}_1,\boldsymbol{\varepsilon}_2,\boldsymbol{\varepsilon}_3,\boldsymbol{\varepsilon}_4$ 下的矩阵；

(3) 求从基 $\boldsymbol{\varepsilon}_1,\boldsymbol{\varepsilon}_2,\boldsymbol{\varepsilon}_3,\boldsymbol{\varepsilon}_4$ 到 $\boldsymbol{\eta}_1,\boldsymbol{\eta}_2,\boldsymbol{\eta}_3,\boldsymbol{\eta}_4$ 的过渡矩阵和坐标变换公式；

(4) 求矩阵 $\boldsymbol{X}=\begin{pmatrix}x_{11}&x_{12}\\x_{21}&x_{22}\end{pmatrix}$ 在基 $\boldsymbol{\eta}_1,\boldsymbol{\eta}_2,\boldsymbol{\eta}_3,\boldsymbol{\eta}_4$ 下的坐标；

(5) 若线性变换 x 在基 $\boldsymbol{\varepsilon}_1,\boldsymbol{\varepsilon}_2,\boldsymbol{\varepsilon}_3,\boldsymbol{\varepsilon}_4$ 下的矩阵 $\boldsymbol{A}=\begin{pmatrix}1&0&0&0\\-1&1&0&0\\0&-1&1&0\\0&0&-1&1\end{pmatrix}$，求 x 在基 $\boldsymbol{\eta}_1,\boldsymbol{\eta}_2,\boldsymbol{\eta}_3,\boldsymbol{\eta}_4$ 下的矩阵 $\boldsymbol{B}$.

习题答案

习题 1.1 答案

1. (1) ab^2-a^2b；(2) 8；(3) $bc^2+a^2c+ab^2-a^2b-ac^2-b^2c$；
   (4) $abcd$.

2. (1) 4；(2) 7；(3) $\dfrac{n(n-1)}{2}$.

3. 含有 x^3 的项有 $-5x^3$； 含有 x^4 的项有 $10x^4$.

4. $a_{11}a_{23}a_{32}a_{44}$；$a_{14}a_{23}a_{31}a_{42}$；$a_{12}a_{23}a_{34}a_{41}$.

5. (1) 24；(2) 12；(3) $-abcd$.

习题 1.2 答案

1. (1) 160； (2) 0； (3) 0.

2. (1) $1+a_1+a_2+a_3$； (2) $(-b)^{n-1}(\sum\limits_{i=1}^{n}a_i-b)$； (3) $[x+(n-2)a](x-2a)^{n-1}$.

3. (1) 提示：各列都加到第一列，再从第一列提出 $1+\sum\limits_{i=1}^{n}a_i$.

   (2) 提示：将行列式的各行加到第一行提取公因式，然后将第一行乘以 -1 加到其余各行.

习题 1.3 答案

1. (1) -14； (2) 0； (3) 144.

2. (1) 8； (2) 1； (3) 0.

3. (1) $x^n+(-1)^{n+1}y^n$； (2) $(a_1+a_2+\cdots+a_n-b)(-b)^{n-1}$.

4. (1) $n!\prod\limits_{1\leqslant j<i\leqslant n}(i-j)$； (2) $\prod\limits_{n+1\geqslant i>j\geqslant 1}(i-j)$.

习题 1.4 答案

1. (1) $x=3$，$y=-2$，$z=2$； (2) $x_1=1$，$x_2=2$，$x_3=2$，$x_4=-1$；

2. $a=1$ 或 $b=0$.

总习题一答案

1. (1) -40； (2) $(a-b)(b-c)(c-a)$； (3) $-x^3$.

2. (1) 12； (2) $\dfrac{n(n-1)}{2}$.

3. (1) 0； (2) 126； (3) 144； (4) -11； (5) $(a+4x)(a-x)^4$.

4. 略.

5. (1) $a^{n-2}(a^2-1)$； (2) $(n+1)a_1a_2\cdots a_n$； (3) $\prod_{n\geqslant i>j\geqslant 1}(i-j)$.

6. (1) $x_1=1,x_2=3,x_3=2,x_4=-1$； (2) $x_1=1,x_2=-1,x_3=1,x_4=-1,x_5=1$.

7. $(1+a)^2=4b$.

习题 2.1 答案

1. (1) $\boldsymbol{A}+\boldsymbol{B}=\begin{pmatrix}0 & 2 & -1\\ 3 & -2 & 3\end{pmatrix}$； (2) $\begin{pmatrix}-2 & 0 & 3\\ -4 & -6 & 2\end{pmatrix}$；

   (3) $\boldsymbol{X}=\frac{1}{3}(\boldsymbol{B}-2\boldsymbol{A})=\begin{pmatrix}2 & 2 & 2\\ -1 & -1 & -2\end{pmatrix}$.

2. (1) $\begin{pmatrix}0 & 14 & -3\\ 17 & 13 & 10\end{pmatrix}$； (2) (8).

3. $\begin{pmatrix}10 & 4 & 7\\ -6 & -14 & -4\\ 7 & -5 & 4\end{pmatrix}$.

4. (1) $\boldsymbol{A}^2-\boldsymbol{B}^2=\begin{pmatrix}-4 & -8 & 0\\ -3 & -11 & 7\\ -8 & -12 & -16\end{pmatrix}$；

   (2) $(\boldsymbol{A}+\boldsymbol{B})(\boldsymbol{A}-\boldsymbol{B})=\begin{pmatrix}-8 & -12 & 0\\ -8 & -8 & 8\\ -5 & -13 & -15\end{pmatrix}$；

   (3) $\boldsymbol{B}^{\mathrm{T}}\boldsymbol{A}^{\mathrm{T}}=\begin{pmatrix}4 & 2 & 2\\ 6 & 2 & 0\\ 4 & 2 & 6\end{pmatrix}$； (4) $\begin{pmatrix}10 & 16 & 10\\ 8 & 4 & 4\\ 4 & 2 & 16\end{pmatrix}$.

5. (1) 取 $\boldsymbol{A}=\begin{pmatrix}0 & 1\\ 0 & 0\end{pmatrix}$； (2) 取 $\boldsymbol{A}=\begin{pmatrix}1 & 1\\ 0 & 0\end{pmatrix}$；

   (3) 取 $\boldsymbol{A}=\begin{pmatrix}1 & 0\\ 0 & 0\end{pmatrix},\boldsymbol{X}=\begin{pmatrix}1 & 1\\ -1 & 1\end{pmatrix},\boldsymbol{Y}=\begin{pmatrix}1 & 1\\ 0 & 1\end{pmatrix}$.

6. $\boldsymbol{A}^2=\begin{pmatrix}1 & 0\\ 2\lambda & 1\end{pmatrix},\boldsymbol{A}^3=\begin{pmatrix}1 & 0\\ 3\lambda & 1\end{pmatrix},\cdots,\boldsymbol{A}^k=\begin{pmatrix}1 & 0\\ k\lambda & 1\end{pmatrix}$.

习题 2.2 答案

1. (1) $\begin{pmatrix}3 & -5\\ -1 & 2\end{pmatrix}$； (2) $\begin{pmatrix}-4 & 2 & -1\\ 4 & -1 & 2\\ 3 & -1 & 1\end{pmatrix}$； (3) $\begin{pmatrix}1 & 1 & 3\\ 2 & 3 & 7\\ 3 & 4 & 9\end{pmatrix}$.

2. (1) $\boldsymbol{X}=\begin{pmatrix}0 & 2\\1 & 1\end{pmatrix}$；(2) $\boldsymbol{X}=\begin{pmatrix}9 & 7\\-10 & -8\end{pmatrix}$；(3) $\boldsymbol{X}=\begin{pmatrix}2 & -1 & 0\\2 & 3 & 4\\3 & 4 & 2\end{pmatrix}$.

3. $\boldsymbol{X}=\begin{pmatrix}3 & 0\\7 & -1\\1 & 1\end{pmatrix}$.

4. $\boldsymbol{X}=\frac{1}{6}\begin{pmatrix}6 & 3 & 0\\-2 & 6 & 0\\0 & 0 & 12\end{pmatrix}$.

5. $(\boldsymbol{A}+\boldsymbol{E})^{-1}=\boldsymbol{A}-3\boldsymbol{E}$.

6. 证明略.

7. 提示：利用矩阵可逆的充分必要条件是其行列式不等于零.

习题 2.3 答案

1. (1) $\begin{pmatrix}1 & 0 & 0\\0 & 1 & 0\\0 & 0 & 1\end{pmatrix}$；(2) $\begin{pmatrix}1 & -1 & 0\\0 & 0 & 1\end{pmatrix}$；(3) $\begin{pmatrix}1 & 0 & 5 & 0\\0 & 1 & -1 & 2\\0 & 0 & 0 & 0\end{pmatrix}$.

2. (1) $\begin{pmatrix}1 & 0 & 0 & 0\\0 & 1 & 0 & 0\\0 & 0 & 1 & 0\end{pmatrix}$；(2) $\begin{pmatrix}1 & 0 & 0 & 0\\0 & 1 & 0 & 0\\0 & 0 & 0 & 0\\0 & 0 & 0 & 0\end{pmatrix}$.

3. (1) $\frac{1}{9}\begin{pmatrix}-2 & 4 & 1\\6 & -3 & -3\\1 & -2 & -5\end{pmatrix}$；(2) $\begin{pmatrix}1 & 0 & 0\\-1 & 1 & 0\\0 & -1 & 1\end{pmatrix}$；(3) $\frac{1}{4}\begin{pmatrix}1 & 1 & 1 & 1\\1 & 1 & -1 & -1\\1 & -1 & 1 & -1\\1 & -1 & -1 & 1\end{pmatrix}$.

4. (1) $\boldsymbol{X}=\begin{pmatrix}1 & \frac{3}{2} & 4\\2 & 0 & -6\\2 & \frac{1}{2} & -5\end{pmatrix}$；(2) $\boldsymbol{X}=\begin{pmatrix}0 & 1 & 0\\-2 & 1 & 1\end{pmatrix}$

(3) $\boldsymbol{X}=\begin{pmatrix}-9 & 16\\-15 & 27\\14 & -25\end{pmatrix}$.

习题 2.4 答案

1. (1) ×；(2) ×；(3) √；(4) ×；(5) √；(6) ×；(7) √；(8) ×.

2. (1) 秩为 2，二阶子式$\begin{vmatrix} 3 & 1 \\ 1 & -1 \end{vmatrix}=-4\neq 0$；

(2) 秩为 2，二阶子式$\begin{vmatrix} 3 & 2 \\ 2 & -1 \end{vmatrix}=-7\neq 0$；

(3) 秩为 3，三阶子式$\begin{vmatrix} 0 & 7 & -5 \\ 5 & 8 & 0 \\ 3 & 2 & 0 \end{vmatrix}=70\neq 0$.

3. $\lambda\neq 3$ 时，$\boldsymbol{A}$ 的秩为 3；$\lambda=3$ 时，$\boldsymbol{A}$ 的秩为 2.

4. $x=0, y=2$.

5. $\boldsymbol{R}(\boldsymbol{A}-2\boldsymbol{E})+\boldsymbol{R}(\boldsymbol{A}-\boldsymbol{E})=4$

习题 2.5 答案

1. $\boldsymbol{A}+\boldsymbol{B}=\begin{pmatrix} 2 & 0 & 1 & 0 \\ 0 & 1 & 0 & 1 \\ 0 & 0 & 2 & 1 \\ 1 & 0 & -1 & -1 \end{pmatrix}$；$\boldsymbol{AB}=\begin{pmatrix} 1 & 0 & 1 & 0 \\ 0 & 0 & 0 & 1 \\ 0 & 0 & 1 & 3 \\ 1 & 0 & 0 & -2 \end{pmatrix}$.

2. $\boldsymbol{AB}=\begin{pmatrix} 1 & 0 & 1 & 0 \\ -1 & 2 & 0 & 1 \\ -2 & 4 & 3 & 3 \\ -1 & 1 & 3 & 1 \end{pmatrix}$.

3. (1) $\boldsymbol{A}^{-1}=\begin{pmatrix} 5 & -2 & 0 & 0 & 0 \\ -2 & 1 & 0 & 0 & 0 \\ 0 & 0 & \frac{1}{3} & 0 & 0 \\ 0 & 0 & 0 & 1 & 0 \\ 0 & 0 & 0 & 0 & 1 \end{pmatrix}$；(2) $\boldsymbol{B}^{-1}=\begin{pmatrix} 0 & 0 & \frac{3}{8} & -\frac{1}{8} \\ 0 & 0 & \frac{1}{4} & \frac{1}{4} \\ \frac{1}{5} & \frac{1}{5} & 0 & 0 \\ -\frac{2}{5} & \frac{3}{5} & 0 & 0 \end{pmatrix}$.

(3) $\boldsymbol{C}^{-1}=\begin{pmatrix} \frac{1}{2} & 0 & -\frac{1}{2} & 0 & -1 \\ 0 & \frac{1}{2} & 0 & -\frac{1}{2} & -\frac{3}{2} \\ 0 & 0 & 1 & 0 & 0 \\ 0 & 0 & 0 & 1 & 0 \\ 0 & 0 & 0 & 0 & 1 \end{pmatrix}$.

4. (1) $\begin{pmatrix} \boldsymbol{O} & \boldsymbol{A} \\ \boldsymbol{B} & \boldsymbol{O} \end{pmatrix}^{-1}=\begin{pmatrix} \boldsymbol{O} & \boldsymbol{B}^{-1} \\ \boldsymbol{A}^{-1} & \boldsymbol{O} \end{pmatrix}$；(2) $\begin{pmatrix} \boldsymbol{A} & \boldsymbol{O} \\ \boldsymbol{C} & \boldsymbol{B} \end{pmatrix}^{-1}=\begin{pmatrix} \boldsymbol{A}^{-1} & \boldsymbol{O} \\ -\boldsymbol{B}^{-1}\boldsymbol{C}\boldsymbol{A}^{-1} & \boldsymbol{B}^{-1} \end{pmatrix}$.

5*. $|\boldsymbol{B}|=2$.

总习题二答案

1. (1) $\begin{pmatrix}1&0&0\\0&1&0\\0&0&\frac{1}{2}\end{pmatrix}$；(2) $\begin{pmatrix}2&-1&0\\-1&2&0\\0&0&3\end{pmatrix}$；(3) 2；(4) 1.

2. (1) B；(2) C；(3) D；(4) C；(5) A；(6) A；(7) A；(8) B；(9) D；(10) B.

3. (1) $\begin{pmatrix}6&-7&8\\20&-5&-6\end{pmatrix}$；

(2) $a_{11}x_1^2+a_{22}x_2^2+a_{33}x_3^2+2a_{12}x_1x_2+2a_{13}x_1x_3+2a_{23}x_2x_3$；

(3) $\begin{pmatrix}\lambda^k&\boldsymbol{C}_k^1\lambda^{k-1}&\boldsymbol{C}_k^2\lambda^{k-2}\\0&\lambda^k&\boldsymbol{C}_k^1\lambda^{k-1}\\0&0&\lambda^k\end{pmatrix}$；(4) $\begin{pmatrix}1&-5\\0&-3\\0&-11\end{pmatrix}$.

4. 证明略.

5. $\boldsymbol{A}^{-1}=\begin{pmatrix}1&0&0&0\\-a&1&0&0\\0&-a&1&0\\0&0&-a&1\end{pmatrix}$.

6. (1) $\boldsymbol{X}=\begin{pmatrix}1&2&5\\2&-9&-8\\0&-4&-6\end{pmatrix}$；(2) $\boldsymbol{X}=\begin{pmatrix}0&3&3\\-1&2&3\\1&1&0\end{pmatrix}$.

7. $\boldsymbol{A}^{-1}=\frac{1}{2}(\boldsymbol{A}-\boldsymbol{E})$，$(\boldsymbol{A}+2\boldsymbol{E})^{-1}=\frac{1}{4}(3\boldsymbol{E}-\boldsymbol{A})$.

8. -16.

9. $\begin{pmatrix}2731&2732\\-683&-684\end{pmatrix}$.

10. (1) $\boldsymbol{P}^{-1}=\frac{1}{2}\begin{pmatrix}-1&1&1\\2&0&2\\-1&1&-1\end{pmatrix}$；(2) $\boldsymbol{A}=\begin{pmatrix}1&-1&1\\2&-2&2\\-1&1&-1\end{pmatrix}$；

(3) $\phi(\boldsymbol{A})=\begin{pmatrix}-4&4&-4\\-8&8&-8\\4&-4&4\end{pmatrix}$.

11. (1) $R(\boldsymbol{A})=3$；(2) $R(\boldsymbol{B})=2$.

12. 证明略.

13. 证明略.

14. (1) $A^{-1}=\begin{pmatrix}1 & 0 & 0 & 0\\ 0 & \frac{1}{2} & 0 & 0\\ 0 & 0 & \frac{1}{2} & -\frac{1}{6}\\ 0 & 0 & -\frac{1}{2} & \frac{1}{2}\end{pmatrix}$；(2) $B^{-1}=\begin{pmatrix}0 & 0 & 3 & -2\\ 0 & 0 & -1 & 1\\ 1 & -1 & 0 & 0\\ -1 & 2 & 0 & 0\end{pmatrix}$.

15. 提示：利用$\begin{pmatrix}E & -A\\ 0 & E\end{pmatrix}\begin{pmatrix}A & E\\ E & B\end{pmatrix}=\begin{pmatrix}0 & E-AB\\ E & B\end{pmatrix}$，两边取行列式即得.

16. 提示：利用$\begin{pmatrix}E_m & 0\\ -A_2A_1^{-1} & E_n\end{pmatrix}\begin{pmatrix}A_1 & 0\\ A_2 & A_3\end{pmatrix}=\begin{pmatrix}A_1 & 0\\ 0 & A_3\end{pmatrix}$及$A_1,A_3$可逆，即得$\begin{pmatrix}A_1 & 0\\ A_2 & A_3\end{pmatrix}$可逆，且$\begin{pmatrix}A_1 & 0\\ A_2 & A_3\end{pmatrix}^{-1}=\begin{pmatrix}A_1^{-1} & 0\\ -A_3^{-1}A_2A_1^{-1} & A_3^{-1}\end{pmatrix}$.

习题 3.1 答案

1. (1) $\begin{pmatrix}x_1\\ x_2\\ x_3\\ x_4\end{pmatrix}=c\begin{pmatrix}0\\ 2\\ 1\\ 0\end{pmatrix}$（$c$ 为任意常数）；

(2) $\begin{pmatrix}x_1\\ x_2\\ x_3\\ x_4\\ x_5\end{pmatrix}=c_1\begin{pmatrix}-\frac{1}{2}\\ -\frac{1}{2}\\ \frac{1}{2}\\ 1\\ 0\end{pmatrix}+c_2\begin{pmatrix}\frac{7}{8}\\ \frac{5}{8}\\ -\frac{5}{8}\\ 0\\ 1\end{pmatrix}$（$c_1,c_2$ 为任意常数）.

2. (1) 无解；(2) 唯一解 $x_1=6,x_2=3,x_3=-2$；

(3) $\begin{pmatrix}x_1\\ x_2\\ x_3\\ x_4\\ x_5\end{pmatrix}=c_1\begin{pmatrix}-2\\ 1\\ 1\\ 0\\ 0\end{pmatrix}+c_2\begin{pmatrix}-2\\ 1\\ 0\\ 1\\ 0\end{pmatrix}+c_3\begin{pmatrix}-6\\ 5\\ 0\\ 0\\ 1\end{pmatrix}+\begin{pmatrix}6\\ -4\\ 0\\ 0\\ 0\end{pmatrix}$（$c_1,c_2,c_3$ 为任意常数）.

3. 当 $\lambda\neq1$ 且 $\lambda\neq10$ 时，方程组有唯一解；当 $\lambda=10$ 时，方程组无解；当 $\lambda=1$ 时方程组有无穷多解，通解为$\begin{pmatrix}x_1\\ x_2\\ x_3\end{pmatrix}=c_1\begin{pmatrix}-2\\ 1\\ 0\end{pmatrix}+c_2\begin{pmatrix}2\\ 0\\ 1\end{pmatrix}+\begin{pmatrix}1\\ 0\\ 0\end{pmatrix}$（$c_1,c_2$ 为任意常数）.

4. 当$\lambda=1$或$\lambda=-2$时，方程组有解，

当$\lambda=1$时，通解为$\begin{pmatrix}x_1\\x_2\\x_3\end{pmatrix}=c\begin{pmatrix}1\\1\\1\end{pmatrix}+\begin{pmatrix}1\\0\\0\end{pmatrix}$（$c$为任意常数）；

当$\lambda=-2$时，通解为$\begin{pmatrix}x_1\\x_2\\x_3\end{pmatrix}=c\begin{pmatrix}1\\1\\1\end{pmatrix}+\begin{pmatrix}2\\2\\0\end{pmatrix}$（$c$为任意常数）.

5. 当$\lambda=0$或$\lambda=1$时，方程组有非零解，

当$\lambda=0$时，通解为$\begin{pmatrix}x_1\\x_2\\x_3\end{pmatrix}=c\begin{pmatrix}-1\\1\\1\end{pmatrix}$（$c$为任意常数）；

当$\lambda=1$时，通解为$\begin{pmatrix}x_1\\x_2\\x_3\end{pmatrix}=c\begin{pmatrix}-1\\2\\1\end{pmatrix}$（$c$为任意常数）.

习题 3.2 答案

1. $(1,0,-1)^{\mathrm{T}},(0,1,2)^{\mathrm{T}}$.
2. （1）$\boldsymbol{\beta}=\frac{1}{8}(1,12,17,33)$；（2）$\boldsymbol{\beta}=\frac{1}{5}(3,1,9,14),\boldsymbol{\gamma}=\frac{1}{10}(3,-14,-1,-11)$.
3. 能，$\boldsymbol{\beta}=-11\boldsymbol{\alpha}_1+14\boldsymbol{\alpha}_2+9\boldsymbol{\alpha}_3$.
4. 证明略.
5. （1）错；（2）错；（3）正确；（4）正确；（5）错；（6）错.
6. （1）线性相关；（2）线性无关.
7. $a=9$时线性相关，$a\neq 9$时线性无关.
8. 证明略.
9. 证明略.
10. 证明略.

习题 3.3 答案

1. $k=3$.　　2. $a=0$或3.
3. （1）$R=2$，向量组线性相关，极大无关组$\boldsymbol{\alpha}_1,\boldsymbol{\alpha}_2,\boldsymbol{\alpha}_3=\boldsymbol{\alpha}_1+\boldsymbol{\alpha}_2$；

（2）$R=2$，向量组线性相关，极大无关组$\boldsymbol{\alpha}_1,\boldsymbol{\alpha}_2,\boldsymbol{\alpha}_3=\frac{3}{2}\boldsymbol{\alpha}_1-\frac{7}{2}\boldsymbol{\alpha}_2,\boldsymbol{\alpha}_4=\boldsymbol{\alpha}_1+2\boldsymbol{\alpha}_2$.

4. （1）$R=3$，第1,2,3列构成极大无关组；

（2）$R=3$，第1,2,3列构成极大无关组.

5. $a\neq 2$时线性无关，此时$\boldsymbol{\alpha}=2\boldsymbol{\alpha}_1+\frac{3a-4}{a-2}\boldsymbol{\alpha}_2+\boldsymbol{\alpha}_3+\frac{1-a}{a-2}\boldsymbol{\alpha}_4$.

6. $a=0$ 或 $a=-10$ 时线性相关，$a=0$ 时极大无关组 $\boldsymbol{\alpha}_1, \boldsymbol{\alpha}_2=2\boldsymbol{\alpha}_1, \boldsymbol{\alpha}_3=3\boldsymbol{\alpha}_1, \boldsymbol{\alpha}_4=4\boldsymbol{\alpha}_1$；$a=-10$ 时极大无关组 $\boldsymbol{\alpha}_1, \boldsymbol{\alpha}_2, \boldsymbol{\alpha}_3, \boldsymbol{\alpha}_4=-\boldsymbol{\alpha}_1-\boldsymbol{\alpha}_2-\boldsymbol{\alpha}_3$.

7. 证明略.

习题 3.4 答案

1. （1）是；（2）否；（3）是.

2. V_1 是向量空间，V_2 不是向量空间.

3. $\boldsymbol{\beta}=2\boldsymbol{\alpha}_1+3\boldsymbol{\alpha}_2-\boldsymbol{\alpha}_3$.

4. 维数为 3.

习题 3.5 答案

1. （1）基础解系 $\boldsymbol{\xi}_1=\begin{pmatrix}-\frac{3}{2}\\ \frac{7}{2}\\ 1\\ 0\end{pmatrix}$，$\boldsymbol{\xi}_2=\begin{pmatrix}-1\\-2\\0\\1\end{pmatrix}$，通解 $\begin{pmatrix}x_1\\x_2\\x_3\\x_4\end{pmatrix}=c_1\begin{pmatrix}-\frac{3}{2}\\ \frac{7}{2}\\ 1\\ 0\end{pmatrix}+c_2\begin{pmatrix}-1\\-2\\0\\1\end{pmatrix}$，$(c_1, c_2\in R)$；

（2）基础解系 $\boldsymbol{\xi}=\begin{pmatrix}0\\0\\0\\1\\1\end{pmatrix}$，通解 $\begin{pmatrix}x_1\\x_2\\x_3\\x_4\\x_5\end{pmatrix}=c\begin{pmatrix}0\\0\\0\\1\\1\end{pmatrix}$（$c$ 为任意常数）.

2. （1）特解为 $\boldsymbol{\eta}=\begin{pmatrix}8\\0\\0\\-10\end{pmatrix}$，通解 $\begin{pmatrix}x_1\\x_2\\x_3\\x_4\end{pmatrix}=c_1\begin{pmatrix}-9\\1\\0\\11\end{pmatrix}+c_2\begin{pmatrix}-4\\0\\1\\5\end{pmatrix}+\begin{pmatrix}8\\0\\0\\-10\end{pmatrix}$，$(c_1, c_2\in R)$；

（2）特解为 $\boldsymbol{\eta}=\begin{pmatrix}-8\\13\\0\\2\end{pmatrix}$，通解 $\begin{pmatrix}x_1\\x_2\\x_3\\x_4\end{pmatrix}=c\begin{pmatrix}-1\\1\\1\\0\end{pmatrix}+\begin{pmatrix}-8\\13\\0\\2\end{pmatrix}$（$c$ 为任意常数）.

3. $\begin{pmatrix}x_1\\x_2\\x_3\\x_4\end{pmatrix}=c\begin{pmatrix}3\\4\\5\\6\end{pmatrix}+\begin{pmatrix}2\\3\\4\\5\end{pmatrix}$（$c$ 为任意常数）.

4. $\begin{pmatrix}x_1\\x_2\\x_3\end{pmatrix}=c\begin{pmatrix}1\\5\\-2\end{pmatrix}+\begin{pmatrix}0\\-1\\1\end{pmatrix}$（$c$ 为任意常数）.

5. 证明略；

6. 证明略.

总习题三答案

1. (1) $\frac{1}{2}$；(2) 6；(3) $\begin{pmatrix} 2 & 3 \\ -1 & -2 \end{pmatrix}$.

2. (B)；(D)；(A)；(C)；(D)；(A)；(A)；(A)；(A)；(B)；(B)；(A)；(B)；(D).

3. 当 $a=1$ 或 $a=-1$ 时方程组有无穷多个解；

当 $a=1$ 时通解为 $\boldsymbol{x}=k\begin{pmatrix} -1 \\ 1 \\ -1 \\ 1 \end{pmatrix}+\begin{pmatrix} 2 \\ -1 \\ 0 \\ 0 \end{pmatrix}$；当 $a=-1$ 时通解为 $\boldsymbol{x}=k\begin{pmatrix} 1 \\ 1 \\ 1 \\ 1 \end{pmatrix}+\begin{pmatrix} 0 \\ -1 \\ 0 \\ 0 \end{pmatrix}$.

4. 当 $a=0$ 或 $a=-\frac{n(n+1)}{2}$ 时方程组有非零解；

当 $a=0$ 时通解为 $\boldsymbol{x}=k_1\begin{pmatrix} -1 \\ 1 \\ 0 \\ \vdots \\ 0 \end{pmatrix}+k_2\begin{pmatrix} -1 \\ 0 \\ 1 \\ \vdots \\ 0 \end{pmatrix}+k_{n-1}\begin{pmatrix} -1 \\ 0 \\ 0 \\ \vdots \\ 1 \end{pmatrix}$, $k_1, k_2, \cdots, k_{n-1}$ 为任意常数；

当 $a=-\frac{n(n+1)}{2}$ 时通解为 $\boldsymbol{x}=k\begin{pmatrix} 1 \\ 2 \\ \vdots \\ n \end{pmatrix}$.

5. (1) 证明略；

(2) $a=2, b=-3$，方程组通解为 $\boldsymbol{x}=k_1\begin{pmatrix} -2 \\ 1 \\ 1 \\ 0 \end{pmatrix}+k_2\begin{pmatrix} 4 \\ -5 \\ 0 \\ 1 \end{pmatrix}+\begin{pmatrix} 2 \\ -3 \\ 0 \\ 0 \end{pmatrix}$, k_1, k_2 为任意常数.

6. $a=1$ 或 $a=2$，当 $a=1$ 时公共解为 $\boldsymbol{x}=k\begin{pmatrix} 1 \\ 0 \\ -1 \end{pmatrix}$，当 $a=2$ 时公共解为 $\boldsymbol{x}=k\begin{pmatrix} 0 \\ 1 \\ -1 \end{pmatrix}$.

7. (1) 略；(2) 当 $a\neq0$ 时方程组有唯一解，$x_1=\dfrac{a}{(n+1)a}$；

(3) 当 $a=0$ 时方程组有无穷多解，$\boldsymbol{x}=k\begin{pmatrix}1\\0\\0\\\vdots\\0\end{pmatrix}+\begin{pmatrix}0\\1\\0\\\vdots\\0\end{pmatrix}$,$k$ 为任意常数.

8. (1) $\boldsymbol{\xi}_2=\boldsymbol{k}_1\begin{pmatrix}1\\-1\\2\end{pmatrix}+\begin{pmatrix}0\\0\\1\end{pmatrix}$,$\boldsymbol{\xi}_3=\boldsymbol{k}_2\begin{pmatrix}1\\-1\\0\end{pmatrix}+\begin{pmatrix}\frac{1}{2}\\0\\0\end{pmatrix}$,$k_1,k_2$ 为任意常数；

(2) 提示：证明行列式 $|\boldsymbol{\xi}_1,\boldsymbol{\xi}_2,\boldsymbol{\xi}_3|\neq0$.

9. (1) $\lambda=-1,a=-2$；(2) $\boldsymbol{x}=k\begin{pmatrix}1\\1\\0\end{pmatrix}+\begin{pmatrix}\frac{3}{2}\\-\frac{1}{2}\\0\end{pmatrix}$.

10. 提示：证明方程组有唯一解.

11. (1) $a=5$；(2) $\begin{cases}\boldsymbol{\beta}_1=2\boldsymbol{\alpha}_1+4\boldsymbol{\alpha}_2-\boldsymbol{\alpha}_3\\\boldsymbol{\beta}_2=\boldsymbol{\alpha}_1+2\boldsymbol{\alpha}_2\\\boldsymbol{\beta}_3=5\boldsymbol{\alpha}_1+10\boldsymbol{\alpha}_2-2\boldsymbol{\alpha}_3\end{cases}$.

12. $a=1$.

13. (1) $a=0$；(2) $a\neq0,a\neq b$，$\boldsymbol{\beta}=\left(1-\dfrac{1}{a}\right)\boldsymbol{\alpha}_1+\dfrac{1}{a}\boldsymbol{\alpha}_2$；

(3) $a=b\neq0$，$\boldsymbol{\beta}=\left(1-\dfrac{1}{a}\right)\boldsymbol{\alpha}_1+\left(\dfrac{1}{a}+c\right)\boldsymbol{\alpha}_2+c\boldsymbol{\alpha}_3$.

14. $a=2,b=1,c=2$.

15. (1) 证明略；(2) $k=0$，$\boldsymbol{\xi}=k_1\boldsymbol{\alpha}_1-k_1\boldsymbol{\alpha}_3,k_1\neq0$.

16. (1) $b\neq0$ 且 $b+\sum\limits_{i=1}^{n}a_i\neq0$；

(2) $b=0$ 时，基础解系为 $\boldsymbol{\xi}_1=\begin{pmatrix}-\frac{a_2}{a_1}\\1\\0\\\vdots\\0\end{pmatrix}$,$\boldsymbol{\xi}_2=\begin{pmatrix}-\frac{a_3}{a_1}\\0\\1\\\vdots\\0\end{pmatrix}$,$\cdots$,$\boldsymbol{\xi}_{n-1}=\begin{pmatrix}-\frac{a_n}{a_1}\\0\\0\\\vdots\\1\end{pmatrix}$；

$b+\sum_{i=1}^{n}a_i=0$ 时，基础解系为 $\boldsymbol{\xi}=\begin{pmatrix}1\\1\\\vdots\\1\end{pmatrix}$.

习题 4.1 答案

1. (1) -4； (2) $\frac{1}{2}$.

2. (1) $\begin{pmatrix}\frac{2}{\sqrt{30}}\\0\\-\frac{5}{\sqrt{30}}\\-\frac{1}{\sqrt{30}}\end{pmatrix}$；(2) $\begin{pmatrix}-\frac{1}{\sqrt{2}}\\\frac{1}{3\sqrt{2}}\\\frac{2}{3\sqrt{2}}\\-\frac{2}{3\sqrt{2}}\end{pmatrix}$.

3. (1) $\begin{pmatrix}1\\-2\\2\end{pmatrix}$, $\begin{pmatrix}-\frac{2}{3}\\-\frac{2}{3}\\-\frac{1}{3}\end{pmatrix}$, $\begin{pmatrix}6\\-3\\6\end{pmatrix}$；(2) $\begin{pmatrix}1\\2\\2\\-1\end{pmatrix}$, $\begin{pmatrix}2\\3\\-3\\2\end{pmatrix}$, $\begin{pmatrix}2\\-1\\-1\\-2\end{pmatrix}$.

4. $\begin{pmatrix}\frac{1}{\sqrt{3}}\\0\\\frac{1}{\sqrt{3}}\\\frac{1}{\sqrt{3}}\end{pmatrix}$, $\begin{pmatrix}\frac{2}{\sqrt{33}}\\\frac{3}{\sqrt{33}}\\\frac{2}{\sqrt{33}}\\-\frac{4}{\sqrt{33}}\end{pmatrix}$, $\begin{pmatrix}-\frac{7}{\sqrt{110}}\\\frac{6}{\sqrt{110}}\\\frac{4}{\sqrt{110}}\\\frac{3}{\sqrt{110}}\end{pmatrix}$.

5. $a_2=\begin{pmatrix}1\\0\\-1\end{pmatrix}$, $a_3=\frac{1}{2}\begin{pmatrix}-1\\2\\-1\end{pmatrix}$.

6. (1) 不是. (2) 是.

7. 证明略.

习题 4.2 答案

1. (1) 9；$\frac{1}{4}$； (2) $\frac{1}{6},-\frac{1}{6},-\frac{1}{3}$； (3) -5 .

2. (1) 特征值 $\lambda_1=1,\lambda_2=-5$，对应于 $\lambda_1=1$ 的全部特征向量为 $k_1(1,1)^{\mathrm{T}}$，$(k'_1\neq 0)$. 对应于 $\lambda_2=-5$ 的全部特征向量为 $k_2(-2,1)^{\mathrm{T}},(k_2\neq 0)$.

(2) 特征值为 $\lambda_1=\lambda_2=7,\lambda_3=-2$.

对应于特征值 $\lambda_1=\lambda_2=7$ 的全部特征向量为 $k_1\left(\frac{-1}{2},1,0\right)^{\mathrm{T}}+k_2(-1,0,1)^{\mathrm{T}}$，$(k_1,k_2$ 不同时为零). 对应于特征值 $\lambda_3=-2$ 的全部特征向量为 $k_3\left(1,\frac{1}{2},1\right)^{\mathrm{T}}$，$(k_3\neq 0)$.

(3) 特征值为 $\lambda_1=1,\lambda_2=2,\lambda_3=2a-1$.

对应于特征值 $\lambda_1=1$ 的全部特征向量为 $k_1\left(\frac{a+2}{3},1,0\right)^{\mathrm{T}}$，$(k_1\neq 0)$,对应于特征值 $\lambda_2=2$ 的全部特征向量为 $k_2(2,2,1)^{\mathrm{T}}$，$(k_2\neq 0)$.对应于 $\lambda_3=2a-1$ 的所有特征向量为 $k_3(1,1,a-1)^{\mathrm{T}}$，$(k_3\neq 0)$.

3. $\boldsymbol{A}$ 的特征值为 $\lambda_1=\lambda_2=1$，$\lambda_3=-5$.矩阵 $\boldsymbol{E}+\boldsymbol{A}^{-1}$ 的特征值为 $2,2,\frac{4}{5}$.

4. -25.

5. A 的特征值为 0 或者 1.

6. $x=0$.

7. 证明略.

习题 4.3 答案

1. (1) 相似，$\boldsymbol{A}=\begin{pmatrix}1&0\\0&3\end{pmatrix},\boldsymbol{P}=\begin{pmatrix}-1&1\\1&1\end{pmatrix}$；(2) 不与对角阵相似；

(3) 相似，$\boldsymbol{A}=\begin{pmatrix}1&0&0\\0&1&0\\0&0&-1\end{pmatrix},\boldsymbol{P}=\begin{pmatrix}0&1&-1\\1&0&0\\0&1&1\end{pmatrix}$.

2. (1) $x=2$； (2) $\boldsymbol{P}=\begin{pmatrix}1&0&1\\-1&0&1\\0&1&0\end{pmatrix}$.

3. 当 $a=-1,b=-3$，A 可对角化.

4. $\begin{pmatrix}2^{100}&0&0\\2^{100}-1&2^{100}&1-2^{100}\\2^{100}-1&0&1\end{pmatrix}$.

5. $\boldsymbol{A}=\begin{pmatrix}-2&3&-3\\-4&5&-3\\-4&4&-2\end{pmatrix}$；$\boldsymbol{A}^5=\begin{pmatrix}-2^5&2^5+1&-2^5-1\\-2^6&2^6+1&-2^5-1\\-2^6&2^6&-2^5\end{pmatrix}$.

习题 4.4 答案

1. (1) $\begin{pmatrix} \frac{1}{\sqrt{5}} & \frac{4}{3\sqrt{5}} & \frac{2}{3} \\ -\frac{2}{\sqrt{5}} & \frac{2}{3\sqrt{5}} & \frac{1}{3} \\ 0 & -\frac{5}{3\sqrt{5}} & \frac{1}{3} \end{pmatrix}$; (2) $\begin{pmatrix} 0 & \frac{1}{\sqrt{2}} & \frac{1}{\sqrt{2}} \\ 1 & 0 & 0 \\ 0 & \frac{1}{\sqrt{2}} & -\frac{1}{\sqrt{2}} \end{pmatrix}$.

2. $\boldsymbol{A}=\begin{pmatrix} \frac{1}{6} & -\frac{2}{3} & \frac{1}{6} \\ -\frac{2}{3} & -\frac{1}{3} & -\frac{2}{3} \\ \frac{1}{6} & -\frac{2}{3} & \frac{1}{6} \end{pmatrix}$.

3. $\boldsymbol{A}^n=\frac{1}{2}\begin{pmatrix} 1+(-2)^n & 0 & 1-(-2)^n \\ 0 & 2 & 0 \\ 1-(-2)^n & 0 & 1+(-2)^n \end{pmatrix}$.

4. $x=4, y=5, \boldsymbol{P}=\begin{pmatrix} \frac{1}{\sqrt{2}} & \frac{2}{3} & \frac{1}{3\sqrt{2}} \\ 0 & \frac{1}{3} & -\frac{4}{3\sqrt{2}} \\ -\frac{1}{\sqrt{2}} & \frac{2}{3} & \frac{1}{3\sqrt{2}} \end{pmatrix}$.

5. 证明略.

总习题四答案

1. 填空题

(1) 1; (2) 2; (3) $n,0,\cdots,0.(n-1$ 个 0); (4) 2 4; (5) 3.

2. 单选题

(1) B; (2) D.

3. (1) 特征值 $l=-1,1,2$.

对应于 $\lambda=-1$ 的全部特征向量为 $k_1(0,1,-1)^{\mathrm{T}},(k_1\neq 0)$; 对应于 $\lambda=1$ 的特征向量为 $k_2(2,1,-7)^{\mathrm{T}},(k_2\neq 0)$; 对应于 $\lambda=2$ 的特征向量为 $k_3(0,0,1)^{\mathrm{T}}$, $(k_3\neq 0)$.

(2) 特征值 $\lambda=1,10$.

对应于 $\lambda=1$ 的特征向量为 $k_1(2,0,1)^{\mathrm{T}}+k_2(-2,1,0)^{\mathrm{T}}$, ($k_1,k_2$ 不全为零); 对应于 $\lambda=10$ 的特征向量为 $k_3(1,-1,2)^{\mathrm{T}},(k_3\neq 0)$.

(3) 特征值 $\lambda=-1$, 特征向量为 $k(1,1,-1)^{\mathrm{T}},(k\neq 0)$.

4. $\boldsymbol{B}+2\boldsymbol{E}$ 的特征值为 $\lambda_1=\lambda_2=9,\lambda_3=3$.

对应于$\lambda_1=\lambda_2=9$的全部特征向量为$k_1\begin{pmatrix}-1\\1\\0\end{pmatrix}+k_2\begin{pmatrix}-2\\0\\1\end{pmatrix}$，其中$k_1,k_2$是不全为零的任意常数. 对应于$\lambda_3=3$的全部特征向量为$k_3\begin{pmatrix}0\\1\\1\end{pmatrix}$，其中$k_3\neq0$为任意常数.

5. (1) $\boldsymbol{P}=\begin{pmatrix}\frac{2}{\sqrt{5}} & \frac{2}{3\sqrt{5}} & \frac{-1}{3}\\ \frac{1}{\sqrt{5}} & \frac{-4}{3\sqrt{5}} & \frac{2}{3}\\ 0 & \frac{\sqrt{5}}{3} & \frac{2}{3}\end{pmatrix}$；(2) $\boldsymbol{P}=\frac{1}{3\sqrt{2}}\begin{pmatrix}0 & 4 & \sqrt{2}\\ 3 & -1 & 2\sqrt{2}\\ 3 & 1 & -2\sqrt{2}\end{pmatrix}$.

6. $\boldsymbol{A}=\begin{pmatrix}4 & 1 & 1\\ 1 & 4 & 1\\ 1 & 1 & 4\end{pmatrix}$.

7. 当$m\neq1,\frac{3}{2}$时，$\boldsymbol{A}$可对角化，当$m=1,\frac{3}{2}$时$\boldsymbol{A}$不可对角化.

8. $\boldsymbol{P}=\begin{pmatrix}1 & 1 & 1\\ -1 & 0 & -2\\ 0 & 1 & 3\end{pmatrix}$, $\boldsymbol{P}^{-1}\boldsymbol{AP}=\begin{pmatrix}2 & & \\ & 2 & \\ & & 6\end{pmatrix}$.

9. 当$a=-2$时，$\boldsymbol{A}$可相似对角化；$a=-\frac{2}{3}$时，$\boldsymbol{A}$不可相似对角化.

10. (1) $\boldsymbol{A}$的特征值为$\lambda=3,0$.

当$\lambda=3$时特征向量：$c(1,1,1)^{\mathrm{T}},(c\neq0)$；

当$\lambda=0$时特征向量：$c_1\boldsymbol{\alpha}_1+c_2\boldsymbol{\alpha}_2$,($c_1,c_2$不全为0).

(2) $\boldsymbol{Q}=\begin{pmatrix}\frac{\sqrt{3}}{3} & 0 & \frac{\sqrt{6}}{3}\\ \frac{\sqrt{3}}{3} & -\frac{\sqrt{2}}{2} & \frac{\sqrt{6}}{6}\\ \frac{\sqrt{3}}{3} & \frac{\sqrt{2}}{2} & \frac{\sqrt{6}}{6}\end{pmatrix}$.

11. (1) 矩阵$\boldsymbol{B}$属于-2的特征向量为$\boldsymbol{\alpha}_1$，$\boldsymbol{B}$的属于1的特征向量为$\boldsymbol{\alpha}_2=(-1,0,1)^{\mathrm{T}},\boldsymbol{\alpha}_3=(1,1,0)^{\mathrm{T}}$；

(2) $\boldsymbol{B}=\begin{pmatrix}0 & 1 & -1\\ 1 & 0 & 1\\ -1 & 1 & 0\end{pmatrix}$.

12. $\varphi(\boldsymbol{A})=\begin{pmatrix}-2 & -2\\ -2 & -2\end{pmatrix}$.

习题 5.1 答案

1. (1) $\begin{pmatrix}1 & 2 & 1\\ 2 & 4 & 2\\ 1 & 2 & 1\end{pmatrix}$；(2) $\begin{pmatrix}1 & 1 & 0\\ 1 & 2 & -1\\ 0 & -1 & -1\end{pmatrix}$；(3) $\begin{pmatrix}0 & 1 & 1 & 1\\ 1 & 0 & 0 & 0\\ 1 & 0 & 0 & 1\\ 1 & 0 & 1 & 0\end{pmatrix}$.

2. $\boldsymbol{A}=\begin{pmatrix}2 & -1 & \frac{3}{2}\\ -1 & 0 & 6\\ \frac{3}{2} & 6 & 3\end{pmatrix}$.

3. (1) $f(x_1,x_2,x_3)=x_1^2+2x_3^2-x_1x_2+x_1x_3-4x_2x_3$；

(2) $f(x_1,x_2,x_3,x_4)=-x_2^2+x_4^2+x_1x_2-2x_1x_3+x_2x_3+x_2x_4+x_3x_4$.

4. 证明提示：只证过渡矩阵可逆即可.

5. 非退化线性变换 $\boldsymbol{X}=\begin{pmatrix}1 & -3 & -2\\ 0 & 1 & 2\\ 0 & 0 & 1\end{pmatrix}\boldsymbol{Y}$.

习题 5.2 答案

1. (1) $\boldsymbol{X}=\begin{pmatrix}1 & -1 & 2\\ 0 & 1 & -1\\ 0 & 0 & 1\end{pmatrix}\boldsymbol{Y}$, $f=y_1^2+y_2^2-2y_3^2$；

(2) $\boldsymbol{X}=\begin{pmatrix}1 & -1 & -1\\ 0 & 1 & 1\\ 0 & 0 & 1\end{pmatrix}\boldsymbol{Y}$, $f=y_1^2-y_2^2$.

2. (1) $f(x_1,x_2,x_3)=y_1^2-4y_2^2+y_3^2$；

(2) $f(x_1,x_2,x_3)=2y_1^2-\frac{1}{2}y_2^2-6y_3^2$.

3. (1) 正交变换 $\boldsymbol{X}=\begin{pmatrix}\frac{1}{\sqrt{6}} & \frac{1}{\sqrt{2}} & -\frac{1}{\sqrt{3}}\\ -\frac{1}{\sqrt{6}} & \frac{1}{\sqrt{2}} & \frac{1}{\sqrt{3}}\\ \frac{2}{\sqrt{6}} & 0 & \frac{1}{\sqrt{3}}\end{pmatrix}\boldsymbol{Y}$ 使得 $f=3y_1^2-y_2^2$.

(2) $\begin{pmatrix} x_1 \\ x_2 \\ x_3 \\ x_4 \end{pmatrix} = \begin{pmatrix} \frac{1}{2} & \frac{1}{2} & \frac{1}{\sqrt{2}} & 0 \\ -\frac{1}{2} & \frac{1}{2} & 0 & \frac{1}{\sqrt{2}} \\ -\frac{1}{2} & -\frac{1}{2} & \frac{1}{\sqrt{2}} & 0 \\ \frac{1}{2} & -\frac{1}{2} & 0 & \frac{1}{\sqrt{2}} \end{pmatrix} \begin{pmatrix} y_1 \\ y_2 \\ y_3 \\ y_4 \end{pmatrix}, f = -y_1^2 + 3y_2^2 + y_3^2 + y_4^2$；

(3) $\begin{pmatrix} x_1 \\ x_2 \\ x_3 \end{pmatrix} = \begin{pmatrix} 1 & -1 & 1 \\ 0 & 1 & -2 \\ 0 & 0 & 1 \end{pmatrix} \begin{pmatrix} y_1 \\ y_2 \\ y_3 \end{pmatrix}, f = y_1^2 + y_2^2$.

(4) $\boldsymbol{X} = \begin{pmatrix} 2 & 0 & 0 \\ 0 & 5 & 0 \\ 0 & 0 & -1 \end{pmatrix} \boldsymbol{Y}, f = 2y_1^2 + 5y_2^2 - y_3^2$.

4. $a = -2, b = -3$.

5. $a = 2$，正交变换矩阵为$\begin{pmatrix} 0 & 1 & 0 \\ \frac{1}{\sqrt{2}} & 0 & \frac{1}{\sqrt{2}} \\ \frac{1}{\sqrt{2}} & 0 & -\frac{1}{\sqrt{2}} \end{pmatrix}$.

习题 5.3 答案

1. (1) 正定；(2) 非正定；(3) 负定.
2. (1) 不论 t 取何值，此二次型都不是正定的；(2) $-\sqrt{2} < t < \sqrt{2}$.
3. 证明提示：证明二次型的矩阵为正定矩阵.
4. 证明提示：只证矩阵是对称且可逆矩阵.
5. 证明提示：证明 t 充分大时，$t\boldsymbol{E} + \boldsymbol{A}$ 的特征值大于零.
6. 证明略.
7. 正定，只证其特征值都大于零.

总习题五答案

1. (1) $x_1^2 - x_2^2$；(2) 2；(3) 正数；(4) 大于零；(5) 3 .
2. (1) C；(2) D；(3) C；(4) B；(5) A.
3. (1) $\boldsymbol{A} = \begin{pmatrix} 1 & 3 & 5 \\ 3 & 5 & 7 \\ 5 & 7 & 9 \end{pmatrix}$. $R(\boldsymbol{A}) = 3$；(2) $\boldsymbol{A} = \begin{pmatrix} -2 & 1 & 1 \\ 1 & -6 & 0 \\ 1 & 0 & -4 \end{pmatrix}$, $R(\boldsymbol{A}) = 3$.

4. (1) 正交变换 $\boldsymbol{X}=\begin{pmatrix}\frac{1}{\sqrt{2}} & -\frac{1}{2} & -\frac{1}{2}\\ 0 & -\frac{1}{\sqrt{2}} & \frac{1}{\sqrt{2}}\\ \frac{1}{\sqrt{2}} & \frac{1}{2} & \frac{1}{2}\end{pmatrix}\boldsymbol{Y}$，标准形：$\sqrt{2}y_2^2-\sqrt{2}y_3^2$；

(2) 正交变换：$\boldsymbol{X}=\begin{pmatrix}1 & -5 & 2\\ 0 & 1 & 0\\ 0 & -2 & 1\end{pmatrix}\boldsymbol{Y}$，标准形：$f=y_1^2-2y_2^2+y_3^2$；

(3) 正交变换：$\boldsymbol{X}=\begin{pmatrix}1 & 0 & 0\\ 0 & 1/\sqrt{2} & -1/\sqrt{2}\\ 0 & 1/\sqrt{2} & 1/\sqrt{2}\end{pmatrix}\boldsymbol{Y}$，标准形：$f=2y_1^2+5y_2^2+y_3^2$.

5. (1) 负定；(2) 正定.

6. (1) $a=0$；(2) $\boldsymbol{X}=\begin{pmatrix}\frac{1}{\sqrt{2}} & 0 & \frac{1}{\sqrt{2}}\\ \frac{1}{\sqrt{2}} & 0 & -\frac{1}{\sqrt{2}}\\ 0 & 1 & 0\end{pmatrix}\boldsymbol{Y}$，$f(x_1,x_2,x_3)=2y_1^2+2y_2^2$；

(3) $\boldsymbol{X}=\begin{pmatrix}c\\ -c\\ 0\end{pmatrix}$.

7. (1) $\lambda_1=a,\lambda_2=a-2,\lambda_3=a+1$；　(2) $a=2$.

8. (1) $\boldsymbol{A}=\begin{pmatrix}\frac{1}{2} & 0 & -\frac{1}{2}\\ 0 & 1 & 0\\ -\frac{1}{2} & 0 & \frac{1}{2}\end{pmatrix}$；(2) 证明提示：证明其特征值大于零.

9. (1) $a=1,b=-2$；(2) 正交矩阵 $\boldsymbol{Q}=\begin{pmatrix}\frac{2}{\sqrt{5}} & 0 & \frac{1}{\sqrt{5}}\\ 0 & 1 & 0\\ \frac{1}{\sqrt{5}} & 0 & -\frac{2}{\sqrt{5}}\end{pmatrix}$，在正交变换 $\boldsymbol{X}=\boldsymbol{QY}$ 下，二次型的标准形为 $f=2y_1^2+2y_2^2-3y_3^2$.

10. (1) $\begin{pmatrix}\boldsymbol{A} & \boldsymbol{O}\\ \boldsymbol{O} & \boldsymbol{B}-\boldsymbol{C}^{\mathrm{T}}\boldsymbol{A}^{-1}\boldsymbol{C}\end{pmatrix}$；

（2）证明提示：利用矩阵 $\boldsymbol{D}$ 与 $\boldsymbol{P}^{\mathrm{T}}\boldsymbol{D}\boldsymbol{P}=\begin{bmatrix}\boldsymbol{A} & \boldsymbol{O}\\ \boldsymbol{O} & \boldsymbol{B}-\boldsymbol{C}^{\mathrm{T}}\boldsymbol{A}^{-1}\boldsymbol{C}\end{bmatrix}$合同，得 $\boldsymbol{P}^{\mathrm{T}}\boldsymbol{D}\boldsymbol{P}$ 正定，再由正定二次型的定义判定.

11. 证明略.

12. 证明略.

13. 证明提示：设 $\boldsymbol{A}$ 的特征值分别为 $\lambda_1,\lambda_2,\cdots,\lambda_n$ 且 $\lambda_i>0$，则 $\boldsymbol{A}+\boldsymbol{E}$ 的特征值为 $\lambda_1+1,\lambda_2+1,\cdots,\lambda_n+1$ 且 $\lambda_i+1>1$.

习题 6.1 答案

1. 不能，加法运算不封闭，即两个 n 次多项式的和不一定是 n 次多项式.

2. 验证加法和数乘的封闭性即可.

习题 6.2 答案

1. （1）$\dfrac{n(n+1)}{2}$维，基$\{\boldsymbol{E}_{ij}\mid i,j=1,2,\cdots,n \text{ 且 } i\leqslant j\}$，其中 $\boldsymbol{E}_{ij}$ 为(i,j)处元为 1，其它处元为 0 的 n 阶方阵；

（2）$n+1$ 维，基 $1,x,x^2,\cdots,x^n$.

2. （1）略；（2）$\left(2,\dfrac{3}{2},1,\dfrac{1}{2}\right)^{\mathrm{T}}$.

习题 6.3 答案

过渡矩阵 $\boldsymbol{T}=\begin{pmatrix}1 & 1 & 1 & -1\\ 0 & 0 & -2 & 2\\ 0 & -2 & 2 & 0\\ -2 & 2 & 0 & 0\end{pmatrix}$，

坐标变换公式 $\begin{pmatrix}y_1\\ y_2\\ y_3\\ y_4\end{pmatrix}=\boldsymbol{T}^{-1}\begin{pmatrix}x_1\\ x_2\\ x_3\\ x_4\end{pmatrix}=\dfrac{1}{4}\begin{pmatrix}2 & 1 & 0 & -1\\ 2 & 1 & 0 & 1\\ 2 & 1 & 2 & 1\\ 2 & 3 & 2 & 1\end{pmatrix}\begin{pmatrix}x_1\\ x_2\\ x_3\\ x_4\end{pmatrix}$.

习题 6.4 答案

1. 略.

2. 略.

习题 6.5 答案

1. $\boldsymbol{A}=\begin{pmatrix}-1 & 0 & 0 & 0\\ 0 & -1 & 0 & 0\\ 0 & 0 & -1 & 0\\ 0 & 0 & 0 & -1\end{pmatrix}$

2. $\boldsymbol{\varepsilon}_1,\boldsymbol{\varepsilon}_2,\cdots,\boldsymbol{\varepsilon}_n$ 到 $\boldsymbol{\eta}_1,\boldsymbol{\eta}_2,\cdots,\boldsymbol{\eta}_n$ 过渡矩阵 $\boldsymbol{T}=\begin{pmatrix}1&1&1&-1\\0&0&-2&2\\0&-2&2&0\\-2&2&0&0\end{pmatrix}$,

$$\boldsymbol{B}=\boldsymbol{T}^{-1}\boldsymbol{A}\boldsymbol{T}=\frac{1}{4}\begin{pmatrix}2&1&0&-1\\2&1&0&1\\2&1&2&1\\2&3&2&1\end{pmatrix}\begin{pmatrix}1&0&0&-1\\-1&1&0&0\\0&-1&1&0\\0&0&-1&1\end{pmatrix}\begin{pmatrix}1&1&1&-1\\0&0&-2&2\\0&-2&2&0\\-2&2&0&0\end{pmatrix}$$

$$=\frac{1}{4}\begin{pmatrix}7&-7&1&1\\3&1&-3&1\\3&-3&5&-3\\1&-5&-1&3\end{pmatrix}$$

总习题六答案

1. 略.　2. 略.

3. (1) 略.　(2) $\begin{pmatrix}1&0&0&0\\0&0&1&0\\0&1&0&0\\0&0&0&1\end{pmatrix}$.

(3) $\boldsymbol{\varepsilon}_1,\boldsymbol{\varepsilon}_2,\cdots,\boldsymbol{\varepsilon}_n$ 到 $\boldsymbol{\eta}_1,\boldsymbol{\eta}_2,\cdots,\boldsymbol{\eta}_n$ 的过渡矩阵 $\boldsymbol{T}=\begin{pmatrix}1&1&1&1\\0&0&0&1\\0&0&1&0\\1&2&1&1\end{pmatrix}$

坐标变换公式 $\begin{pmatrix}y_1\\y_2\\y_3\\y_4\end{pmatrix}=\boldsymbol{T}^{-1}\begin{pmatrix}x_1\\x_2\\x_3\\x_4\end{pmatrix}=\begin{pmatrix}2&-1&-1&-1\\-1&0&0&1\\0&0&1&0\\0&1&0&0\end{pmatrix}\begin{pmatrix}x_1\\x_2\\x_3\\x_4\end{pmatrix}$

(4) $\begin{pmatrix}2x_{11}-x_{12}-x_{21}-x_{22}\\x_{22}-x_{11}\\x_{21}\\x_{12}\end{pmatrix}$

(5) $\begin{pmatrix}2&1&2&2\\0&1&-1&0\\0&0&1&-1\\-1&-1&-1&0\end{pmatrix}$

参考文献

[1] 同济大学数学教研室. 线性代数，第六版. 北京：高等教育出版社，2014.

[2] 王萼芳. 线性代数. 北京：清华大学出版社，2007.

[3] 吴天毅，王玉杰，丘玉文. 线性代数. 天津：南开大学出版社，2007.

[4] 戴天时，陈殿友. 线性代数. 北京：高等教育出版社，2004.

[5] 张学奇. 线性代数. 北京：中国人民大学出版社，2010.

[6] 熊全淹，叶明训. 线性代数，第三版. 北京：高等教育出版社，1985.